深港澳金融科技师一级考试专用教材

# 金融伦理通识

主　编　巴曙松
副主编　本　力
参　编　郑　磊　梁　捷　曹明明
　　　　何清颖　叶　静　朱晓天
　　　　张琦杭　都闻心　许甲坤
　　　　唐小丽

机械工业出版社

本书以伦理理论与实践的互动为主线，围绕提高人文综合素养和伦理决策能力，涵盖了职业伦理、企业伦理、营销伦理、投资伦理等金融伦理主要范畴。对于金融领域伦理问题高发的金融市场伦理，以及金融科技师特别需要掌握的技术伦理，本书也分别设置了两章专门讲解。全书全面、系统地介绍了金融及商业、技术等相关的伦理学基础知识和基本原理，也展现了金融科技对金融行业变革带来的新的伦理要求及其前沿研究成果。

作为对相关行业、机构和从业人员具有指导意义的规范性职业伦理通识读本，本书将有利于提升相关领域伦理研究的系统性、有效性及可操作性，从源头上防控金融科技从业人员的职业伦理风险，推动这一研究领域和实践的科学化、标准化及规范化。

本书可作为深港澳金融科技师一级考试的复习指导用书，也适用于从事或有志于从事金融科技的从业人员、金融机构相关业务部门工作者以及希望了解金融科技相关理论知识及实际应用的读者学习参考。

## 图书在版编目（CIP）数据

金融伦理通识/巴曙松主编. —北京：机械工业出版社，2020.4（2023.8 重印）

深港澳金融科技师一级考试专用教材

ISBN 978-7-111-65329-5

Ⅰ.①金… Ⅱ.①巴… Ⅲ.①金融学-伦理学-资格考试-自学参考资料 Ⅳ.①B83-05②F83

中国版本图书馆 CIP 数据核字（2020）第 060966 号

机械工业出版社（北京市百万庄大街 22 号　邮政编码 100037）

策划编辑：裴　泱　　　　　责任编辑：裴　泱
责任校对：炊小云　陈　越　封面设计：鞠　杨
责任印制：常天培

北京机工印刷厂有限公司印刷

2023 年 8 月第 1 版第 6 次印刷

169mm×239mm·19.75 印张·350 千字

标准书号：ISBN 978-7-111-65329-5

定价：59.00 元

电话服务　　　　　　　　　　　网络服务

客服电话：010-88361066　　　机　工　官　网：www.cmpbook.com
　　　　　010-88379833　　　机　工　官　博：weibo.com/cmp1952
　　　　　010-68326294　　　金　书　网：www.golden-book.com

**封底无防伪标均为盗版**　　机工教育服务网：www.cmpedu.com

# 编写说明

2019年2月，中共中央、国务院印发的《粤港澳大湾区发展规划纲要》明确提出，将香港、澳门、广州、深圳作为区域发展的核心引擎；支持深圳推进深港金融市场互联互通和深澳特色金融合作，开展科技金融试点，加强金融科技载体建设。金融科技是粤港澳大湾区跻身世界级湾区的引擎推动力，人才是推动金融创新的第一载体和核心要素。为响应国家发展大湾区金融科技战略部署，紧扣科技革命与金融市场发展的时代脉搏，持续增进大湾区金融科技领域的交流协作，助力大湾区建成具有国际影响力的金融科技"高地"，深圳市地方金融监督管理局经与香港金融管理局、澳门金融管理局充分协商，在借鉴特许金融分析师（CFA）和注册会计师（CPA）资格考试体系的基础上，依托行业协会、高等院校和科研院所，在三地推行"深港澳金融科技师"专才计划（以下简称专才计划），建立"考试、培训、认定"为一体的金融科技人才培养机制，并确定了"政府支持，市场主导；国际化标准，复合型培养；海纳百川，开放共享；考培分离，与时俱进"四项原则。

为了使专才计划更具科学性和现实性，由深圳市地方金融监督管理局牵头，深圳市金融科技协会、资本市场学院等相关单位参与，成立了金融科技师综合统筹工作小组。2019年4月，工作小组走访了平安集团、腾讯集团、招商银行、微众银行、金证科技等金融科技龙头企业，就金融科技的应用现状、岗位设置、人才招聘现状和培养需求等进行了深入的调研。调研结果显示：目前企业对金融科技人才的需求呈现爆炸式增长趋势，企业招聘到的金融科技有关人员不能满足岗位对人才的需求，人才供需矛盾非常突出。由于金融科技是一个新兴的交叉领域，对知识复合性的要求较高，而目前高等院校的金融科技人才培养又跟不上市场需求的增长，相关专业毕业生不熟悉国内金融科技的发展现状，不了解金融产品与技术的发展趋势，加入公司第一年基本无法进入角色，因此，各家企业十分注重内部培训，企业与高校合作成立研究院并共同开发培训课程，自主培养金融科技人才逐渐成为常态。但是，企业培养金融科技人才的成本高、周期长，已经成为制约行业发展的瓶颈。

工作小组本着解决实际问题的精神，在总结调研成果的基础上，组织专家对项目可行性和实施方案进行反复论证，最终达成以下共识。

专才计划分为金融科技师培训和金融科技师考试两个子项目。其中，培训项目根据当下金融场景需求和技术发展前沿设计课程和教材，不定期开展线下培训，并有计划地开展长期线上培训。考试项目则是培训项目的进一步延伸，目的是建立一套科学的人才选拔认定机制。考试共分为三级，考核难度和综合程度逐级加大：一级考试为通识性考核，区分单项考试科目，以掌握基本概念和理解简单场景应用为目标，大致为本科课程难度；二级考试为专业性考核，按技术类型和业务类型区分考试科目，重点考查金融科技技术原理、技术瓶颈和技术缺陷、金融业务逻辑、业务痛点、监管合规等专业问题，以达到本科或硕士学历且具备一定金融科技工作经验的水平为通过原则；三级考试为综合性考核，不区分考试科目，考查在全场景中综合应用金融科技的能力，考核标准对标资深金融科技产品经理或项目经理。考试项目重点体现权威性、稀缺性、实践性、综合性和持续性特点。权威性，三地政府相关部门及行业协会定期或不定期组织权威专家进行培训指导；稀缺性，控制每一级考试的通过率，使三级考试总通过率在10%以下，以确保培养人才的质量；实践性，为二级考生提供相应场景和数据，以考查考生的实践操作能力；综合性，作为职业考试，考查的不仅仅是知识学习，更侧重考查考生的自主学习能力、团队协作能力、职业操守与伦理道德、风险防控意识等综合素质；持续性，专才计划将通过行业协会为学员提供终身学习的机会。

基于以上共识，工作小组成立了教材编写委员会和考试命题委员会，分别开展教材编写工作和考试组织工作。教材编写委员会根据一级考试的要求，规划了这套"深港澳金融科技师一级考试专用教材"。在教材编写启动时，教材编写委员会组织专家、学者对本套教材的内容定位、编写思想、突出特色进行了深入研讨，力求本套教材在确保较高编写水平的基础上，适应深港澳金融科技师一级考试的要求，做到针对性强，适应面广，专业内容丰富。教材编写委员会组织了来自北京大学汇丰商学院、哈尔滨工业大学（深圳）、南方科技大学、武汉大学、山东大学、中国信息通信研究院、全国金融标准化技术委员会秘书处、深圳市前海创新研究院、上海高级金融学院、深圳国家高新技术产业创新中心等高校、行业组织和科研院所的二十几位专家带领的上百人的编纂团队，进行教材的编撰工作。此外，平安集团、微众银行、微众税银、基石资本、招商金科等企业为本套教材的编写提供了资金支持和大量实践案例，深圳市地方金融监督管理局工作人员为编委会联系专家、汇总资料、协调场地等，承担了大部分组织协调工作。在此衷心地感谢以上单位、组织和个人为本套教材编写及专才计划顺利实施做出的贡献。

2019年8月18日，正值本套教材初稿完成之时，传来了中共中央国务院发布《关于支持深圳建设中国特色社会主义先行示范区的意见》这一令人振奋的消息。该意见中明确指出"支持在深圳开展数字货币研究与移动支付等创新应用"，这为金融科技在深圳未来的发展指明了战略方向。

"长风破浪会有时，直挂云帆济沧海。"在此我们衷心希望本套教材能够为粤港澳大湾区乃至全国有志于从事金融科技事业的人员提供帮助。

编委会

# 本书特邀指导专家

刘平生　深圳市地方金融监督管理局党组书记
陈飞鸿　中国银行保险监督管理委员会深圳监管局副局长
顾立基　中国平安保险（集团）股份有限公司原监事会主席
邱慈观　上海高级金融学院教授
丁建峰　中山大学法学院副教授
白　虹　社会价值投资联盟（深圳）秘书长
刘业民　深圳特许金融分析师（CFA）协会理事

# 前　言

我们正处在一个伟大的变革时代，尤其是1978年改革开放以来，中国经济的发展创造了人类历史上罕见的奇迹。其中，1992年，社会主义市场经济体制的确立是中国全面迈向现代化的重要标志。这一现代化的进程自然也包括了与市场经济相对应的道德基础和伦理原则的演进，以及与既有道德伦理体系的碰撞和融合。总之，当今中国社会的道德观念、体系问题，尤其是与日益发展完善的市场经济相匹配的伦理，其内在要求和外在环境都发生着深刻的变化。

然而与之不相称的是，当前部分从业人员的相关知识、理念、方法匮乏，由此引发的问题令人担忧。这种状况在对专业要求较高的金融领域尤其突出。随着技术进步和全球化等因素，由此产生的矛盾还在加剧，特别是发生在金融领域的腐败、渎职、欺诈、操纵市场等触目惊心的丑闻和侵犯用户隐私等不道德行为，已经成为影响该行业公众形象和可持续发展的重要因素，甚至会引发社会问题。

其中的教训和根源值得认真反思。美国著名作家戴维·布鲁克斯曾指出，"尽管这种由浪漫主义文化、高科技与精英制度构成的环境并没有把我们变成一个道德败坏的民族，却让我们更难清楚地表述道德问题。我们很多人都对辨别是非和培养品格有本能的认识，但是这种认识非常模糊，也不会通过缜密的思考去寻找合适的方法。我们对外在的、跟职业相关的事情了如指掌，但对内在的、涉及道德的事情却不甚了了。维多利亚时代的人们在谈到性的时候羞于开口，同样，我们在涉及道德问题时也常常遮遮掩掩。"⊖这指出了在美国当代社会，人们缺乏对道德问题的知识的现实，但确实也值得我们引以为戒。

其实，马克思说过，"如果有10%的利润，它就保证到处被使用；有20%

---

⊖ 戴维·布鲁克斯. 品格之路［M］. 胡小锐，译. 北京：中信出版社，2016：311.

的利润,它就活跃起来;有50%的利润,它就铤而走险;为了100%的利润,它就敢践踏一切人间法律;有300%的利润,它就敢犯任何罪行,甚至绞首的危险"○。商业追求效率和利益最大化,伦理彰显平等、公正、自由等普世价值。两者之间的内在冲突在人类文明演进的漫长过程中不断失衡和平衡,在漫长的调整和演进中,最终能够在现代文明中相得益彰。所以,如何在利益和道德之间进行伦理决策,是每一个金融机构、每一位金融从业人员都需要具备的素质和能力。这种伦理行为准则的研究和持续培训,将随着金融科技领域的兴起而深化,相应成为一整套社会化伦理治理体系的重要组成部分。这正是本人主持编写本书的初衷,也是承担本书编写组织工作的北京大学汇丰金融研究院重要的社会责任和使命所在。

因此,本书力图通过七个章节的阐述,使有志于从事金融科技师的读者能够系统学习相关的知识、方法、工具和案例。另外,本书也是一本帮助金融机构和个人指导伦理决策的手册,更是对金融科技伦理这一新兴子学科的有益探索。本书在编写过程中着重体现了理论和实践的统一、经典与前沿的统一、问题和解决方法的统一、探索和应用的统一。

具体而言,第一章"导论:理论与实践基础"、第二章"企业伦理"主要是先提供伦理学、商业伦理、利益相关者分析以及企业社会责任的基础理论及主要分析框架,供学员系统学习全书内容所必须具备的伦理学基础知识,掌握商业伦理决策的基本理论、方法、工具。这两章主要由本力编写,梁捷参与了其中第二节的部分工作。

第三章主要是从个体的角度诠释了职业伦理、职业道德、职业素养等重点内容,尤其专门讨论了商业贿赂这一金融职业易发、高发的非道德行为的危害、成因和伦理治理原则。该章主要由梁捷编写,何清颖、叶静分别撰写了其中第三节及第四节的部分内容,本力亦有贡献。

金融科技是金融与技术领域跨界融合创新发展的产物,金融市场和科技应用这两方面的伦理问题是该专业人士需要探讨和解决的主要内容。尤其是随着金融市场的创新发展和金融科技等新兴领域的巨大进步,数据泄露、被盗取和金融算法被操控等风险越来越突出,人工智能、区块链等新兴技术应用中的伦理问题也倍受争议,对金融科技等涉及高度技术化知识体系的职业伦理提出了更高要求。第四章和第五章围绕金融市场和技术两方面的伦理问题展开了探讨。

---

○ 马克思. 马克思恩格斯全集(第44卷)[M]. 北京:人民出版社,1998:871.

第四章"金融市场伦理"由本力、朱晓天、张琦杭、都闻心各负责一节,郑磊亦有贡献;第五章"技术伦理"主要由郑磊负责,何清颖编写了技术评估的相关内容。

从资金的流向和经营的角度来看,营销是资金流入形成收入的过程,投资是资金流出形成资产的过程。营销和投资是金融活动的重要环节,是体现企业职业价值观的关键所在,也是金融领域中效率和道德冲突最为强烈的两个方面。因此,本书最后两章着重探讨"营销伦理""投资伦理"。其中,第六章"营销伦理"由曹明明、本力编写,第七章"投资伦理"由郑磊、张琦杭编写。

在本书编写过程中,深圳市地方金融监督管理局、中国人民银行深圳市中心支行、中国银行保险监督管理委员会深圳监管局、中国证券监督管理委员会深圳监管局,以及深圳市金融科技协会、资本市场学院、香港银行学会、深圳市特许金融分析师(CFA)协会等机构、组织都给予了指导、支持和帮助,在此一并致谢。最后,要特别感谢中国平安保险(集团)股份有限公司原监事会主席、博时基金管理有限公司独立董事顾立基先生,社会价值投资联盟(深圳)秘书长白虹女士,深圳特许金融分析师(CFA)协会理事刘业民先生和中山大学法学院丁建峰副教授为本书提出的宝贵意见和极其专业的改进建议。书中的疏漏之处和问题,皆由编写人员负责,也恳请各位专家、同仁指出。

在 2019 年 8 月 20 日举办的美国商业圆桌会议(Business Round Table)上,包括美国最大银行的行长和世界最大航空公司的首席执行官,以及亚马逊 CEO 贝佐斯、苹果 CEO 库克在内的美国近 200 家最大公司 CEO 发表声明,公司不仅要注重利润,也要注重社会责任。"我们的每个利益相关方都是必不可少的。我们承诺为所有人创造价值,为公司、社区和国家的未来成功创造价值。"我们也希望通过本书的努力,在为深港澳金融科技人才培养及相关人士学习提供必要支持和有益探索的基础上,与更多有志之士共同致力于为金融领域的价值创造提供价值观层面的贡献。

巴曙松

# 学习大纲

**学习目的**

本课程的学习目的在于：系统了解对金融相关行业、机构和从业人员具有指导意义的规范性伦理通识知识和具有典型意义的案例，熟悉相关基础概念、理论体系及工具、方法，提升对金融领域的伦理问题和风险的认识、理解、分析、解决的能力，从源头上防控金融从业人员的职业伦理风险，使之更好地投入到政府、社会、企业、员工全方位参与的现代伦理治理体系建设的实践中。

**学习内容及学习要点**

| 学习内容 | 学习要点 |
| --- | --- |
| 第一章<br>导论：理论与实践基础 | 1. 了解伦理的必要性<br>2. 掌握伦理学的三大理论体系<br>3. 熟悉社会责任运动对伦理实践的助推作用<br>4. 了解伦理理论的原则<br>5. 了解伦理决策难点<br>6. 熟悉伦理决策的方法 |
| 第二章<br>企业伦理 | 1. 了解企业伦理的重要性<br>2. 掌握利益相关者理论的分析框架<br>3. 熟悉企业主要利益相关者的伦理冲突<br>4. 了解企业社会责任的主要理论<br>5. 熟悉企业社会责任的主要标准规范和编制方法<br>6. 熟悉企业慈善的主要方式 |
| 第三章<br>职业伦理 | 1. 了解职业伦理的发展过程<br>2. 了解职业伦理的道德内涵<br>3. 了解金融相关行业的职业伦理<br>4. 掌握金融行业的职业伦理要求 |

(续)

| 学习内容 | 学习要点 |
| --- | --- |
| 第四章<br>金融市场伦理 | 1. 了解市场经济基本伦理问题和原则<br>2. 了解金融市场交易、信息安全与信息安全伦理<br>3. 熟悉金融市场交易主要伦理问题，掌握其治理原则<br>4. 熟悉金融风险管理中的伦理问题，掌握治理措施和伦理原则<br>5. 熟悉金融信息安全中的伦理问题，掌握其治理原则 |
| 第五章<br>技术伦理 | 1. 了解技术伦理的概念和原则<br>2. 了解新技术与技术伦理的关系<br>3. 了解新技术和金融科技中出现的伦理问题和观点<br>4. 了解技术后果评价体系 |
| 第六章<br>营销伦理 | 1. 了解消费主义的伦理问题<br>2. 掌握市场营销的四大要素（4P），以及在此基础上相关的伦理问题<br>3. 熟悉欺骗性营销的定义、典型表现和应对策略<br>4. 熟悉不当广告的定义、典型形式和应对策略<br>5. 熟悉掠夺性放贷的特征、典型形式及应对策略 |
| 第七章<br>投资伦理 | 1. 了解投资伦理的重要性<br>2. 掌握投资伦理的原则<br>3. 熟悉投资中的伦理问题<br>4. 了解社会责任投资、环境、社会与公司治理投资的主要标准<br>5. 熟悉绿色金融的主要产品类型 |

# 目 录

编写说明
前　言
学习大纲

**第一章　导论：理论与实践基础** ········································ 1
　　第一节　伦理的源流：理论与实践的演进 ························ 3
　　第二节　伦理学：从理论到实践决策 ···························· 15

**第二章　企业伦理** ························································ 30
　　第一节　企业的价值观与法人人格 ······························ 32
　　第二节　利益相关者理论 ·········································· 41
　　第三节　企业社会责任 ············································· 67

**第三章　职业伦理** ························································ 85
　　第一节　职业伦理概述 ············································· 87
　　第二节　职业伦理的含义 ·········································· 96
　　第三节　职业伦理的职业特点 ··································· 104
　　第四节　商业贿赂 ·················································· 122

**第四章　金融市场伦理** ················································ 132
　　第一节　市场经济的伦理原则 ··································· 134
　　第二节　金融市场交易的伦理问题 ······························ 141
　　第三节　金融市场风险管理的伦理问题 ······················· 151
　　第四节　金融市场信息安全伦理 ································ 161

## 第五章　技术伦理 …… 174

第一节　技术伦理概述 …… 175
第二节　技术伦理的基本原则 …… 179
第三节　新兴技术的伦理 …… 185
第四节　技术评估 …… 194
第五节　金融科技主要技术应用伦理 …… 205

## 第六章　营销伦理 …… 232

第一节　营销伦理概述 …… 234
第二节　金融领域中的营销伦理 …… 245

## 第七章　投资伦理 …… 258

第一节　投资的伦理问题 …… 259
第二节　有伦理目标的投资 …… 271

## 参考文献 …… 286

# 第一章

## 导论：理论与实践基础

【本章要点】

1. 了解伦理的必要性；
2. 掌握伦理学的三大理论体系；
3. 熟悉社会责任运动对伦理实践的助推作用；
4. 了解伦理理论的原则；
5. 了解伦理决策难点；
6. 熟悉伦理决策的方法。

【导入案例】

### 孟山都产品的质疑和争议

美国农业生物科技公司孟山都（Monsanto）创立于1901年，在20世纪的发展史中，它既出品了糖精、阿司匹林这类广泛影响人类社会的产品，也制造了非常具有争议的双对氯苯基三氯乙烷（DDT）、多氯联苯（PCB）和越战中美军使用的"橙剂"。

1996年，孟山都完成了业务重组，拆分为两家公司，一家为化工公司，另一家就是后来一直以转基因"出名"的农业科技公司，其业务主要涉及农业育种、转基因技术、植物保护、生物制剂以及依靠大数据进行的精准农业发展。在孟山都的众多产品中，"年年春"（Monsanto Roundup）除草剂一直是热门产品。孟山都从20世纪70年代开始研制草甘膦（Glyphosate）（"年年春"的重要成分），"年年春"除草剂现已在全世界160多个国家销售，并且在美国被广泛使用。2018年，拜耳（Bayer AG）集团以630亿美元并购了孟山都。

美国一对老夫妇阿尔瓦和亚尔伯塔·皮利欧达（Alva and Alberta Pilliod），

连续30年持续使用"年年春"除草剂后，被先后诊断患上同一种癌症，非霍奇金氏淋巴瘤（Non-Hodgkins lymphoma）。他们认为这种疾病与他们使用"年年春"除草剂有关，因此将拜耳集团告上了法庭。

加州陪审团认为，"年年春"除草剂设计不良，但厂商却没有明确警告消费者有关这款产品可能致癌的风险，因此厂商明显有疏失之处。陪审团裁定拜耳集团败诉，裁定拜耳集团赔偿1800万美元，外加10亿美元的惩罚性赔偿（Punitive Damages）。原告律师布兰特·威斯纳（Brent Wisner）表示，裁决结果"意义明确，他们（孟山都）需要改正仍在持续的做法"。之前，另一名美国消费者德韦恩·约翰逊（DeWayne Johnson）在使用相同除草剂后，也被诊断患上非霍奇金淋巴瘤，并因此起诉孟山都。2018年8月，旧金山法庭判罚孟山都2.9亿美元。"年年春"除草剂被曝光含有争议成分而被消费者提告以来，此次判例创下美国陪审团对除草剂案所裁定的最高赔偿金额。

孟山都的母公司拜耳则坚持说，"年年春"除草剂中的重要成分草甘膦是安全的，拜耳在一份声明中说，"我们对陪审团的决定感到失望，但这项判决并未改变40多年的广泛的科学研究，以及全球监管机构的结论，这些结论支持草甘膦用于除草剂的安全性，也不会致癌"。拜耳称，陪审团做出的结论与美国环保局（Environmental Protection Agency，EPA）在上个月发表的声明不一致，后者宣布草甘膦不是致癌物，在按照指示使用时不会造成公共卫生风险。据美国癌症协会公布的信息，多数淋巴瘤病例的诱因还未能确定。

然而，一些环境组织对EPA的声明表示怀疑。世界卫生组织癌症研究中心2015年公布报告指出，草甘膦可能致癌。原告律师也表示，在这一次的案件中，陪审团获得"大量证据表明，孟山都在实现其目标的过程中，操纵科研、媒体和监管部门"。这些证据包括孟山都和EPA官员之间传递的电子邮件和短信。而孟山都之前否认曾向EPA官员送礼品或采取不当行为。

（来源：人民网—国际频道."美国夫妇因除草剂双双致癌：孟山都被判赔超20亿美元"）

案例讨论分析：

1. 对于孟山都除草剂这样的案例，法律为什么不能解决所有问题？
2. 拜耳引用美国环保局的声明，在伦理上是否具有说服力？
3. 在该案例中，我们应该如何在伦理上进行推理和思考？

伦理学源远流长，是人类社会不断进化发展的成果。无论是在欧美还是在东方，在人类生活、商业活动和精神文明的历史长河中，伦理都占据着重要的地位。然而，伦理学却又是一门新兴的学科，由于因为市场经济和商业文明日新月异，文化、制度与社会不断变迁，而且，在技术驱动下，人与人之间、人与社会之间、人与环境之间的关系也发生了重大变革，这一切，都对伦理学产生了巨大的影响和冲击。

要系统学习职业伦理，首先需要从人类在伦理理论和实践上的追根溯源开始。这不仅是对伦理思想、伦理方法的整体把握，也是对人类面对的伦理问题、伦理实践的脉络梳理。

作为全书的引论部分，我们将按照这一线索，追溯和梳理伦理的学术传统及发展路径，以及从理论到实践的过程中的基本问题和方法，本章第一节将以商业活动相关的伦理知识为主，阐述伦理理论与实践的演变历程；第二节介绍从伦理理论到伦理决策的难点，并提供基本的策略和分析方法。

## 第一节 伦理的源流：理论与实践的演进

### 一、伦理学的概念

在中国，"伦""理"二字，早在《尚书》《诗经》《易经》等著作中已分别出现。按照蔡元培先生的考证，"我国伦理学说，发轫于周季。其时儒墨道法，众家并兴。及汉武帝罢黜百家，独尊儒术，而儒家言始为我国惟一之伦理学。"⊖伦理二字合用，最早见于秦汉之际成书的《礼记》："凡音者，生于人心者也；乐者，通伦理者也"。大约西汉初年，人们开始广泛使用"伦理"一词，以概括人与人之间的道德原则和规范。由于中国古代哲学始终把自然观、认识论、人生观和伦理观融为一体，因而未能形成独立的伦理学学科。先秦时期的《论语》《孟子》和秦汉之际的《大学》《中庸》《孝经》等，在一定意义上都可以被看作是具有中国特色的伦理学著作。宋明时期所谓的"义理之学"，也可以说是研究道德的伦理之学。但"伦理学"这个名称，却是19世纪以后才开始在中国广泛使用的。从此，我国学者便把专门研究道德的学问叫作"伦理学"，即伦理学是"哲学的一个分支学科，即关于道德的科学。亦称道德学、道德哲学或道德科学"⊜。

在西方，"伦理学"一词出于希腊文ετηos，含有风俗、习惯、气质和性格等意义。《荷马史诗》中的ετηos，原是一个表示驻地、驻所的名词。古希腊哲

---

⊖ 蔡元培. 中国伦理学史 [M]. 桂林：广西师范大学出版社，2010.
⊜ 罗国杰. 中国伦理学百科全书：伦理学原理卷 [M]. 长春：吉林人民出版社，1993：1.

学家亚里士多德从气质、性格的意义上，首先使它成为一个形容词ετιKσs，赋予其"伦理的""德行的"意义。后来，他又构造了ετιKε一词，即伦理学。西方最早以伦理学命名的书为《尼各马可伦理学》。据说这本书是亚里士多德的儿子尼各马可根据亚里士多德的讲稿和谈话整理而成的。㊀亚里士多德提出，伦理学的主题是高尚和正义，它就人们该做什么和不该做什么制定规范，其目的是人之善亦即人生幸福㊁。

## 二、伦理的必要性

关于伦理的必要性，早在2000多年前的古希腊时期，柏拉图在《理想国》中就以古各斯的故事提出了这个问题。

这个故事说的是牧羊人古各斯偶然得到了一枚可以隐身的戒指——这种情况下，他可以最大限度满足自己的贪欲而不用承担责任。每次他戴上戒指的时候，别人就看不到他，于是他利用这个魔力谋害国王，引诱皇后，自己还篡夺了王位㊂。在古希腊哲学中将"古各斯的戒指"作为一个命题讨论，这也正是约翰·罗纳德·瑞尔·托尔金（John Ronald Reuel Tolkien）的巨著和彼得·杰克逊（Peter Jackson）导演的电影《指环王》的灵感来源。

最关键的问题在于：如果我们也有一枚这样的戒指，难道不会做同样的事情吗？这是一个没有答案的命题，却很值得我们深思，同时也揭示伦理的必要性。作为金融业的从业者，我们可以从以下三个方面理解伦理的必要性，进而了解伦理的起源。

1. 伦理是人类行为的基本原则和标准

人们采取的每一项行动都需要面对伦理问题，而人类社会的伦理建立了人们行为的基本原则和标准。学习伦理就是学习如何按照这些基本原则和标准生活，用古希腊哲学家苏格拉底的话来说，就是"未经检验的生活不值得度过。"其实，对中国人影响极大的儒家经典著作《论语》也是一本伦理著作。

伦理的复杂性就在于，随着人类文明的演进，这种行为的基本原则和标准是会发生变化的，而且在不同的情境之中，也会得出不同的结论。也正是因为

---

㊀ 参见《中国大百科全书·哲学》中对"伦理学"词条的解释。
㊁ 徐曼. 西方伦理学在中国的传播及影响［M］. 南京：南开大学出版社，2008：20-21.
㊂ 柏拉图. 理想国［M］. 北京：中国华侨出版社，2012：35.

这种复杂性，人们非常有必要去了解伦理的前世今生。

2. 伦理是信托责任体系最核心的环节

股份制的灵魂是信托责任○，这种信托责任体系的建立和正常运转，是现代社会的重要特征。1929年大萧条之后，罗斯福以法治重塑金融业法制，建立培养了一整套新的信托责任制度体系和文化，才使金融业得以焕发生机。

在这种信托责任的关系中，法律并不能约束所有的金融活动，尤其是那些不能轻易被预见，以及可以简化为清晰规则的内容。恰恰相反，精确规定通常还会被"玩弄"，产生可能被视为不公平的结果。况且，即使最终启动法律程序，采取了法律措施，也已产生巨大代价，甚至引发金融危机和社会动荡。因此，在这种信托责任体系中，决策是否合乎道德，行为是否正确，处理利益冲突是否公正等问题就更加复杂，人类的伦理在其中不但得到进一步发展，也越来越重要。

建立在法治环境基础之上的金融伦理是整个信托责任体系最核心的环节，所以金融业是对伦理有着极高标准的行业。但是，现实情况却不容乐观。根据美国和英国对金融从业者的调查，26%的受访者声称亲自发现过不道德或不合法的行为；16%的受访者表示如果他们认为能逃脱处罚，他们就会从事非法内幕交易○。以银行信贷为例，主要包含三种信托关系：一是发生在信贷客户与信贷机构从业人员之间；二是发生在信贷主体与监管机构管理人员之间；三是发生在国家与银行业高管之间。在第一种信托关系中，受托人信托责任意识淡薄主要表现有职业精神缺失、专业技术落后、法律意识淡薄、服务意识不强、弄虚作假、操作失误、挪用信贷资产、泄露客户资料等；在第二种信托关系中，信托责任意识淡薄主要表现为监管机构管理人员的不作为、不愿为、不敢为、过度行为、越位行为、缺位行为、得过且过行为等；在第三种信托关系中，主要表现为银行家的责任意识淡薄行为。道德责任就不仅是单个的个体，而是所有涉及代理关系的人或者机构，而且他们根据不同的代理关系承担自身行为的道德责任○。

---

○ 信托责任是指受托人对转移资产且不参与管理的人所承担的责任，是将受托人和受托资产载体，与转移资产人或指定的受益人联系在一起的纽带。

○ 样本中的500名受访者包括基金经理、银行家、分析师和资产管理经理。Labaton Sucharow，《美国和英国金融服务行业调查》US&UK Financial Services Industry Survey，2012年7月，转引自法律出版社，《公司治理的真相》，2018年1月，第6页。

○ 吴晓轮. 中国银行业信贷道德风险及其防范研究 [D]. 长沙：中南大学，2012：95.

### 3. 伦理是发展挑战下的道德改进实践

伦理的必要性还在于人们需要它来不断协调、改进在发展中遇到的各种道德冲突和道德危机，以确保在道德层面上保持人类生活、生命的美好和尊严。人类对伦理的探究绝不会一劳永逸，而是随着人类社会、经济、技术及其他方面的发展，对其中新产生的矛盾冲突和重大问题的回应和道德改进实践。人类的伦理及其理论的发展，既是人类在漫长的生产、生活实践中发展的需要，也是人类全面发展成就的一部分。当然，这种改进并非自动自发的过程，而是常常在经济社会发展进步与道德伦理中的矛盾激化中引发的反思、调整和建设，安然公司造假、英国石油公司（BP）原油泄漏、2008年全球金融危机等重大丑闻、灾难都是其中的标志性事件。

金融科技带来的重大变革使金融业走向一个新的时代，伴随而来的伦理问题也与日俱增。例如，随着网络搜集、存储的用户个人信息越来越多，从消费者的个人信息在暗网被售卖，到互联网巨头的"大数据杀熟"，再到网贷公司被曝数百万学生数据疑似泄露等，数据被过度收集、泄露和不当使用的事件频频发生。因此，金融行业的道德风险和相关从业人员通过违反职业伦理获取不当利益及卸责的可能性越来越大，这不但对相关专业人士的职业伦理提出了新的挑战和要求，也必将在这个领域迎接新的道德改进实践。

随着中国的现代化以及全球化进程，我们必须站在整个人类文明的历史尤其是从改进实践的角度出发，去梳理、了解人类伦理及其学说的脉络。

## 三、伦理的起源

### 1. 伦理的文化起源

在原始时代，原始人那里还没有严格意义上的伦理，只有一套禁忌规则。禁忌的作用在于制止某种现实存在或已经存在的危险，这种危险高悬在人类集体的头上并威胁着集体本身的生存。[1]

在人类的狩猎与采集时期，伦理就已经是一种进化机制。为了维护部落的公正，需要尽可能激励那些为部落作出贡献、带来利益的人。在当时，伦理机制本身是一种简单的合作机制，在自然选择和进化的过程中，所谓强者生存，伦理机制奖励好斗、勇敢、能够使部落成员获得安全、满足的人。同时，这种合作机制使落后的部落逐渐衰落、消亡。

---

[1] 龚群. 社会伦理十讲[M]. 北京：中国人民大学出版社，2008：63.

大约 1 万年以前，人类进入农业社会，开始以农耕劳作为主。获取食物的方式发生根本变化后，人类的劳动组织方式和崇尚的价值观也从暴力、凶猛转为勤劳节俭。更重要的是，和平逐步更为人崇尚，也逐渐形成了符合时代伦理特点的文化礼俗，例如在中国传统社会里起决定性作用的儒家伦理。在这个阶段，人类的伦理体系初步形成，这种传统的伦理至今仍然影响很大。

中国古代的伦理立足于宗法人伦，也有赖于家庭及其拓展出来的血缘亲情关系。孟子认为，父子、君臣、夫妇、长幼和朋友之间的亲、义、别、序、信是最重要的五种人伦关系或道德关系。

18 世纪，进入工业时代以来，随着技术快速进步、人口快速增长、全球化快速发展，人类的生产方式和生活方式也更加现代化，同时生态破坏、不平等、非道德行为等加剧，物质主义、消费主义盛行。农业时代崇尚节俭、实干的伦理观受到致命的冲击，注重血缘、地缘关系的熟人社会关系和家庭关系也被打破，前现代社会的伦理系统已经无法满足时代发展的需要。随着陌生人之间的商业活动不断发达，注重诚信、对等、守诺等原则的契约伦理逐步发展成熟，成为商业活动和人际关系的基本原则。

20 世纪末，信息技术发展迅猛，互联网技术得到广泛应用，人类进入后工业社会或者知识社会，伦理体系再一次受到冲击，发生重大变革。与前三个阶段相比，社会更加强调个人的价值和创造，更为宽容，也更加强调平等和自由。

总之，从伦理的文化起源来看，人类在不同的历史发展阶段，以及在不同文化、不同国家范围内，有着不同的道德规范。但随着全球化和商业发展、技术进步，当代社会的伦理共识和普世内容已经越来越多。从这里也可以看出，伦理可以被称之为道德哲学，但不同于道德。正如陈嘉映先生所言，"道德根植于伦理并与伦理生活交织在一起，伦理则根植于一般社会生活并与一般社会生活交织在一起。"⊖

2. 伦理的宗教起源

大部分人了解伦理与宗教的关系是从马克斯·韦伯（Max Weber）的《新教伦理与资本主义精神》开始的，事实上从西方传统来看，宗教尤其是基督教一直在伦理原则中占据主导地位，许多伦理教义来自基督教，包括某些具体的规则，如十诫。而麦克尔·诺瓦克（Michael Novak）却强调天主教的伦理道德和

---

⊖ 陈嘉映. 何为良好生活 [M]. 上海：上海文艺出版社，2015：9.

人类感知的影响⊖。美国著名经济学家德隆·阿西莫格鲁（Daron Acemoglu）在《国家为什么失败》一书中，从开篇就对比了新教盛行的北美洲和天主教为主流的南美洲的繁荣程度，并将其巨大差异归结为制度因素，而推崇与攫取型制度相对的包容型制度○。文艺复兴和宗教改革是世界现代文明的两大人文传统，它们对商业伦理的发展都起到了积极的作用。

所以，卡尔·马克思（Karl Marx）在《论犹太人问题》一文中指出，资本家不管其种族如何，都是"真正的犹太人"○。根据捷克经济学家托马斯·赛德拉切克（Tomas Sedlacek）的研究，《旧约》集中反映了犹太人的商业伦理，《旧约》中到处都有道德行为的例子。"历史似乎是根据伦理来书写的；伦理看起来是历史的决定性因素。对于希伯来人来说，历史前行的基础是参与者的道德水准。人类的罪孽对历史有影响，那就是为什么《旧约》的作者们要制定繁复的道德准则。是为了确保拥有更美好的世界。罪恶不在城邦之外，不在自然或森林中的某个地方，乃是在我们心中"○。犹太教经典《塔木德》和《摩西律法》中也有为火灾事故负责、对雇佣员工补偿等内容。

从宗教信仰、地域文化、精神生活和商业发达的联系，再联系到佛教、儒家文化、伊斯兰文明等人类不同文明与商业发展的关系，我们可以看到伦理在人类历史进程中与经济社会发展之间的渊源。

3. 伦理的经济起源

历史唯物主义认为，社会生活中的道德伦理等因素与经济活动因素一起交互发生作用。社会经济关系作为社会关系的基础，是围绕经济利益展开的各种活动。因此，可以从人类的经济活动视角来考察伦理的起源、演变。"人类还属于交易者，为了双方利益而实行交换是人类生存状态的一个组成部分，至少和类人猿作为一类物种存在的历史同样久远。交易并不是现代社会的发明。"○

在人类的早期社会，分工与交易促进了人们建立在经济利益之上的合作，道德也就具有了相当的稳定性和可靠的发展，这也是伦理产生的经济基础。正

---

⊖ Michael Novak. Business as a Calling: work and the examined life [M]. New York: Free Press, 1996.

○ 阿西莫格鲁, 罗宾逊. 国家为什么会失败 [M]. 李增刚, 译. 长沙: 湖南科学技术出版社, 2015.

○ 马克思. 马克思恩格斯全集: 第2卷 [M]. 北京: 人民出版社, 1998: 163.

○ 赛德拉切克. 善恶经济学 [M]. 曾双全, 译. 长沙: 湖南文艺出版社, 2012: 70.

○ 里德利. 美德的起源: 人类本能与协作的进化 [M]. 吴礼敬, 译. 北京: 机械工业出版社, 2015.

如哲学家罗素所言，"随着智慧和发明使社会结构日趋复杂，集体合作的利益也越来越大，而相互竞争的利益则越来越小。由于理智和本能的冲突，人类需要有伦理和道德法典。如果仅仅有理智或者有本能，伦理学就没有存在的余地。"○

按照博弈论的解释，因为理性经济人为了更好地实现利益的最大化，通过博弈形成了均衡，均衡又需要每个人都信守诺言，遵守秩序。通过多次博弈，人们由非合作博弈走向合作博弈，道德就在这种维系利益均衡的博弈中产生。○

现代市场经济、商业社会和金融体系的逐步发达与伦理相互促进，这种经济社会机制的进步其实也是道德伦理的进步。当人们具有更加进步的经济思想时，伦理也会在正确的方向上取得进步。

## 四、伦理的演变

### 1. 研究体系演变

对伦理的正式研究产生于2500多年前古希腊的苏格拉底时期，当时希腊人的思想陷入相对主义的困境中，进而走向虚无主义。苏格拉底认为道德完善的最高形式是生活中的自制并依照通过思维获得的伦理价值来塑造它，也就是"知识和德性是同一个东西"○，这也使他成为伦理学的奠基人。

苏格拉底的弟子柏拉图，和柏拉图的弟子亚里士多德将这一学科发扬光大，并由亚里士多德一手创建了美德伦理学——这是人类第一个伦理学理论体系，且至今仍属主流。其他两大最重要的伦理理论分别是康德的义务论（道义道德）和杰里米·边沁（Jeremy Bentham）、约翰·密尔（John Stuart Mill）的功利主义（结果道德）。义务论和功利主义都起源于欧洲的启蒙运动，得益于对人性的解放和自由、平等、公正等普世价值的阐发，这是更加具有现代性的伦理体系。

（1）美德伦理学

美德伦理学认为，伦理行为不仅包括遵守常规的道德标准，而且考虑一个拥有优良道德品质的、成熟的人在给定情境下认为恰当的做法。道德品质是后天获得的，并且会成为个人性情的一部分。随着个人在社会生活中的成长成熟，他的行为可能会以他认为道德的方式表现。如果某人拥有诚实的品格，他就会倾向于讲真话，因为这被认为是人际沟通的正确方式。

---

○ 罗素. 罗素文集 [M]. 北京：改革出版社，1996：412.
○ 陆劲松. 道德起源及其功能的经济博弈维度探求 [D]. 重庆：西南大学，2006.
○ 斯通普夫. 西方哲学史 [M]. 菲泽，译. 北京：世界图书出版公司，2009：34.

美德伦理学特别强调"在适当的时间、适当的场合、对于适当的人、出于适当的原因、以适当的方式感受这些感情，这既是适度的又是最好的，即德性的品质。"㊀美德之所以被认为值得赞颂，是因为这是个人通过实践和承诺发展而来的成就。美德伦理的倡导者经常讨论一系列基本的善和美德，这些美德一般被当作积极有效的思维习惯或后天养成的品格特征。亚里士多德列举了忠诚、勇气、机智、集体主义、判断力等社会要求的"卓越"规范。虽然列举重要的美德是理论家的任务，但杜威提醒我们，检视不同美德之间的互动就能提供个人正直品格的最佳理念。

(2) 义务论

义务论也叫责任伦理学、康德主义。康德作为18世纪对哲学影响最大的西方思想家之一，其被称为西方思想蓄水池，后来者几乎无不受之影响。他认为"责任是一切道德价值的源泉，合乎责任原则的行为虽不必然善良，但违反责任的行为必然邪恶"㊁。义务论强调"普遍法则"，即绝对命令第一公式：必须实现善良意志，同时将成为普遍的道德法则。康德还提出了绝对命令第二公式：人总是被当作目的而不仅仅是手段。

义务论又可分为行动义务论和规则义务论。行动义务论认为，道德的行动不依靠规则来指导，要决定在特定的情景之下如何行动，人们只需要诉诸良知、信仰或者直觉。这种行动义务论在历史上有较大的影响，但现在已经式微，因为它很难被理论化。而规则义务论在当代伦理学中占据绝对优势的地位，例如我们非常熟悉的道德金律《圣经》中提到的，"你们愿意人怎样你们，你们也要怎样待人"就是很典型的规则义务论。显然，康德的义务论在追求普世性和平等方面，打破了许多由来已久的歧视和恶习，成为伦理学的黄金律。

义务论者一般会将消极义务与积极义务区分开来。消极义务要求人们不做某些事情，如不伤害、不谋杀、不撒谎等，这些义务构成了一类禁令。同时，积极义务要求人们主动做某些事情，如友善、礼貌、利他、公正等。大部分义务论者都认为，消极义务优先于积极义务。但在义务的制约程度上，义务论者有一些分歧。例如康德是一位绝对义务论者，他曾说，即使能救一条命，撒谎也是错误的。但很多义务论者并不认为不撒谎这种义务具有如此压倒性的地位。

履行一项义务意味着遵守体现该义务的规则。但人们的生活并不总是被看作遵守规则。除了遵守道德规则以外，每个人都有自己的个人计划和目标。义

---

㊀ 亚里士多德. 尼各马可伦理学 [M]. 廖申白, 译. 北京：商务印书馆, 2003：47.
㊁ 康德. 道德形而上学原理 [M]. 苗田力, 译. 上海：上海人民出版社, 1986：6.

务论者认为，人们可以自由地追求自己的目标，只要这么做不违反道德规律，即每个人都有在不违反道德规则下的自由度。

同时，义务论者也承认由特殊关系所引起的义务或者责任。这些关系可以是天然的，例如家庭和血缘关系；也可以是人为的，例如契约中的某一方；还可以是社会交往中的关系，例如朋友。基于这些特殊关系的义务，与一般的义务制约既有相似之处，也有不同之处。相似之处在于都需要对一个人的行动构成道德上的约束，不同之处在于，特殊关系的义务只是针对这些特殊对象，而一般的义务制约指向所有人。

义务论伦理思想在现代企业中具有广泛的应用性。在具体工作中，如遵守契约、恪守信用等行为都是现代企业有效运作、实现广泛合作共赢的前提和基础。

(3) 功利主义

目的论的伦理理论具有多种形态，功利主义是其中非常重要的一种。功利主义不是只考虑后果对于行动者本人的好坏，而需要评价所有被这个行动影响的利益相关者的好坏。如果将利己主义者的个人最大利益扩展为社会的最大利益，就得到了功利主义的伦理主张——正确的行为促进了大多数人的最大利益。

功利主义的特点是在道德决策时只考虑结果不考虑动机，正如边沁所言：没有任何一件事情本身的动机是坏的，动机的好坏只在于它们所产生的影响○。无论是边沁的观点"最好的结果会带来最多的愉悦"，还是密尔的观点"最好的结果会带来最大的快乐"（更注重快乐的质量），都基于人们对结果的主观感受，也被称之为效用原则。一般意义上的功利主义被称之为行为功利主义，其缺点是与美德伦理学一样过于关注每个人所处的特殊境遇，从而更没有原则。由此发展出来的规则功利主义结合了义务论注重规则的优点，从普遍适用的道德标准去衡量评价，所不同之处在于，义务论更注重行为背后的动机，规则功利主义注重行为的结果。

功利主义思想的发展直接促成了现代经济学的诞生，从贝尔纳德·孟德维尔（Bernard Mandeville）的《蜜蜂的预言》和亚当·斯密（Adam Smith）的《国富论》中"自利利人"开始，伦理学对个人行为的道德标准给予了更大的宽容度和自由度，是启蒙运动的自由主义思潮在伦理学上展开的革命。甚至也可以说，经济学本身就是伦理学的发展和具体应用。由此，在功利主义的伦理学说之下，经济学又产生了"外部性""道德风险""社会选择""合同理论""机

---

○ 边沁. 道德与立法原理导论 [M]. 时殷弘, 译. 北京：商务印书馆，2005：152.

制设计"等诸多与伦理直接相关的概念和理论。

功利主义伦理是现代企业中最经常使用的伦理分析思想。功利主义要求企业正确认识所有利益相关方的利益目标，制定的方案与各方的利益目标一致。同时在激励机制上实现激励兼容，即让每一方得到激励按照制定方案努力工作，最终让各方都获得令自己满意的收获和回报。

功利主义在过去两个多世纪里一直是伦理学中最重要的组成部分。它的一个重要特点在于，它比其他竞争理论更接近于一种科学的力量，也使得它更容易与心理学、经济学、法学等理论相结合。但是功利主义把对后果的考虑看作道德思考的唯一因素，这引发了巨大的争议。

此外，还有尼可罗·马基亚维利（Niccolò Machiavelli）的现实主义学派、约翰·洛克（John Locke）的人权理论、马克斯·韦伯（Max Weber）的意图伦理与责任伦理、约翰·罗尔斯（John Bordley Rawls）的"无知之幕"、汉娜·阿伦特（Hannah Arendt）的"平庸之恶"、安·兰德（Ayn Rand）的伦理利己主义等具有较大影响的伦理理论。这些思想对既有的主流伦理体系进行了全部或部分的反思、支持、论证或修正、发展了许多重要的伦理命题，各有独到之处，值得参考借鉴。

总之，一般伦理理论通常包含价值理论和行动理论两个部分，价值理论说明哪些东西是善的或有价值的，行动理论说明哪些行为是应该的、被允许的或被禁止的。因此，伦理理论一般分为两大类：目的论和义务论。目的论坚持认为善的概念优先于正当的观念；义务论则坚持正当的独立性，认为不管结果如何，一个行为本身就具有道德价值，不管它是否导致可预的或最佳的后果。

2. 在实践中的演变

一般认为，伦理学是哲学的分支，但与认识论、形而上学不同的是，这也是一门关于实践的人文学科，尤其是本书的主要对象，即作为应用伦理学的重要组成部分的商业和金融伦理学实践领域。"伦理学最重要的特征在于它以理智和人类的经验为基础。"⊖，它们最终围绕商业活动、制度、企业中人的行为的道德评判和决策，并由人的行为所推动。这种伦理实践有两个源头：普通法系的产生发展和社会责任运动。

（1）普通法系的形成和发展

伦理实践的发展未必来自法律的要求，而是来自社会的压力。但是法律制

---

⊖ 波伊曼，菲泽. 给善恶一个答案［M］. 王江伟，译. 北京：中信出版社，2017：6.

度的演进却对商业伦理有助推作用。英国在1873年和1875年分别将《普通法》和《衡平法》在司法法案中合并，形成了今天的普通法。

普通法系强调"遵循先例"，多采用不成文法，并实行陪审团制度。这一方面与伦理决策中的传统相结合，另一方面也使司法人员之外的社会精英参与到法律实践中，最终形成社会价值判断的标准。

1964年，《美国民权法》出台，立法禁止因种族、肤色、宗教或者国籍而产生的歧视。紧接着1970年美国又颁布了《职业安全与健康法案》《环境保护法》《反海外腐败法》。㊀

研究表明，公司会影响个人伦理行为，有伦理行为规范的公司比没有伦理行为规范的公司在伦理方面表现要好㊁。1991年，美国参议院颁布了《联邦审判指导准则》㊂，为公司对自身行为触犯各种法律进行判断提供了依据。如果有"防止和察觉违法行为产生的有效机制采取了必要的措施"，可以给予公司在触犯法律时豁免处罚㊃。客观上促进了公司超越法律条文的规定之外对公司道德机制进行整体监督和管理，推广其商业伦理标准并有效激励。

进入21世纪，发生了一系列商业欺诈和针对企业的起诉事件，以2002年安然公司事件的最具代表性。该丑闻促使美国国会在2002年通过了《萨班斯—奥克斯法案》，出台了监管公司伦理计划的新规定。

美国次贷危机引发2008年全球金融危机之后，《多德—弗兰克华尔街改革和消费者保护法》（Dodd-Frank Wall Street Reform and Consumer Protection Act），简称《多德—弗兰克法案》于2010年7月21日正式颁布，该法案涵盖旨在通过改善金融体系问责制和透明度，促进美国金融稳定、解决"大而不倒"问题，以及保护纳税人和消费者利益。它是20世纪30年代《格拉斯—斯蒂格尔法案》（Glass-Steagall Act）以来美国改革力度最大、影响最深远的金融监管改革。

（2）社会责任运动

19世纪末和20世纪初是伦理实践尤其是商业伦理与社会责任发展的一个重要阶段。当时，在欧美主要国家，社会达尔文主义以及自由主义经济学带来的

---

㊀ 乔治. 企业伦理学 [M]. 唐爱军, 译. 7版. 北京: 机械工业出版社, 2012: 10.

㊁ SCHMINKE M. Considering the business in business ethics: An exploratory study of the influence of organizational size and structure on individual ethical predispositions [J]. Journal of Business Ethics, 2001, 30 (4): 375-390.

㊂ 也译为《联邦量刑指南》或《联邦组织刑事责任指南》。

㊃ 乔治. 经济伦理学 [M]. 李布, 译. 5版. 北京: 北京大学出版社, 2002: 25.

诸多问题，受到社会广泛质疑。尤其是蓬勃发展的几十家媒体有组织地对企业和政府的恶性事件曝光。"大公司被指控生产不安全而且劣质的产品，通过价格垄断来摧毁竞争；银行业存在欺诈行为；有关工厂和血汗作坊中妇女和儿童从事长时间、单一、危险工作的报道催人泪下……""丑闻揭露者"的行为导致政界作出反应，成立了以监管商业行为、改善劳动条件、制定职业标准以及改革政府为目标的各种组织⊖。1900年，提倡给工人分发补偿金的国家公民联盟成立。1904年国家童工委员会成立，使童工立法得以通过。1905年世界产业工人联盟成立，工人运动在全世界范围风起云涌。这一时期，企业社会责任理念开始产生，例如以"8小时工作制"和福特改造"少年犯"的社会计划。1913年，詹姆斯·卡西·彭尼（J. C. Penney）在他的超市中制定了行为规范，是企业道德规范的首创。多德在1932年指出，"公司董事必须成为真正的受托人，他们不仅要代表股东的利益，而且要代表其他利益主体，如员工、消费者，特别是社区整体利益"⊜。

20世纪60年代，欧美发达国家关于企业经营活动中的伦理问题的公开讨论以及用户利益至上的消费者运动不断高涨。在各种频发的劳工权益保护、公司治理、商业贿赂、环境污染、安全事故、商业欺诈、虚假广告等问题，以及在相关的社会运动中，商业伦理得到显著发展。尤其是随着"媒体的关注程度不断提高，个人企业也开始尝试开发自身的伦理与核心价值理念"⊜。

因此，也有"作为社会运动的商业伦理"之说。企业和社会团体、商学院开始作出调整和回应，这种积极的互动到了20世纪70年代成为一种良性的社会运动。"企业非道德性神话"逐步瓦解。诺贝尔经济学奖得主米尔顿·弗里德曼（Milton Friedman）在题为"商业的社会责任是增加利润"的文章中，攻击了当时兴起的社会责任运动，在他看来"商业伦理"就是避免欺诈舞弊，而他反对保护契约所需最起码的商业管制之外的所有一切㉔。然而，当公众觉得公司具有更广的社会责任感后，往往会更支持公司的发展，于是，伦理承诺预示着未来更长远的商业成功。因此，逐步发展出利益相关者理论，认为公司对所有利益

---

⊖ 贾德，斯旺斯特罗姆. 美国的城市政治 [M]. 于杰，译. 上海：上海社会科学院出版社，2017：83-84.

⊜ 卢代富. 企业社会责任的经济学与法学分析 [M]. 北京：法律出版社，2002：47.

⊜ 乔治. 经济伦理学 [M]. 李布，译. 5版. 北京：北京大学出版社，2002：25.

㉔ FRIEDMAN M. The social responsibility of business is to increase its profits [M] //Corporate ethics and corporate governance. Berlin, Heidelberg：Springer, 2007：173-178.

相关者负有道德或伦理义务。

20世纪八九十年代，各种社会责任运动更加频繁，《财富》杂志五百强企业中的绝大多数已经开始建立本企业的伦理道德准则。1981年，在全球200家大型企业的首席执行官参加的商业圆桌会议上，发布了《企业责任声明》，强调了商业行为必须具有社会意义。2008年全球金融危机，出现了"占领华尔街"等抗议活动。而在国内，2008年发生的乳业三聚氰胺事件也具有标志性意义，更是引发了全社会对伦理和社会责任的重视和反思。

随着互联网和人工智能技术的发展及商业应用，今日商业社会面临的伦理冲突和各种矛盾问题更加纷繁复杂。市场和商业的发展，既给了人们更多发现、理解自己的机会，也对基于"以人为中心的发展"带来诸多挑战，其中有许多是全新的、颠覆式的重大冲击。以伦理学来指导商业行为的紧迫性愈益凸显，其未来在实践中的发展更加令人期待。

## 第二节 伦理学：从理论到实践决策

虽然伦理问题总是在一定的"情境"之下，应该"具体问题，具体分析"，但"伦理学理论试图通过对常见的道德判断进行分类，使之系统化，并确定和解释一些基本的道德原则。"⊖所以，伦理学在历史上的发展不但是理论与实践不断演进的结果，而且面对伦理问题，使用具体的伦理原则去决策的时候，也存在从理论到实践的艰难一跃。

### 一、伦理理论的原则

1. 一致性

一个理论应当具有一致性，这是所有理论工作者都接受的准则。如果我们将一个伦理理论的原则应用于具体情形时产生了相互矛盾的判断。例如，断定在某种情况下，一个人既应该保持沉默又应该说出真相，那么这个理论既不能服务于实践，也没有理论上的解释力。

一致性的要求在处理道德两难（Moral Dilemmas）的问题时，引起了广泛的争论。哲学家让保罗·萨特（Jean-Paul Sartre）曾经讲述过一个青年的选择困境。他想参加抵抗运动，但家中有母亲要侍奉，两者不能兼顾。从道德的观点

---

⊖ 乔治. 企业伦理学 [M]. 唐爱军, 译. 7版. 北京: 机械工业出版社, 2012: 35.

看，两件事都是应该做的，但做其中一件意味着对另一件的否定。无论怎么做，他都处于一种冲突之中。

有些人认为，这种道德两难只是表面上的，或许所有的道德两难都是表面上的，一定存在更深刻的原则可以为冲突的义务做优先性上的排序。因此，道德两难的现象不构成对一致性要求的怀疑。但也有一些反对者认为，义务的冲突是关于人类境况的根本事实，不可能被任何一致的伦理理论所清除。

2. 明确性

道德理论必须为道德实践提供明确的指导，这要求道德判断提供的信息是清晰明白的，而不是空洞、含糊其辞或模棱两可的。在许多关于环境问题的争论中，人们常听到尊重自然、尊重生命的呼吁。除非尊重的概念得到更为细致的表述和限定，否则，这些呼吁无法产生确定的道德结论。例如，是否所有的人工降雨都不符合尊重自然的原则？消灭苍蝇和蟑螂违反了尊重生命的律令吗？含糊其辞、模棱两可的道德判断并非严格意义上的不一致，但它们在服务于伦理理论的实践目的上与不一致的判断同样无能为力，在理论上也无法提供对道德性质的说明。

所以，明确性是伦理判断的重要原则。必须对实施行为本身以及所涉及的对象都作出明确无误的界定，才有可能据此进行伦理推理。

3. 融贯性

如果说一致性是一种逻辑要求，融贯性则要求一个伦理理论具有直觉上的吸引力。这种吸引力体现在，伦理理论提供的道德判断与人们反思后的道德信念相协调。如果一个理论所蕴含的结论与纳粹主义、奴隶制、种族歧视等这些实践是相容的，那么这个理论就缺乏融贯性。

尽管人们在许多问题上存在争议，如死刑、堕胎、自杀、动物权利等，他们在反对虐待儿童、强奸、屠杀无辜者等行为的态度上却是一致的，他们在仔细地反思之后还深刻而广泛地持有这些共同信念。如果一个理论配上相关条件能够逻辑地蕴含这些经过锤炼的信念，就有了融贯性的优点，这个优点符合伦理的理论目的。

人们的道德信念在基本道德问题上是一致的，人们还希望它在人们有分歧、有疑虑的道德问题上提供帮助。虽然指望一个伦理理论一劳永逸地解决所有道德问题纯粹是一个奢望，但伦理理论的扩展性帮助并非没有可能。在许多具体的情形下，人们的分歧和不确定性是由于对相关信息的掌握上的差别、看待事物的不同角度、大量与道德考虑无关的因素的介入、情绪上的波动等。

4. 跨学科协调性

跨学科协调性指的是一个伦理理论与更广泛的理智探究如心理学、生物学、人类学、社会学、经济学等内容的配合程度。一个伦理理论能够得到来自这些领域的良好结论的支持，是其优点之一。即使捍卫伦理学自主性的人们也不否认，伦理学与这些学科不是毫无关系的。

神令论的伦理理论受到进化论的挑战，道德相对主义认为它得到人类学和社会学方面的支持，功利主义者将自己的理论与经济学理论结合起来。伦理学与哲学的一些其他分支也有密切的联系，如逻辑学、认识论和形而上学。一个伦理理论需要逻辑学来说明道德语言的逻辑特点，借助某种认识论来说明道德推理，在一个形而上学的框架中探讨价值的实在性。

5. 可实践性

伦理理论需要切合实际，不能只是教条或者过于理想化的道德空想。伦理理论不但应该可以用来指导实践，而且当人们履行这些理论的时候，也不会带来过于沉重的负担，成为大多数人永远无法企及的目标。"对于道德来说，向我们要求更多无私的行为或许是值得欲求的，但是这样一些原则所造成的后果可能是道德绝望、强烈或过度的道德内疚以及无效的行动。因此，大多数伦理体系都会把人的局限性考虑在内。"⊖但在现实中，缺乏伦理考虑的决策与过于严苛的道德审判确实同时存在。

在使用上述标准来评价一个伦理理论时，需要注意以下四点。

第一，这些标准虽然是最常见的，但肯定是不完全的。

第二，一个理论是否符合某个标准，通常是一个程度问题。例如，某些理论，如自然主义的伦理理论，可能比其他理论有更强的跨学科协调性；功利主义或许在大量情形中比美德理论在指导行动上更具体。

第三，由于某些理论在某些标准上比其他理论表现出色，而在另一些标准上要逊色一些，这样使得对不同的理论进行总体比较是一件极其复杂和细腻的工作。

第四，不同的理论家对它们的重视程度是不一样的。某些标准，如一致性、明确性引起的争议较少，而关于其他标准则存在较大争议，有些标准还被一些伦理学家所否认。

---

⊖ 波伊曼，菲泽. 给善恶一个答案［M］. 王江伟，译. 北京：中信出版社，2017：14.

**扩展阅读**

### 伦理学的评价方法

美国伦理学家汤姆·里根（Tom Regan）在评价伦理理论时，提出过六项要求[1]，这是伦理评价中最为经典的一次概括。里根的伦理评价方法可以列举如下。

第一，概念的清晰。使用含糊或者需要进一步限定而没有被限定的概念，基于此作出的道德判断，无论在理论上还是实践上都有缺陷，无法达到交流、劝导的目的。

第二，信息准确完善。道德问题永远都是现实世界中的问题。所以，清晰、准确、全面地把握相关事实，对于回答道德问题是至关重要的。

第三，合理性。这是一项逻辑要求，要求人们探讨所做的判断，与其他人们相信或者不相信的事情在逻辑上是相关的。

第四，公平性。在某些情况下，例如涉及家庭和朋友关系，偏向性不是坏事。但是如果想要作出理想判断，相似情形应该被相似对待，这是一个应该尽量遵守的原则。

第五，冷静。受情绪影响的判断容易失去合理性、公平性等特征。所以，头脑发热绝对不利于理想的判断。

第六，使用正确的道德原则。这是最基础的要求，同时也是最难以满足的。因为正确的道德原则必须依赖于正确道德理论的建立。

（来源："Matters of Life and Death：New Introductory Essays in Moral Philosophy. Random House，"，1980）

## 二、伦理实践的决策难点

伦理学所涉及的问题往往十分复杂，很多伦理学家都擅长在一些具体的案例各抒己见，使用不同的伦理思想就能得到各种相悖的结论。在现代社会，由于现代化、全球化带来的多元化加剧，进一步增加了伦理推理、决策的困难程度。同时，法律和伦理在实践中也有着微妙的关系，成为伦理决策需要面对的难点之一。

---

[1] BEAUCHAMP TL, REGANT. Matters of Life and Death：New Introductory Essays in Moral Philosophy [M]. New York：Random House, 1980.

1. 道德绝对主义与相对主义

自然科学是普适性的，不受社会差异的影响。但道德是否是普适性的呢？美德伦理主义者推崇绝对的美德。持有道德绝对主义观点的人认为存在一种永恒的道德价值理念和原则，在任何时间、任何地点都普遍适用。○

而更多的伦理学者持道德相对主义的立场。他们认为，道德规范更像人们日常的礼节。不同社会所实践的道德都具备有效性，彼此之间没有对错优劣的区别。只有采取这个立场，人们才能真正宽容对待那些持有不同的道德规范的社会和人群。伦理学如果尝试去发现适用于全人类的普遍道德规范，这是不可能实现的任务。

从相对主义的立场来看，伦理行为的定义，主观上来自个人和群体的经验。相对主义者以他们自己或他们周围的人为基础来定义伦理行为。相对主义都承认，人们持有很多不同的判断行为对错的观点和基础。相对主义者参考相互影响的群体，并根据群体的一致意见来确定可能的解决方案。例如，在制定企业战略和计划时，由于供应商、客户和企业所持有的伦理观点不同，相对主义者会预期和接受可能发生的冲突，有可能更妥善地处理这种矛盾。

相对主义者对有关群体成员的行动进行观察，试图就特定行为达成群体的一致意见。积极的一致，意味着群体认为该行为是合乎伦理的。但是，这种判断未必永远有效。随着时过境迁或成员组成发生变化，以前认可的行为可能会被认为是错误的和有违伦理的。反之亦然。很多伦理学家认为，道德相对主义的立场给予宽容最好的支持，既然道德与文化是相对的，人们就应该宽容其他文化的道德。

2. 伦理与法律

（1）法律对伦理的促进

法律对于伦理，尤其商业伦理具有重要的促进作用。西方社会建立在社会契约论的基础之上，一般以法律作为国家管理的主要手段。所以，遵守信用不仅是一种道德良知和自我修养的方式，也是由经济基础决定的、在经济活动中规范人与人关系的准则。更具体地看，信用就表现为具有法律效力的合同或者契约。作为合同，契约双方在立约时就应该约定，双方都出让一部分权利和利益，同时又交换获得自己的权利和利益。

---

○ 乔治. 企业伦理学［M］. 唐爱军，译. 7 版. 北京：机械工业出版社，2012：28.

从历史来看，诚信原则最早起源于罗马法。有的学者认为它来源于罗马法的"一般恶意抗辩"；另一些学者认为它起源于罗马法的"诚信契约"和"诚信诉讼"。总之，它在古罗马帝国时期就已经成为普遍的商业和司法原则。当西方社会进入近代，由于社会生产力的迅猛发展，商品经济水平大幅度提高，刚登上统治地位的资产阶级掀起了大规模的法典编纂运动，契约诚信意识和相关法律、制度体系也不断随之完善。这种契约精神，成为资本主义精神的重要组成部分。现在，作为道德原则的诚实信用原则经过长期的发展，已经被确立为最高的法律原则，有学者称其为"民法中的帝王条款"。

所以，伦理道德正是法律的根源，也是法律未来的归宿，可以补充法律的不足。在现实中，社会伦理道德的缺失也需要法律的匡正，需要法律来规范人们，督促人们继承优良的传统伦理道德。

（2）法律与伦理的冲突

法律是以正义等伦理原则为其存在的基础，以国家的强制力保证实施为手段。伦理作为规范人们行为的准则，往往代表着社会的正面价值取向，起着引导、促进人们向善的功能，法律可以强化这种道德要求。两者都有着促进社会和谐的共同使命，尤其是针对当今中国，这样一个处于社会转型期的国家，两者的有效结合与互补更加重要。

违反道德的事情未必违反法律，例如许多的说谎、不诚信行为并不构成犯罪。道德评价的标准比法律评价的标准要高。因此，法律与伦理有时会发生难以调和的冲突。以"安乐死"为例，安乐死问题涉及医学、法律、哲学等诸多领域，对于安乐死问题一直存在赞成与反对这两种声音。安乐死涉及一个人的生存权力，没有任何人可以决定他人的生死，甚至是自己也不可以放弃生存，安乐死在伦理道德上一定是难以接受的。但在法律上，世界各国态度迥然，有的国家已经立法明确了安乐死的合法性，有的国家坚持其不合法，尤其是针对一些重症昏迷的病人来说，法律更是不允许他人决定他们的生与亡。<sup>○</sup>

所以，法律也不能解决道德多元主义的问题，尤其是各个国家之间的法律体系有很大的差别。这一方面增强了伦理决策的难度，另一方面也更加说明了伦理

---

○ 安乐死是指对重度精神病患者、重度残疾人及处于不可逆昏迷中的植物人，实施使其在无痛苦感受中死去的行为。这种行为的初衷是在于免去这类患者的生存痛苦，运用现代医药技术使其无痛苦的死亡。中国大陆地区在法律上仍定义其为违法行为，属于故意杀人，我们国家的法律不允许任何人以任何理由剥夺他人的生存权利。

决策的重要性。甚至对法律和经济、政治体系本身也可以进行伦理推演和道德评价。

3. 个体与组织

伦理协调解决的是利益与道德之间的关系，但是个体伦理与组织伦理的关系增加了其复杂性，成为伦理决策中的突出问题。

一方面，正如组织利益与社会利益不能等同，个体利益与组织利益也并非完全一致；另一方面，个体的道德和组织的道德也很难统一。例如，一个诚信、正直的人在一个造假成风的组织里，如果坚持自己关于利益与道德的判断和决策，就可能面临冷遇甚至打击报复的危险。

又如，在一个完全绩效导向，不考虑社会责任的企业，如果由于个人良知在具体执行的过程中使个人业绩和利益受损，长期付出这种代价会使这种坚持个人道德行为的持续性受到影响。

按照著名哲学家汉娜·阿伦特（Hannah Arendt）定义的"平庸之恶"，这个因素相当普遍，在集体主义盛行的东亚社会是一个突出的问题。何况个体本身就有摆脱责任的本能。给自己找借口，即"主观合理化"，也是个体常见面对伦理困境的常见错误处理方式。"人们倾向于限制自己的责任感，特别是在面临危机的时候"[一]，"在公司丑闻中，很多高管利用会计和财务报表摆脱自己在财务监督和公司管理上的责任"，这也是工作中不道德行为的重要来源。

研究表明，在工作环境中组织价值观通常比个人价值观对决策更有影响力。在这个过程中组织的价值观和伦理文化是伦理决策的关键因素。员工越能感受到组织伦理文化的影响，就越不容易作出有悖伦理的决策。[二]

但即便组织建立起一套完整的伦理文化体系，仍然不一定能有效解决这种个体道德的决策困境。组织内部也不是铁板一块，也有公司政治和小圈子的不道德行为，在组织内部如果出现拉帮结派、损公肥私、利益交换等方面的利益共同体，会干扰个体的伦理决策。而这些小圈子内部的成员，也会或多或少受到伦理冲突带来的心理压力。

因此，在建立有效的组织伦理文化的同时，组织管理层的领导力伦理在传

---

[一] 威克斯，弗里曼，沃哈尼，等. 商业伦理学——管理方法 [M]. 马凌远，张云娜，等，译. 北京：清华大学出版社，2015：31.

[二] O. C. Ferrell, Linda Ferrell. Role of Ethical Leadership in Organizational Performance [J]. Journal of Management Systems, 2001 (13)：64-78.

达企业的价值观和有效沟通、激励中，引导个体作出正确的伦理决策至关重要。同时，个体也应该避免道德滑坡，不放弃对道德问题的思考，不逃避判断，心有敬畏，承担起应有的道德责任。

### 三、伦理决策的基本原则和方法

在现实应用中，在遵从最核心的价值观的前提下，通过检验的方式避免主观合理化⊖，识别和解决伦理困境，并进一步选择合适的伦理推理方法，是一个比较现实可行的伦理决策步骤。它能帮助人们有效地得到最终解决方案，同时避免一些不必要的伦理争论。

1. 伦理决策的价值观基础

价值观是行为的先导。在伦理决策中，首先需要前置考虑所有社会成员都必须遵守的最基本价值观，否则整个伦理决策过程就失去了正当性。这正是何怀宏教授提出的"底线伦理"原则的关键意义所在。从这个价值观基础上派生出来的道德直觉也可以帮助人们反省。

（1）生命价值原则

保护生命是最基本的人道主义，几乎所有的人类道德体系都有关于这方面的戒律或禁令，佛教等宗教甚至还将"不杀生"推及到其他各种动物。《周易》说，"生生之谓易""天地之大德曰生"，没有生命，道德的意义便不复存在。

根据何怀宏教授的研究，中国文化传统中的"良心"就肇端于类似孺子入井情境之下的"恻隐之心"⊜，并将这种的道德情感推及至"四端"⊜，且为"四端"之首。

但由于功利主义伦理学的边界无限扩展，在一定程度上触及了生命价值原则，例如关于二战中对平民使用原子弹的伦理争议，本书第六章会讨论克隆人、基因编辑婴儿等涉及生命价值原则的技术伦理问题。

---

⊖ 主观合理化是指当决策仅为决策者个人利益服务，或者决策能够为其提供一个简单的摆脱困境的办法时，决策者主观上会使自己相信该决策是公平的、合理的。参见：威克斯，弗里曼，沃哈尼，马丁. 商业伦理学——管理方法 [M]. 马凌远，张云娜，等，译. 北京：清华大学出版社，2015：31.

⊜ 何怀宏. 良心论 [M]. 上海：上海三联书店，1994：56.

⊜ 四端，语出《孟子》，是儒家主张的四种德行，即：恻隐之心，仁之端也；羞恶之心，义之端也；辞让之心，礼之端也；是非之心，智之端也。

正如伟大的人道主义者、思想家史怀哲所指出的，"普通的伦理学求助于妥协。它试图在自我牺牲与牺牲他人的份额上作出决定：我该牺牲多少自己的生命存在、多少幸福，为了保命，我该牺牲多少他人的命和幸福。这类伦理学把现实中的某些事当成伦理问题提出来，其实这些事情并不是伦理问题，而是非伦理的必要性与伦理的混合物。如此一来，大混乱开始了，伦理观念越来越昏暗。""敬畏生命的伦理与相对伦理的观念毫无干系。它将维护和促进生命当成好的行为。它将一切情况下毁灭及伤害生命的行为斥之为邪恶。它不会在伦理和必要杀生之间作出取舍调整。"⊖生命价值原则无疑是所有伦理决策的道德起点。

（2）诚信原则

诚信指的是讲真话或值得信赖。诚信是人际关系的基础，建立互信的人际关系也是社会正常运转的基础。现代社会是要依靠契约处理大量的陌生人之间的关系，传统的许多道德规范在其中已经不能起到作用。一个人如果在利益冲突和诚信之间选择了前者，发生问题后，一系列的契约就很难再维持下去。所以，诚信原则和契约精神在现代社会就更为重要。在本书第二章职业伦理、第三章企业伦理等部分，还会深入探讨诚信原则的相关内容。

对于企业而言，诚信相关问题的产生，主要是因为人们经常按照以下逻辑进行推理。

1）企业关系是人际关系的一部分，通常有自己的运作规则，在市场社会中这些规则包括竞争、利润最大化以及组织中的个人升迁。

2）企业经营因此可视为比赛，某些方面与篮球、拳击等竞技体育项目具有可比性。

3）普通伦理法则和道德在篮球或拳击比赛中是不适用的。

4）从逻辑上讲，如果企业经营就像篮球和拳击这样的比赛，普通伦理法则就不再适用了。⊖

事实上，伦理决策处理的是人与人之间，以及人与组织、社会关系之间的道德与利益冲突问题，如果不遵从诚实原则，这种道德交往、道德沟通、道德情感就失去了意义。大多数的道德体系里也都有关于诚信的信条。

诚实的反面是说谎。按照西塞拉·博克（Sissela Bok）在《说谎：公共与个人生活中的道德选择》一书中的说法，说谎是"以陈述形式故意表达造成假象

---

⊖ 史怀哲. 文明与伦理［M］. 贵阳：贵州人民出版社，2018：282.

⊖ 费雷尔，弗雷德里克，费雷尔. 企业伦理学：诚信道德、职业操守与案例［M］. 李文浩，卢超群，等译. 10版. 北京：中国人民大学出版社，2016：57.

的信息。"有的学者定义为"意在欺骗或给人造成错觉的任何事物"㊀。说谎可以定义为缺乏诚实的品质。尤其是公众人物,一旦被发现说谎,就会对其个人品格和声誉造成毁灭性打击,甚至人们再也难以相信其承诺。

然而,具体到各种现实的情境之中,又比较复杂。例如,"善意的谎言",以及为了维护国家安全、企业机密等责任。当然,在暴力胁迫之下、违反本人意志的谎言,基于生命价值原则,被普遍认为不具有道德上的问题。

(3) 公正原则

公正原则又被称之为公平原则或正义原则,需要对每个人公平合理的基础上分配好处和坏处,也就是说每个人都能平等公正得以对待。康德的义务伦理学以公正为核心,表现为普遍适用性、绝对命令和可逆性标准,以及把所有人视为目的而非手段等。在伦理决策中,公正原则既提供了机会的平等,也强调了程序的正义。

按照约翰·罗尔斯(John Bordley Rawls)的正义理论,涉及公正的问题通常分为三种:关于社会收益与负担的公平分配正义;关于惩罚过失者的报应正义;关于因他人过失遭受损失而受补偿的补偿正义。

公正原则在市场经济和商业活动中尤其重要,其中除了机会和程序的平等、正义,公正原则还体现于互惠与最优化。

互惠指的是社会关系中付出与回报的互换。互惠的产生基于付出与回报的对等。一个关于互惠的伦理问题是高管薪酬是否要同其他员工的薪酬相匹配。最优化是公正(平等)与效率(最大生产力)之间的权衡。针对性别、年龄等的歧视,通常被认为是不公平的,因为这些特征跟一个人有无能力从事一份工作几乎没有关系。公平的理念有时也会受到既得利益的影响。关系中的一方或双方可能因获利低于预期,而被认为某一行为不公平或有悖伦理。㊁

高管薪酬和歧视的问题会在第二章"企业伦理"详细阐述,关于市场经济的公正原则也会在第四章"金融市场的伦理"进一步展开。

伦理决策本身也要体现公正原则,需要实施检验,这主要是为了避免主观合理化。主观合理化是指当决策仅为决策者个人利益服务,或者决策能够为其提供一个简单的摆脱困境的办法时,决策者主观上会使自己相信该决策是公平

---

㊀ 蒂洛,克拉斯曼. 伦理学与生活 [M]. 程立显,刘建,等译. 9版. 北京:世界图书出版公司,2008:251.

㊁ 费雷尔,弗雷德里克,费雷尔. 企业伦理学:诚信道德、职业操守与案例 [M]. 李文浩,卢超群,等,译. 10版. 北京:中国人民大学出版社,2016:58.

的、合理的。① 一般使用公开检验、换位检验、普遍性检验三种检验方法。

2. 伦理决策的推演方法

伦理推理的基本方法有很多种，最早可以追溯到公元前古希腊哲学家亚里士多德所提出的实践三段论，当代较常用的推理方法是"波特图式"和利益相关者分析。

（1）亚里士多德的实践三段论

实践推理本质上是一种语用推理，其目的是一种具有实践意义的结论。相反，理论推理的目的在于从前提中得出真实的结论，它所关注的是推理和论证在形式上的有效性。古希腊哲学家亚里士多德在其关于实践智慧的理论中对实践推理最早作出了探讨。按照亚里士多德的理解，应当把行动本身视作推理的结论，这就是实践三段论。②

亚里士多德在《论灵魂》和《论动物运动》中讨论了实践三段论的基本原则。他认为，实践三段论主要包括如下几个基本因素。

第一，关于实践事物的前提有两种，普遍的和特殊的；第二，关于行动的前提有两种，一种是善的，另一种是可能的；第三，当人们理解或者把这两个前提结合起来的时候，就像在理论推理中能马上得出结论一样，在实践推理中，如果行动者能够行动且无外力阻碍，则必然导致马上行动。例如，每个人都应当走路，他是人，所以他马上走路；干的食物对每个人都是善的，我是人，这是一种干的食物，所以我必须要吃一些。

亚里士多德实践三段论的这些例子中：大前提涉及普遍项，小前提涉及特殊项。在使用实践三段论进行伦理评价时，首先要对大前提和小前提本身的伦理正当性进行深刻反思，确认行动本身与伦理的相容性，最终再由此推导出可靠的行动伦理结论。

（2）波特图式

波特图式是哈佛大学教授拉尔夫·波特（Ralph Potter）设计的按照定义、价值、原则和忠诚四个方面进行道德分析的一种道德推理模式。定义是指对事件或情境的事实的认识；价值是当事人的价值观；原则是当事人处理事情的原则；忠诚是当事人所选择忠诚的对象。确定了这四个基本定义后，就可以按以

---

① 威克斯，弗里曼，沃哈尼，马丁. 商业伦理学——管理方法［M］. 马凌远，张云娜，等，译. 北京：清华大学出版社，2015：31.

② 彭漪涟. 逻辑学大辞典［M］. 上海：上海辞书出版社，2004.

下顺序对伦理展开分析。

第一步：对某个问题的道德判断，需要先针对某一个问题定义情况；

第二步：确认价值，然后提出一个道德原则；

第三步：最后选择忠诚，即根据具体的情境确定所要忠诚的对象，从而推理出人们要解决的问题。

同时，波特图式也可用于判断一个人面对道德困境时所做决定基于何种价值观或者何种原则。

扩展阅读

#### 刊载这张照片是否道德？

在克里斯琴斯等著的《媒介伦理：案例与道德推理》一书中，用一个案例展示了波特图式的分析方法。

假设你在汉普雪利镇一家中等规模的报纸《军号日报》任编辑，现在交给你一幅显示一个被汽车撞死的小孩的尸体的照片，你需要决定是否刊载这张照片。在照片中，小孩的尸体被一条被单盖着，背景可见一小滩血迹，还有路旁惊恐的围观者，而前景突出显示的是一个皮球。

根据照片的说明和有关报道得知，死者是一个7岁的女孩，名叫塔米·戴维斯，是镇上最大的家具店老板和乡村俱乐部主席威廉·戴维斯的女儿。当时，放学后的塔米正在公园里踢球，当球滚到街上时，塔米紧跟着去追捡皮球，却不幸被开过来的汽车撞死了。

《军号日报》的摄影师克莱拉·莱兹，在被分派去另一个地方采访时，正好路过，碰上了这个事故。于是她拍下了这张照片。她自信地认为：这张照片应该发表，而且应该放在头版突出位置刊登出来。你明白，在作出决定之前，还有一些问题必须了解清楚。因此你随后与负责核查事实的新闻编辑迈克·蒙达拉进行了交谈。

蒙达拉告诉你，据记者采访了解到，肇事司机在被拘传到城市看守所时刚刚清醒过来，他的呼气酒精检测得了0.25分，超过了法律规定的限度。据此，蒙达拉反对刊登这张照片，尤其是在头版位置上。

这张照片是登还是不登呢？无论你是摄影师，还是新闻编辑，都会面临复杂的道德困境；此时，正确运用"波特图示"就可以帮助你作出决定。

第一步是定义情况。摄影师莱兹可以这样审议情况：一个社会知名人士的女儿被一个醉酒的司机开车撞死，报纸有一幅现场照片。新闻编辑可以这样审议情况：报纸有一张照片，是反映发生在城市街道上的一起交通事故的死亡场面的照片。

第二步是确定价值,这是选择的基础。这一步要求你确定出版的代价和利润,得出的价值是正还是负,这也反映出你个人的道德观念。

不同人的伦理观念有所不同。摄影师莱兹可以这样推理,最终确定发表这张照片的利润为正价值:首先,这是一幅真实反映交通事故的照片,这一事件是在当地、公开、新近发生的,是有新闻价值的;其次,受害者是当地杰出市民的女儿,这更增加了照片的新闻价值;再次,照片的构图和技术处理得不错,这对提高新闻的质量和吸引读者,有着相当重要的意义。

新闻编辑蒙达拉则从另一方面推理,最终认定它的负面价值:首先,照片在细节上反映了一个无知觉的死去的孩子,因而是极端恐怖的;其次,按照报纸的不显示死尸的规则,不应刊登这张照片。

第三步是提出一个道德原则,来帮助判断你的决定,如果你同意莱兹的意见,决定刊登这张照片,可以借助密尔的原则来帮助你判断你的决定。因为穆勒的功利主义原则主张公众有权知道有新闻价值的事实,将照片公诸报端可以教育公众更好地认识这个问题。这样,最大多数原则便为你找到了解决的方法:这是最好的,因为这是最大多数的——可以刊登。

相反,如果你同意蒙达拉的意见,决定不刊登这张照片,你可以借助康德的原则来作出决定。按照绝对主义的原则,无论什么样的情况,都必须严格按照报纸的规则行事,不刊登显示死尸的照片。对的就是对的,错的就是错的,没有商量的余地,所以,刊登这样一幅恐怖的照片是错误的。

第四步是选择忠诚。这最后一步是非常重要的,也是最费思量的一步,因为冲突往往发生在对责任心的权衡之上。道德的责任心究竟应该放在哪个位置呢?首要的一点,是对于你自己、你的报纸、对受害者家庭、对读者和你的同事负责任,还是对整个社会负责任呢?

莱兹可能主张把忠诚首先放在社会和读者身上。因为报纸肩负着报道有新闻价值的事件的义务,照片则是这个事件的一部分。所以应当刊登出来,从而让公众知道有关醉酒驾驶造成车祸的问题,并从中吸取教训。此外,莱兹的忠诚可能也放在她自己身上。因为刊登这张照片可能会产生一定的影响,从而赢得她的同事的赞赏,甚至为她赢得新闻界的一个荣誉或者奖励。

另一方面,蒙达拉可能主张,最大的忠诚应该是对报纸和报纸的规则负责,或者认为最为道德的职责应该是对受害者的家人负责。因为刊登这样一幅恐怖的照片,对于受害者家人的伤害可能不亚于孩子的死所引起的伤害。所以他决定不刊登这张照片。这就是两者的最大区别。

通过波特图式四个步骤的推理方法,你可以得出一个负责任的和符合道德的决定。这个决定产生于每一个步骤的过程中,而更多地集中于最后的选择之中,他促使你确立自己的道德观念,促使你作出刊登或不刊登这张照片的决定。

(来源:克利福德·G. 克里斯琴斯,马克·法克勒,佩吉·J. 克里谢尔,等. 媒介伦理·案例与道德推理. 孙有中,郭石磊,范雪竹译. 九版. 人民大学出版社,2013 年)

(3)利益相关者分析

利益相关者分析法是一种经验方法,是目前最主流的关于商业伦理的决策分析框架和方法。利益相关者涵盖了与伦理决策相关的各种利益相关方,如图 1-1 所示,包括所有者、员工、客户、供应商、媒体、环境组织等。企业在进行伦理决策的时候,运用利益相关者流程可以实现个人和组织达成合作性的双赢结果。

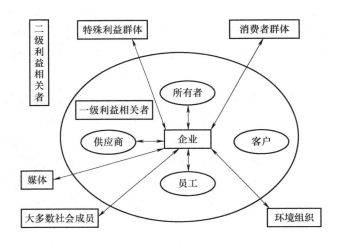

图 1-1　企业的各种利益相关者

约瑟夫·W. 韦斯教授从利益相关者的角度深入分析和探讨了商业伦理对企业利益的重要性,并提出了按照利益相关者的影响来进行伦理决策的流程。[一]

1)确定危机、威胁或机遇,并进行排序;

2)勾画出利益相关者;

3)列举利益相关者的利害关系;

---

[一] 韦斯. 商业伦理——利益相关者分析与问题管理方法[M]. 符彩霞,译. 北京:中国人民大学出版社,2002. 转引自上海国家会计学院. 商业伦理与 CFO 职业[M]. 北京:经济科学出版社,2011:20.

4）标明现有的或可能成为联盟的成员；

5）标明每一利益相关者的道德观；

6）从"更高层面"的角度出发，通过协商与利益相关者达成合作战略，并推动各方向有利的方向发展。

利益相关者分析提供了一个伦理决策的基本框架，关于利益相关者分析的理论和具体内容将在第二章详尽展开。

## 【复习题】

1. 以下哪一项不属于伦理学最主要的三大理论体系（　　）？
A. 美德伦理学　　B. 伦理利己主义　　C. 义务论　　D. 功利主义

2. 最早的伦理决策的推演方法可以追溯到（　　）。
A. 实践三段论　　　　　　　　B. 波特图式
C. 利益相关者分析　　　　　　D. 博克模式

# 第二章 企业伦理

## 【本章要点】

1. 了解企业伦理的重要性；
2. 掌握利益相关者理论的分析框架；
3. 熟悉企业主要利益相关者的伦理冲突；
4. 了解企业社会责任的主要理论；
5. 熟悉企业社会责任的主要标准规范和编制方法；
6. 熟悉企业慈善的主要方式。

## 【导入案例】

### 滴滴下线顺风车

2018年8月，浙江温州乐清市一名20岁女乘客乘坐滴滴顺风车遇害案持续引发关注。此案距离同年5月河南郑州空姐搭乘滴滴顺风车遇害案不过百日。短短3个月时间，发生两起侵害乘客生命安全的恶性事件，暴露出滴滴出行平台存在的重大经营管理漏洞和安全隐患。

8月26日，滴滴出行在其官方微博公布乐清顺风车乘客遇害一事自查进展，决定自8月27日零时起，在全国范围内下线顺风车业务，内部重新评估业务模式及产品逻辑；同时免去黄洁莉的顺风车事业部总经理职务，免去黄金红的客服副总裁职务。

此外，滴滴还表示要将客服体系重新整改升级，加大客服团队的人力和资源投入，加速梳理优化投诉分级、工单流转等机制，针对此次事件中客服回应不及时一点作出了应对。

2019年7月18日，在顺风车进行安全整改325天之后，滴滴出行官方微信发文，向社会正式详细公布了滴滴顺风车的阶段性整改方案。滴滴出行方面称，诚邀社会各界针对顺风车的整改方案进行评议，提出意见和建议，帮助顺风车团队更好地改进。

滴滴出行方面介绍，顺风车团队深刻反思，持续征求各方意见，对整改方案进行细化和打磨，聚焦"全程安心保障""保证真正顺路行程""保证真实身份核验"三个方向，累计迭代12个产品版本，优化了226项功能。

（1）注册。车主和乘客注册顺风车时均需要通过身份证和人脸识别验证，全部顺风车用户均为实名出行；

（2）发布行程。去掉附近接单功能，避免无明确目的地的营运行为，确保每次行程均为真正的顺路行程；

（3）确认同行。下线个性化头像、性别和非行程相关评价展示，全面保护用户隐私；

（4）行程中。上车前，车主和乘客使用信息核验卡进行信息核验，尽最大努力杜绝人车不符；

（5）行程后。重构用户评价体系，去掉非行程相关评价标签，禁止车主和乘客自主编辑评价内容，保护用户隐私；

（6）女性专属保护计划。防挑单模式，即隐藏个人信息、采用司乘双向确认出行机制，降低风险。

（来源：根据凤凰财经、腾讯科技及滴滴官方网站公开资料综合整理）

案例讨论分析：

1. 你认为引列中暴露出哪些问题？
2. 应该如何解决这些问题？
3. 出行平台的整改措施为什么要征求社会各方面意见？

企业作为一种社会经济组织形式，是人类告别传统社会迈入工业社会和现代文明的重要标志。它不仅是社会经济结构上"现代化"的关键，也是在"工业革命"和"全球贸易"的推动下，社会生产力得到极大解放的基石。

与传统的个体经济、手工作坊等模式相比，企业与员工、市场和资本的关系更为复杂，引发的社会影响也更大。同时与其效率更高对应的是，引发的伦理冲突也更多。

企业出现几百年来，企业伦理问题一直伴随着其发展、演变。从早期的劳资冲突、工人反抗压迫到当今充斥于新闻中的不安全产品、财务造假、歧视消费者、泄露用户隐私、环境污染、商业贿赂等丑闻，乃至因为重大伦理问题导致企业破产的悲剧。因此，一方面当然需要充分肯定企业在社会经济发展中所起的根本性的重大作用，但另一方面不应回避当前企业伦理问题的严重性。企业伦理问题的解决不但不可能一劳永逸，而且随着人类全面进入互联网时代，以及商业模式、技术应用的创新和多元化，新的伦理冲突、伦理问题还会层出不穷。

20世纪初开始，随着管理科学的兴起，企业伦理逐步得到理论界的重视和发展。到了20世纪70年代，企业带来的自然、社会等伦理问题越来越突出，企业伦理得到了重大发展。1974年11月，在美国堪萨斯大学举办了首届美国企业伦理研讨会，开设了企业伦理课程，此后企业伦理的理念和方法被广泛接受、传播、应用，企业伦理的研究也得到深入、持续的发展。

在这一章，首先需要打破"企业无道德"的神话，通过在理论和实践层面了解企业的价值观和法人人格特征，认识到企业必然如同自然人一样承担伦理责任和道德义务的事实。第二节通过建立企业"利益相关者"的分析框架，突破企业的股东利益最大化或者利润最大化的目标。第三节介绍了企业社会责任建设方面的理念、方法。

## 第一节　企业的价值观与法人人格

追求利润是企业的本分，但"唯利是图"却不是一个值得称道的价值观。这是因为，如果在伦理决策的时候，只从企业利润出发，对是非标准和重要性的把握会出现混乱。污染环境、商业贿赂、不安全产品、内部人控制等大量与企业伦理相关的商业丑闻，特别是数次金融危机中爆发的米尔肯骗局、麦道夫诈骗案等重大金融非伦理事件，不但对涉及的公司和行业产生了重大影响，也从根本上动摇了企业不需要伦理的观点。

企业是市场经济的主体，理解企业的价值观与法人人格的特点，以及使用这种价值观来评估、权衡得失，开展伦理决策，这是理解企业伦理的起点。

### 一、"企业非道德性神话"的破产

长期以来人们对"企业行为是否应当受到伦理道德标准的约束？"这一问题的看法是相当矛盾的。一种流行的观点认为企业自身行为与伦理无关，伦理与企业经营根本就是两件事，这被称为"企业非道德性神话"。这种观点产生的主要原因有三个。

其一是社会达尔文主义。在查尔斯·罗伯特·达尔文（Charles Robert Darwin）推出著作《物种起源》和进化论思潮兴起的同时，英国哲学家、教育家赫伯特·斯宾塞（Herbert Spencer）提出了社会进化思想，并将其与社会发展联系起来。后来，这种进化思想与社会理论结合起来的思想得到延伸，逐步发展为社会达尔文主义。

大英百科全书对社会达尔文主义的解释是："社会达尔文主义曾经被用于支持自由放任式资本主义和政治保守主义，也用于支持阶级分层的正当性，理由是，个体之间存在所谓的'自然的'不平等，财产多少被认为与一些优越的内在道德品质相关，如勤劳、节俭等，因而国家干预被认为是干扰自然过程，而无限制的竞争和维护现状则符合生物学选择过程。穷人被认为是'不适应环境'因而不应当被援助，在生存竞争中，富裕是成功的标志。社会达尔文主义还被用于为以下社会思潮和政策做哲学上的辩护，如帝国主义、殖民主义、种族主义等，特别用于支持盎格鲁撒克逊人或者雅利安人在文化和生物学上的优越性。"

社会达尔文主义带来的一个观点是：以公平和道德的人性作为基础的现代社会阻碍了自然的发展，最终让社会失去了自然选择优胜劣汰的机制。按照这个逻辑，企业自然没有必要强调伦理。但事实上，社会歧视会给人类带来重大灾难，纳粹主义和白人至上主义已经使得此理论臭名昭著，直至今日，极端的社会达尔文主义的理论信条已经没有多少追随者了。但也有学者指出，斯宾塞的思想一方面表现出了鲜明的强调个人自由和个性甚至为野蛮辩护的思想倾向，但同时却又主张个人应该从属于社会这个有机的整体。斯宾塞思想的这些方面，还有待学术界进一步深入研究。○

其二是公司的组织观点。自由主义经济学代表人物、诺贝尔经济学奖获得者米尔顿·弗里德曼（Milton Friedman）在《资本主义与自由》一书中指出，"在市场经济条件下，企业仅具有而且只有一种社会责任——在法律和规章制度许可的范围之内，利用资源和从事旨在增加它利润的活动。"○。他认为，股东是企业的所有者，股东的目标是追求利润最大化，而促进社会福利等方面的事情是政治机构的责任。如果企业来承担将会损害自由市场社会的基础，因此，企业的社会责任主要就是在法律和基本的道德规则下追求利润。另一位诺贝尔经济学奖获得者赫伯特·西蒙（Herbert A. Simon）也指出"公司和其他正式组织并非道德实体。"根据这个观点，公司最多是法律存在。可以负法律责任，受制于法律，但是只有个人才是道德的行为者，也只有人类才承担道德责任。"○

---

○ 舒远招．我们怎样误解了斯宾塞［J］．湖湘论坛，2007，20（2）：40-43．
○ 弗里德曼．资本主义与自由［M］．北京：商务印书馆，1986：128．
○ 乔治．企业伦理学［M］．唐爱军，译．7版．北京：机械工业出版社，2012：95．

面对企业伦理问题越来越突出的现实，这种公司的组织观点已经广受批评。公司与个人是不同的道德实体，但都有道德责任。而且，个人在企业通常也会受企业大的环境和气氛影响，员工做出违反道德伦理的行为，如粉饰财务报表、泄露用户信息等，也经常是受到上级指使、暗示，以及与同事共谋。

其三是以法律代替伦理。该理论认为有法律约束或者合规即可，无视其他的道德要求。或者将企业的伦理职责与法律的要求等同起来。这种观点非常流行，其误导之处在于推卸了企业的伦理责任，直接将相关非道德行为的法律责任推向了社会。法律是一个社会中相对较低的行为水平标准，它不仅低于公众预期，而且往往低于公司尤其是金融机构对外的承诺。

确实，许多法律禁止的内容体现了伦理和道德准则，但法律是滞后的，是"后验"的，企业的伦理准则和行为却是可以预设、"前瞻"的。并且许多"企业非道德行为"虽然不构成犯罪，却在朝着犯罪的路上行进，有的甚至比个人犯罪对企业形象的打击还要大，例如在金融产品营销中的夸大其词和隐瞒风险等有违诚信的行为。有些企业家的个人非道德行为也会对企业引发极其恶劣的负面作用。例如某制药公司董事长花 650 万美元将女儿送进美国斯坦福大学，被媒体曝光后引发争议。虽然该制药集团发布声明称该事项纯属个人行为，①但是，"与此同时，该制药公司的行贿历史及核心产品曾被曝出质量问题的旧闻也被媒体重提，高昂的销售费用也为舆论质疑"，大量媒体曝光的负面消息显著影响了该公司股价。②"舆论对该事件的强烈反应，体现了公众对造假、欺诈、行贿问题的零容忍，也是该制药公司多年来累计负面的一次集中爆发。"③

总之，一方面，股份制的灵魂是信托责任，而信托责任生于严刑峻法。但另一方面，法律依据虽然是必要的，但不是充分的。道德责任是法律责任的前提和基础，道德在人类的前现代社会普遍实行的习惯法中占据重要地位。法律是一种"底线伦理"，如果仅仅将法律视为企业伦理的准则，则重规则轻价值观甚至漠视价值观将成为常态，将使企业和员工、投资人受到极大的威胁和伤害。

这些观点和"企业非道德性神话"的存在，掩盖了真实的情况，使大量的

---

① 步长制药. 声明 0503 [EB/OL]. (2019-05-03) [2019-08-14]. http://www.buchang.com/FormMy/news/DetialNews? Type = 1&ID = ed8ca44c-8760-4b03-8841-cfe79c03aabb.

②③ 肖司辰. 医药舆情：步长制药卷入"斯坦福丑闻"获舆论关注 [EB/OL]. (2019.05.10) [2019-08-14]. http://yuqing.people.com.cn/n1/2019/0510/c209043-31078607.html.

企业没有切实制定和实施伦理准则，以及开展相应的培训教育，或者即使有也形同虚设，最终造成对公共利益或利益相关者的伤害后，也为用户、市场和投资人所抛弃，并被媒体与社会公众谴责。

## 二、公司的道德责任

每个人都要为自己的行为承担道德责任，企业当然不能例外。在摈弃了"企业非道德性神话"这种对道德责任理解的误区之后，必须进一步了解企业的道德责任及相关概念，有助于企业在面对伦理困境时作出正确的伦理决策。这是企业伦理需要在理念上解决的首要问题。

1. 道德责任

（1）责任

康德在《道德的形而上学基础》一书中曾经说过，"责任是出于尊重规律而做出的行为的必然性。"并认为责任是一切道德价值的源泉，合乎责任原则的行为虽不必然善良，但违反责任原则的行为却必然邪恶，在责任面前一切其他动机都黯然失色。⊖ 伦理是由人类的行为规则组成的，即使试图不去尊重这些客观规律，拒绝解决伦理问题，但一旦发生违反伦理的行为，仍然要承担后果。

（2）惩罚

惩罚是为了促使人们负责承担道德责任的一种手段。不履行道德责任往往会受到谴责，使其感到道德羞耻感，例如中国金融监管部门对上市公司高管的失当行为会予以通报批评、监管关注、公开谴责。其中公开谴责会被计入诚信档案，还与上市公司再融资挂钩。⊜ 有些道德责任也是法律责任，还会受到法律的惩罚。

（3）道德释责

道德释责是为自己或别人某种行为负有的道德责任的解释⊜。在一个组织里，道德释责常常是按照层级结构化分解的，下级向上级说明行为的原因，而不是相反。

（4）主观合理化

发生不道德的行为之后，人们往往会本能地找出有利于自己的原因，将其

---

⊖ 康德. 道德形而上学原理 [M]. 苗田力, 译. 上海：上海人民出版社, 1986：代序.

⊜ 卢文道, 王文心. 对上市公司的公开谴责有效吗——基于上海市场 2006-2011 年监管案例的研究 [J]. 证券法苑, 2012（2）176-195.

⊜ 乔治. 经济伦理学 [M]. 北京：北京大学出版社, 2002：136.

"合理化",主观合理化[1]本身是伦理决策的一个难点。这种行为也扩展到企业,经常可以看到一些企业在发生伦理问题后,不是正面回应和解决,而是将重心放在强调合理的原因,甚至面对政府和舆论的压力,也仍然是"大事化小,小事化了"。

(5) 沟通障碍

当人们害怕提出道德问题,或害怕讨论他们的错误和顾虑,或害怕在道德灰色领域寻求指导时,组织就失去了在局面失控之前管理和控制问题的能力。尽管识别和讨论道德问题不能避免组织问题发生,但一个沟通良好的环境能大大提高经理人道德方面的免疫力。[2]

2. 代理人道德责任

伦理之所以重要,就在于它是信托责任体系最核心的环节。市场经济的核心是一种信托责任体系,这反映了一种委托代理关系。在其中,既有企业内部不同职级之间的委托代理关系,也有会计、律师等大量的企业外部专业人员及其机构的委托代理关系。即使伦理问题和道德责任首先来自上级或者客户,但是作为代理人,仍然要为自己的行为承担道德责任。

3. 法人人格及其道德

法人作为民事法律关系的主体,是与自然人相对的。法人是法律意义上的"人",是社会组织在法律上的人格化。伦理责任是法律责任的基础,法人与自然人一样具有人格化的伦理责任。同时,企业这个抽象的法人组织是由具体的人组成的,所以构成企业的人的行为能够产生可以与人的价值观和道德责任相当的东西。所以,企业拥有价值观和道德责任及其这种人格化的身份。

许多企业将伦理和社会责任仅仅视为一种品牌、形象,主要通过宣传和媒体来做相应的包装、传播,或者作为一种危机公关的策略行为,也有一些企业乐于通过捐款助学、公益活动等直接的行为向社会公众宣称其具备输出价值观的能力。甚至存在一些有着较高道德声誉的企业,在真正履行企业伦理责任和义务的时候,也并不是那么心甘情愿。

其实,企业作为人格化的"法人"组织,其社会作用往往比个人要重要得多。法人人格有赖价值观的支撑,企业需要在追求利润目标之外还具有一套价

---

[1] 主观合理化的定义详见本书第一章第二节之"伦理决策的价值观基础"的"公正原则"部分。

[2] 威克斯,弗里曼,沃哈尼,马丁. 商业伦理学——管理方法 [M]. 北京:清华大学出版社,2015:33.

值观体系，才可能有道德规范以及伦理决策的能力。

管理层也有责任设定公司的价值观和道德风格，尽管股东往往都是追求短期利益的，但是管理层应该综合考虑公司的短期和长期利益制定伦理目标，并将企业伦理纳入管理中具体实施。

### 三、企业如何管理伦理

从公司的道德责任尤其是法人人格及其道德出发，企业的伦理建设不能流于形式，更不能因为目标与手段、工具不匹配而南辕北辙，例如，由于实际的激励机制与所宣扬的企业价值观相悖而导致的欺骗。具体到企业系统开展伦理方面的管理工作，可以从以下七个方面入手。

1. 建立伦理文化

20世纪二三十年代进行的著名的霍桑实验早已证明[一]，影响人们工作和劳动效率的，不仅有生理、物质等方面的因素，更有心理、社会的原因。企业的伦理文化涉及核心价值观、使命、愿景、氛围等，甚至也包括了企业工作习惯、员工之间关系处理的风格等内容，是企业从社会、心理层面建立伦理体系的重要环节。伦理文化是企业文化的重要组成部分，谷歌"不作恶"的企业文化，腾讯"科技向善"的价值观，就是成功的企业伦理文化的典型。

领导力是建立企业伦理文化，促进企业伦理决策能力的基本前提。伦理文化需要公司管理者有意识地、持续地去塑造和鼓励，尤其是企业最高管理层的倡导、推动和身体力行。

从来没有一个抽象的企业文化，伦理文化最终是通过每位员工对伦理责任的态度、行为定义的。这种伦理文化有助于每位员工在团队中讨论伦理问题，反省伦理困境，并按照企业的伦理原则和具体情境中的思考行动。

2. 培养伦理品质

企业伦理培训和建设的重点是培养公司所有个人的伦理意识和职业美德，尤其是培养伦理型领导（或者管理者的伦理领导力），而不是开列条文，企业应该成为培养美德的道德共同体。

---

[一] 霍桑实验是1924~1932年，美国国家研究委员会和西部电气公司合作，在西部电气公司所属的工厂，为测定各种有关因素对生产效率的影响程度而进行的一系列试验，1927年，G. E. 梅奥应邀参加了中途遇到困难的霍桑实验，试验历经9年共分为4个阶段。转自孙永正等. 管理学[M]. 北京：清华大学出版社，2003：47-48。

但这种伦理品质的培养不应仅是道德自律，个人道德并不足以预防组织环境下的伦理行为失范。伦理是平衡道德和利益的，但许多有违伦理的行为为了实现绩效目标或者组织目标，而不是直接的个人利益。所以，企业帮助员工具备伦理分析的方法和伦理冲突中的决策能力更为重要，唯有这样才可以从一套绩效激励的机制中和来自相关目标的压力、诱导中摆脱出来。

3. 建构伦理机构

企业有必要设立伦理方面的机构和专职人员，或者在已有的机构增加伦理方面的职能和岗位，也有必要在高层管理人员中安排专人负责企业伦理方面的管理。只有这样才能真正将企业伦理纳入企业的战略和管理中来。

如果企业伦理决策涉及技术、医学、教育、生命等伦理冲突更为复杂的领域，可根据需要建立伦理委员会。伦理委员会应由各种学科和工作背景的代表组成的，对发展中呈现出来的伦理冲突进行审议，通过理性论证寻求道德共识的机构。该机构可以使不同的价值立场和各种专业知识在伦理层面展开基于证据的交流和理性对话，通过互动和理解，形成一种"道德的民主机制"。

4. 建立伦理准则

企业需要设立、采用一套伦理规范，帮助员工对工作范围内的各种行为和冲突进行道德评价，并且对违反伦理准则的行为坚决予以制止和惩处。这些伦理准则不应仅保持在合规或者风险管控的层面，而是需要系统的企业价值观的指引。

伦理方面的准则不仅可以在道德与利益冲突问题上给员工以指引，也是向公众的一种承诺。"必须将公司实行的伦理道德规范告知公司外部的人，例如供应商、批发商、经销商、客户等。经常有来自外界的压力使伦理遭受忽视，因此，让每个人都了解公司实行的伦理道德规范，将有助于公司员工抵御外部的压力。"[1]

5. 开展培训与沟通

根据"科尔伯格道德发展认知发展模型"[2]，个人的道德发展会受到时间、

---

[1] 尼克尔斯. 认识商业 [M]. 陈智凯, 黄启瑞, 黄延峰, 译. 北京：世界图书出版公司, 2009：113.

[2] 劳伦斯·科尔伯格开发了六阶段道德认知发展模型，认为在不同的认知道德阶段，不同的人做出的决策不同。六阶段分别为：惩罚与服从阶段、个人工具性目的与交换阶段、互惠人际关系与一致阶段、社会体制良心维持阶段、有限权利社会契约或效用阶段及普世伦理原则阶段。在本书第三章还会对该理论做进一步阐述。

教育和阅历的影响，人们的价值观和伦理行为会随之改变。在企业背景下，伦理培训和教育被证明能提高员工的道德认知发展分数。[1]

在企业推动伦理方面的管理工作中，员工尤其是管理人员在伦理文化、伦理准则等方面的受训和沟通至关重要。这种培训既可以与QHSE（质量、健康、安全、环保）体系、风险管理、内控体系、监察审计等方面的管理培训相结合，也可以单独展开。尤其是需要注重在实践中引导和加强，例如在社会责任审计后的有针对性的培训，不但能够有助于员工学习掌握，也有利于企业的伦理体系在伦理问题的反思、解决中不断提升。

企业应建立伦理的沟通机制，在良性互动中提升推动伦理管理水平的共识。一方面，要注重内部沟通。例如基于员工伦理援助的需要，应设立伦理热线，解答其关于伦理问题的疑问，帮助其作出正确的个人伦理决策。另一方面，也注重以"企业社会责任报告"或者相应的信息披露，以及必要的媒体报道，向利益相关方和社会公众反馈相关情况。

6. 建立评价改进体系

伦理评价需要形成企业道德和社会责任的清单，识别和测量企业在伦理、社会责任方面的各种承诺，并开展伦理审计和社会审计。伦理审计是用来确定组织的伦理程序和伦理表现是否有效的一套系统性评估。[2]社会审计评估并报告企业在相关的社会责任方面的履行情况。伦理审计可作为社会审计的组成部分。

伦理调节的是道德和利益的关系，建立改进体系首先需要将企业道德因素纳入企业的激励约束机制中。利润最大化的企业绩效目标更追求短期的、直接的利益，而纳入了企业伦理目标的企业绩效目标则更注重长期的、全面的、可持续的利益。

企业伦理也需要重视社会舆论和媒体的反映，及时识别和应对关于企业的伦理问题的负面报道，并对相关的内容进行评估和改进。

7. 管理变革与学习

为了经济绩效情况及相对应的战略目标，企业常常会根据市场、客户、竞

---

[1] PENNINO C M. Is decision style related to moral development among managers in the US? [J]. Journal of Business Ethics，2002，41（4）：337-347.

[2] 费雷尔，弗雷德里克里，费雷尔. 企业伦理学：诚信道德、职业操守与案例［M］. 李文浩，卢超群，等译. 10版. 北京：中国人民大学出版社，2016：211.

争者的信息反馈来推动管理变革和组织学习，伦理绩效的改进、提升同样需要在管理上有相应的创新、进步。

按照哈佛商学院约翰·科特（JohnKotter）的相关经典理论，可以分为八个步骤：一是建立危机意识；二是建立指导联盟；三是制定一个愿景和战略；四是交流变革的愿景；五是授权无限的行动；六是产生短期的收益；七是巩固收益和引起更多的变革；八是在文化中固定新的方式。㊀伦理给企业管理带来的挑战最终必须以企业全面的、持续的管理变革和组织学习来解决。

 **扩展阅读**

### 投资银行的商业伦理建设

纽约的一家全球知名的投资银行把伦理道德看成是企业健康发展的基础，以致在公司价值陈述中三次提到了这些词汇。然而正是这家企业，与其许多竞争对手一样，给员工下达了如果讲诚信就几乎不可能完成的任务，从而在不知不觉中使自己关于伦理道德的目标落空。从一件小事上就能看出这一点：初来乍到的银行职员叫作"分析员"，一天三顿饭都要在办公桌边解决，每天要在办公室干到晚上10点钟，在这样的重负之下，分析员们很快就学会了怎样要手段，晚上溜出去健身时，把西装外套留在椅背上，让人以为他们就在座位附近。这样，欺骗的行为习惯就融进了公司的文化中，从微小的种子，酿成了日后的大患。

资深的投资银行家以连年的巨大风险获取潜在的高额经济回报，如果做得好，他们可以在40多岁的时候退休，还有足够的时间开始享受真正的生活。而银行呢？则接受过早失去许多最有价值员工的损失，把这种损失当作做生意的代价，并以这些员工在他们短暂却硕果累累的职业生涯中为企业所带来的巨额收入来自我安慰。高度紧张的银行家一个交易接着一个交易，很少有机会谋求作为个人或作为领导的自我发展。他们太忙了，太专注于残酷的竞争，而难有兴趣来探索自我。正因为如此，许多银行都缺少拥有伦理道德和商业智慧的鼓舞人心的领导。

表面上看，这种自相矛盾的体系好像是众多投资银行卷入财务丑闻的主要原因，但深挖下去，这些企业尽管都虚伪地强调商业伦理的建设，但它们真正关心的绝非商业伦理，而是要遵守行业的游戏规则。如果违背了这些规则，可

---

㊀ 科特，诺里亚，金，等. 哈佛商业评论管理必读：引爆变革［M］. 陈志敏，时青靖，等译. 北京：中信出版社，2016：3.

能企业就被毁掉了。在现实中，遵守游戏规则是主要的，而商业伦理是次要的。具有讽刺意味的是，这样的体系终于导致这些游戏规则本身走向崩溃。

（来源：舍曼. 企业诚信来自何处. 中外管理［J］. 2004：2.）

## 第二节　利益相关者理论

### 一、基本理论框架

具有价值观和法人人格的企业"已经把社会放在心头，要求现代公司不能仅仅为所有者服务……还要为整个社会服务"[一]。作为现代企业的主要形式，公司之"公"有"公共""公众"的意义。所以，公司也就有了"社会契约"的特点。

按照传统的企业理论——产权理论，对企业具有所有权的股东的利益最大化就是企业的目标。但是，在大多数国家的法律中，股东只承担有限责任。美国布鲁斯金研究中心布莱尔博士指出，"公司股东实际上徒有理论上所有者身份，因为他们并没有承担理论上的全部风险。"[二]

根据关于企业的主流经济学理论——契约理论，公司就是所有利益相关者的契约集合，反映的不仅仅是股份所有者的利益。利益相关者包括股东、债权人、员工、供应商、客户、媒体、政府、行业协会、社区、环境等（见图2-1），每一个利益相关方都向公司提供了资源，并或多或少受到公司行为相应的影响[三]。为了保证契约的公平公正，应该确保所有利益相关者的权益。利益相关者理论也是企业伦理的核心分析框架。图2-2展示了对微软公司反垄断调查期间的利益相关者的情况——这也是人类历史上最经典的反垄断案件之一。

利益相关者理论（Stakeholder Theory）在20世纪60年代产生并逐步发展起来，并在20世纪80年代兴起。爱德华·弗里曼（R. Edward Freeman）在《战

---

[一] 伯利，米恩斯. 现代公司与私有财产［M］. 甘华鸣，罗锐韧，蔡如，译. 北京：商务印书馆，2005：355.

[二] Blair M M. Ownership and control: Rethinking corporate governance for the twenty-first century［J］. Long Range Planning, 1996, 29（3）：432-432.

[三] 本章主要讨论员工、客户、股东、媒体四种企业主要的利益相关方。关于环境等相对重要的利益相关方的讨论，根据本书的整体安排其他章节会有讨论，本章不再重复。另外，由于篇幅所限，各利益相关方也无法兼顾。

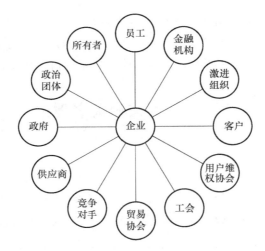

**图 2-1 大型企业的利益相关者**

（资料来源：R. Edward Freeman. Strategic Management：A Stakeholder Approach. Boston Pitman. Reproduced of Admission of the Publisher. 1984：242.）

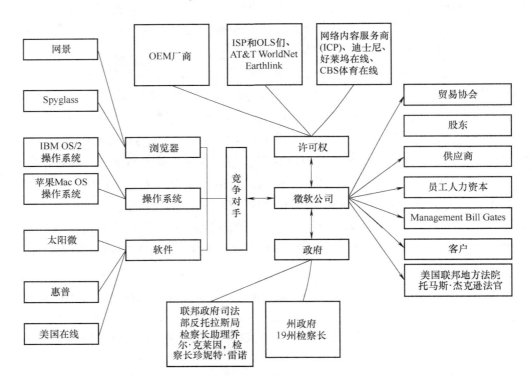

**图 2-2 微软在遭遇反垄断调查时的利益相关者**

（来源：上海国家会计学院. 商业伦理与CFO职业 [M]. 北京：经济科学出版社，2011：318.）

略管理——利益相关者方法》（Strategic Management：A Stakeholder Approach）一书中正式提出了企业伦理的利益相关者管理的概念，且被广为采纳，即利益相关者是能够影响一个组织目标实现或受这种实现影响的群体或个人。○

使用利益相关者理论可以使企业的伦理责任更为清晰，有利于企业在运行时将利益相关者的诉求考虑其中。这种方法的优势在于，可以把企业伦理这个庞杂的充满冲突的问题，通过利益相关者的方法和分析工具，分解成若干小的分支问题。保持这种良性的关系，对企业具有显而易见、更为全面和长远的价值，能够更加保障企业的最终利益。

 扩展阅读

### 企业伦理行为对企业经营业绩的影响

20世纪80年代，美国企业伦理研究者有效地论证了企业伦理活动和企业经济活动的内在相关性，他们指出，企业是在各种各样的社会关系和组织结构中生存和发展的，伦理道德历来就是维系各种关系和组织结构的必要因素；企业的任何活动都和伦理道德有关，即企业的效率性、功利性以及这种效率功利的社会结果，达到这种效率的手段等，都涉及伦理关系及其发展水准。

美国本特莱学院伦理研究中心的一项调查表明，《幸福》杂志排名前一千家企业中，80%的企业把伦理价值观融合到日常活动中，93%的企业有成文的伦理准则来规范职工的行为。哈佛商学院教授约翰·科特和詹姆斯·赫斯克特在1996年对207家企业11年以来的业绩考察后发现，企业伦理对企业长期经营业绩有着重大的作用，那些重视利益相关者权益，重视各级管理人员领导伦理的企业，其经营业绩远远胜于没有这些企业伦理行为的企业，在11年的考察中，前者总收入平均增长682%，后者则仅增长166%；企业员工前者增长282%，后者增长36%；公司股票前者增长901%，后者增长74%；公司净收入前者增长756%，后者仅增长1%。他们的实证研究说明了企业伦理的经济价值：良好的企业伦理形成良好的企业信誉，良好的企业信誉产生企业的"超额利润"，企业的"超额利润"又促使企业更强有力地维护和发展企业伦理，自觉维护市场经济秩序，实现了利润与伦理的良性互动。因此，企业对不同国度、不同地区所处的不同商务环境的了解程度，也成为企业在进行商务决策过程中不可或缺

---

○ FREEMAN R E. Strategic management：A stakeholder approach [M]. Cambridge：Cambridge university press，2010：3.

的部分,是对消费者生活方式、家庭观念、消费者倾向等使然的过程,也是进行合理化企业伦理决策的关键。

(来源:陈炳富,周祖诚. 企业伦理对企业管理的影响. 南开经济研究[J],1995:1.)

## 二、首要利益相关方:员工

员工和企业的关系通常被认为是一种劳资关系或者雇佣关系,企业雇佣员工并为之提供工作条件,员工按照劳动契约履行责任和义务,是企业的一级利益相关方之一。但企业所有的决策、运营都离不开员工,企业的创新、发展本质上来源于员工,员工的就业也是企业首要的社会责任。按照利益相关者的分析框架,企业与员工的关系不仅是创造利润和就业的关系,"企业的社会责任问题首先是对职工负责,是对职工负什么样的责任和造就什么样的职工的问题"[一]。同时,如果企业和员工的关系能够良性促进,也会有利于企业实现愿景和渡过难关。CEB(Corporate Executive Board)公司的调查表明,通过尊重员工价值并提高员工投入度,企业绩效能提升20%,员工幸福度及满意度提升32%,跳槽的概率则能减少87%[二]。例如,"9·11"后,美国多家航空公司倒闭,但西南航空公司持续盈利,就是因为这个企业自成立之日起就没有裁过员,是企业对职工的责任造就了员工对企业的忠诚,和企业共同抵御了市场风险。

从企业法人人格和道德特征来看,企业的价值观和伦理原则必须通过每位员工的行为体现出来;同时,企业也强调员工的信托责任和职业伦理。所以,从企业伦理氛围的营造、伦理的有效管理,以及企业伦理问题产生的后果来看,员工也是首要的利益相关方。

作为企业雇员,一旦被聘用,也要承担相应的职责和义务。其中,纳入伦理层面的内容,既有劳动合同中签署的岗位保密、工作时长等方面的条款,也有《员工守则》等管理制度中的行为规范,还要遵守基本的道德和公序良俗,例如不能撒谎和传播虚假的信息、为竞争对手出谋划策、泄露企业的保密商业信息和技术资料、商业贿赂等。

---

[一] 康劲. 企业首要的社会责任是对员工负责[N/OL]. 工人日报,2008-01-01 [2020-04-03]. http://acftu.people.com.cn/GB/675/915.html.

[二] Council, Corporate Leadership. Driving performance and retention through employee engagement. Vol. 14. Washington,DC:Corporate Executive Board,2004.

1. 人力资源管理中的伦理问题

（1）歧视

歧视是指对社会成员不公正的、有悖道德的偏见。这种偏见往往针对的不是员工本身的绩效和为企业创造的价值，而是其固有的或难以更改的个人身份特征。例如性别、年龄、民族、信仰、地域、家庭出身等方面的歧视。歧视发生的环节可能发生在员工招聘、升职、加薪、解雇等各个环节，尤其有可能施加给不善于表达个人诉求的相对弱势的员工。

在国内职场的各种歧视中，性别歧视最为常见。男性女性承担着不同的性别角色，尤其是中国传统观念里"多子多福""重男轻女"的偏见影响至今，在职场文化中又或多或少由男性主导。这方面的歧视和不公会形成企业的道德责任，如果让弱势的女性受到伤害，会让企业付出沉重的代价。其实，最近的研究显示，在互联网和人工智能时代，女性性别优势凸显，"女性比男性更加严谨自律。她们更有可能精确地遵循指示和命令，同时不会产生怨恨。这就意味着在这个新时代，很多女性会有更好的工作和更高的工资，而男性的状况则没有同等程度的改善。"⊖同时，年龄歧视、健康歧视、户籍歧视等也在一定程度上存在。

歧视最重要的问题在于预设立场，以员工后天很难改变的身份特征来评价、决策，而不是从事实出发，是严重的不公正行为，会给企业人力资源管理带来潜在的危害。而且，这种现象假设某种特定身份特征的人一定优于另一些身份特征的人，不但影响了员工的公平竞争，也会降低相关群体潜在的工作积极性和创新能力，甚至激发怨恨、不满，导致一些过激言行和违法行为。

### 案例 2-1

## 百事公司大中华区：改善职场性别不平等

由于传统观念的原因，女性在家庭、抚养教育子女等方面承担着更为重要的角色。在职场上，男女就业机会不平等，同工不同酬，女性职位升迁、劳动安全保障等就业权益不公平的现象在我国仍依然普遍存在。这不仅影响女性人才资源的合理利用，而且导致社会人力资源的闲置和浪费，为整个社会的可持

---

⊖ 考恩. 再见平庸时代（在未来经济中赢得好位子）[M]. 贺乔玲，译. 杭州：浙江人民出版社，2016：28.

续发展特别是女性的可持续发展留下隐患。

当今世界约 70% 以上的家庭消费购买决策都是由女性作出的,而在中国消费者家庭中这一比例高达 89%。百事并非女性公司,也并非只做女性产品。如何发挥男性与女性员工的互补优势,深入贴近并塑造出适合中国消费市场需求的品牌,成为百事公司的一大挑战。

**解决方案**

在全球,百事公司是女性理想职业的选择。在美国、澳大利亚、土耳其等国家,百事公司被评为"女性的最佳雇主"。百事公司的产品进入中国已经长达 30 多年,是首批进入中国的美国商业合作伙伴之一。自 2007 年,卢英德女士出任百事公司董事长兼首席执行官,她在百事内部积极推行百事公司承诺,将人才可持续发展作为重要的可持续发展战略。百事公司相信,基于公司内部的多元化视角,更多地吸纳女性意见,考虑到女性的需求,可以更进一步加深对消费者不同需求的理解,因此能提供、创新更适合消费者的产品。2016 年 10 月 17 日,百事公司推出了"2025 可持续发展议程",以促进业务的持续增长,回应日益变化的消费者和社会需求,其中的核心重点就是"赋能与人",持续建立能够代表业务所在地社区的多元化、包容和高参与度的人才团队,包括对百事公司管理层职位达到性别平等和女性收入平等的持续关注。

**注重人才培养中的性别平等**。在新员工入职培训的时候,百事公司会对每一位新员工强调:百事公司的价值观之一,是以多元化和包容性的态度取胜,彼此尊重、共同成功。百事公司将反性别歧视政策融入招聘、培训、晋升等人才培养环节中,百事公司大中华区所属的百事亚洲中东北非区域总部每年都会制定区域范围内女性高管(总监及以上)比例的指标,以指导促进女性雇员的职业发展。

**弹性工作制**。为便于员工更好地平衡生活,特别是方便女性员工需要更多时间照料家庭,在确保正常工作小时数不受影响的前提下,百事公司提供了灵活工作时间的选择。除了严格遵照执行国家法定的假期安排外,所有员工每年还可以选择在妇女节、青年节、儿童节或圣诞节之中选择一个节日额外休息半天。

**提倡健康生活方式**。百事公司大中华区还为有特殊需求的女性员工提供便利,例如特别设置了哺乳室。每年 3 月都是百事公司大中华区女士健康月,3 月 8 日被特别设立为百事女士节,每年都会在当天举行丰富多彩的关怀女性员工身心健康的活动。人力资源部还会常规性地开展宣传女性疾病预防保健专题活动,如关于乳腺健康、宫颈养护等,通过讲座以及邮件的形式将乳腺、宫颈疾病防治的知识告知员工，提醒女性关注身心健康。

**女性高管论坛。**百事公司时常召开女性高管的圆桌会议，以分享他们的工作心得和成功经验，并倾听女性高管们面临的挑战和问题，从而为她们的发展提供帮助和支持。百事公司大中华区通过采访、论坛等一系列活动，推出了一本女性领导者分享生活和职场经验的书，书中汇集了百事公司31位女性高管的故事，其中11位来自大中华区。为进一步将故事背后的人生体验和职场经验分享给更多员工，百事公司大中华区开展了针对女性员工的签书会，让她们更进一步了解了女性高管在文字背后的故事，从而给她们的职业生涯和生活更多的启发。

**社会效益**

通过这些举措，百事公司大中华区构建了性别平衡的文化与机制，为越来越多的女性求职者提供了职业发展舞台。公司的普通员工女性比例高达53%，她们分布在百事的工厂、农场、市场部、人事部等各个部门。女性领导（总监及以上）的比例也由2014年的53%增长到了2015年的58%，远超出中国女性高管25%的平均比例。百事公司大中华区荣获史迪威国际企业大奖——职场女性类。百事公司大中华区主席林碧宝女士也被《财富》（中文版）评为2013中国最具影响力的商界女性。

**经济效益**

这样的人才培养结构和方式，使得百事公司大中华区凭借其在领导力发展、员工职业发展规划和培养、企业文化建设、人才策略及规划以及人力资源管理等方面的杰出表现，荣获"2016年中国杰出雇主"认证，并名列前三甲。

此外，对性别与文化的多元、包容，为百事公司在华业务取得成功起到了不可或缺的作用。通过考虑不同性别的需求差异，百事公司的产品创新体现了对消费者不同"口味"的深刻理解，中国市场和消费者也给予了高度肯定和认可。例如，为更好地满足年轻女性消费者对健康的需求，美年达在中国启动了减糖计划。在征求了大量女性消费者的意见后，经过30%减糖后的新版美年达，不仅做到了卡路里更低，口味上也保持了原版一贯的好喝果味，真正让女性消费者畅享无负担。百事公司2015年全球净收入也超过630亿美元，旗下22个品牌的预估年零售额都在十亿美元以上。

（来源：根据《2015金蜜蜂责任竞争力案例集》及公开资料整理）

案例讨论分析：

1. 职场的性别不平等对企业的直接危害在何处？

2. 百事公司如何解决这些问题？

3. 百事公司改变性别不平等的举措获得了什么收获？

（2）薪酬分配不合理

1948年12月10日，联合国大会通过第217A（Ⅱ）号决议并颁布《世界人权宣言》[一]，明确提到"人人有同工同酬的权利"，以及"每一个工作的人，有权享受公正和合适的报酬，保证使他本人和家属有一个符合人的尊严的生活条件，必要时并辅以其他方式的社会保障。"

但是，由于员工身份不同，或者薪酬体系和奖惩机制的不完善，同工不同酬的情况以及由此引发的利益冲突和伦理问题并不鲜见。如对于合同工与市场化用工之间、新老职工之间的薪酬待遇，不同的企业差异也很大。又如，在一些行业不同程度地存在高管与普通员工薪酬差异过大的问题。

薪酬管理是企业人力资源管理的重要内容，合理公平的薪酬会激励员工积极完成企业设定的任务目标，提升工作绩效，最终增强企业的竞争力。虽然，无论薪酬管理再如何精妙、科学，也很难保证其绝对地公正合理，但企业还是应建立尽可能完善、科学的薪酬体系和激励机制，尤其避免同工不同酬、奖惩体系不公正等伦理问题。

2. 工作场所中的伦理问题

（1）工作场所安全健康

企业需要保障员工在工作场所的安全和健康。由于工作环境、工作时长和工作压力给员工身心健康和人身安全带来的危害，是工作场所中的首要伦理问题。

许多企业将经济效益置于安全生产和员工健康之上。血汗工厂正是被用来形容工作安全保障低、工作环境差、工作时间超长、工资低的工作场所。20世纪90年代，耐克公司被发现雇佣童工并强迫他们在狭小昏暗的厂房里连续工作15小时以上，[二]该公司产品在当时遭到消费者的抵制，公司名誉严重受损。在中国，富士康员工连续跳楼的恶性事件也曾引发媒体和舆论的强烈反应。[三]据统计，

---

[一] 联合国. 世界人权宣言［EB/OL］.［2019.08.14］. https://www.un.org/zh/universal-declaration-human-rights/.

[二] 宋文明. 耐克盲区：代工厂非法用工［N/OL］. 中国经营报，2009-09-26［2020-04-03］. http://www.cb.com.cn/imdex/show/ss/cv/cv132681328/p/s.html.

[三] 深圳富士康员工跳楼事件指，主要发生于2010年中国大陆广东深圳市的台资企业富智康集团生产基地及生活园区内的一系列跳楼死亡或重伤事件。跳楼者都是当地的雇员，大多数死者的自杀动机或死亡原因未知，此事件引起社会的广泛关注。

美国每年有超过 4000 名工人因工作死亡，还有 300 万工人因工作严重受伤。每年有 10% 的劳动力遭受工伤或职业病。㊀随着社会进步和劳动保护监察监管工作的规范、加强，无视员工基本人身保障的血汗工厂遭到普遍唾弃甚至行政处罚，诸多企业已经开始推行 HSE（健康、安全、环保）体系等包含员工工作环境的管理规范。

近年来，过劳死及工作压力也已经成为中国社会公众关注的问题。IT、金融等行业的"996"超负荷工作造成的健康长期透支等问题也时常引发争议。㊁美国斯坦福大学教授杰弗瑞·菲佛（Jeffrey Pfeffer）在《工作致死》（Dying for a Paycheck）一书中指出，由于工作压力致死的美国人每年多达 12 万人。工作时间长、裁员、缺少医疗保险以及工作压力不仅给员工带来经济不安感，同时也是造成家庭矛盾和员工疾病的原因。据统计，由于工作压力所导致的员工请假、生病等给美国商业雇主也带来 3000 亿美元的巨大经济损失。㊂

（2）个人隐私

企业与员工在技术上是不对等的。在监控技术迅速发展的背景下，需要警惕滥用监控侵犯员工隐私的问题。相当多的企业会从防范风险、维护经济利益等角度，在工作场所设置摄像头等监控设施，有的还对员工使用的计算机、工作用电子邮箱等采取监控措施。这种与工作有关的监控有其合理性，但前提是员工的人格尊严和基本的个人隐私应该受到严格保护，且应该对监控的范围和后果拥有知情权，将对员工隐私权的影响尽可能降到最低。

企业对雇员（包括未录用的应聘者和已离职的员工）的个人信息也负有个人隐私保护的伦理责任。作为雇主，企业势必会收集、保留大量的员工信息，包括个人简历、人事档案、入职的体检信息、薪酬信息、申请奖项补贴提供的个人信息等。对雇员数据的利用，应当遵守企业事先与雇员商定的范围或目的。

有些信息是非常敏感的，根据瑞曼（Riman）的观点，可能会有两方面的个人隐私侵犯带来的伤害。一方面是"可能会失去外在的自由，因为缺乏隐私经常使个人行为容易受到他人的控制。未经本人同意的敏感信息可能被用来剥夺

---

㊀ Statistics Abstract of the United States，2010，Table No. 641，"Workers Killed or Disable on the Job：1970 to 2001".

㊁ 996 是指早晨 9 点工作到晚上 9 点，一个星期工作 6 天。

㊂ BBC 中文网．职场过劳死频发敲警钟 这样的死亡离我们有多远［EB/OL］．（2019-05-02）［2019-08-14］．https://www.bbc.com/zhongwen/simp/world-48105539.

个人应有的报酬和机会"；另一方面，"我们也有可能失去一种内在的自由。在被他人注视和监督的时候，大多数人会有不同的表现。人们通常会感到受到抑制，对自己的行动非常谨慎。"㊀

雇员隐私要求的道德边界应是不超越公司、企业的正当利益；雇员在工作场所的隐私利益，不应当超越必要的监督、监控所体现或促进的公司及企业的正当利益。㊁

3. 举报与员工的忠诚

举报是指"企业的在职员工或离职员工，揭露发生在企业内部或由企业实施的、他或她认为是错误做法的企图。"㊂作为首要的利益相关方，员工在发现企业的错误行为时，就处在一种伦理困境中。不举报良心过不去或者个人受到道德责任的压力，举报则有可能受到打击报复甚至失去工作。在这种情况下，可以根据情况选择举报，也可以考虑自身承受的风险和代价不举报。这种举报是对企业、同事的负责和忠诚。但这种举报行为不包括个人的报复行为，如果是心怀不满或者对公司长期漠不关心的员工来举报，人们也会怀疑他的动机。

举报一般分为个人举报、内部举报和外部举报。个人举报是指检举对本人造成的伦理问题，如性骚扰；内部举报是指向上级领导或者企业内部高层举报；外部举报是指借助政府、媒体等外部途径和力量来达到披露伦理失范行为、纠正错误的结果。

具体而言，有三种举报符合道德伦理。㊃

（1）当企业的产品或政策将对公众造成严重巨大的伤害时。

（2）员工确认有造成伤害的严重威胁时，应该反映这一情况，并说明他或她的道德观念。

（3）当员工的直接主管不作为时，员工应该充分通过内部程序和命令传达链向董事会反映情况。

在举报过程中，员工应该保留证据材料，并有证据表明企业的做法、产品

---

㊀ 鲁蒂诺，格雷博什. 媒体与信息伦理学 [M]. 霍政欣，等译. 北京：北京大学出版社，2009：306.

㊁ 吕耀怀，王源林. 雇员的隐私利益及其伦理权衡 [J]. 学术论坛，2013，36（06）：62-68.

㊂ 韦斯. 商业伦理：利益相关者分析问题与管理方法 [M]. 符彩霞，译. 北京：中国人民大学出版社，2005：207-208.

㊃ 上海国家会计学院. 商业伦理与CFO职业 [M]. 北京：经济科学出版社，2011：20.

或者政策会严重威胁或者伤害员工、公众、用户。

《萨班斯—奥克斯莱法案》（Sarbanes-Oxley Act）为了保护举报者，要求所有的上市公司允许那些担心会计和审计问题的员工秘密地和匿名地举报。该法案还要求那些给因将欺诈信息透露给官方而受到雇主惩罚的人复职和补偿。2010年，《多德—弗兰克华尔街改革》（Dodd-Frank Wall Street Reform）和《消费者保护法案》（Consumer Protection Act）获得签署之后成为法律。新法律包含了一个"慷慨大方"的条款，如果公司举报者提供的信息导致一次成功的强制措施，并对肇事者处罚100万美元以上，那么，举报者可得到罚款总额的10%~30%的奖励。2011年，安然造假事件中的一个举报者从美国国税局（Internal Revenue Service，IRS）领取了100万美元的奖金。<sup>○</sup>

4. 工作性质的改变

随着人类进入知识社会，越来越多的知识工作者成为企业员工队伍的骨干，促使企业更有动力改善与员工的关系。优秀的企业往往会以更加优越的工作环境吸引优秀的员工，员工也更愿意参与企业公共事务。《幸福》《福布斯》等媒体还会定期发布"全球最佳雇主"榜单，智联招聘等机构也推出了"中国最佳雇主"排行，促进企业在相关领域的竞争和进步。同时，技术方面的变化对工作性质也带来根本性的变化，呈现出更加多样化的特征。在这个改变的过程中，相关的道德要求和伦理问题、行为准则也有新的变化。

计算机和互联网的发展，早已经使打字员的职位消失，工业机器人的发展和大规模应用，也使"机器换人"成为现实。还有大量的信息收集、分析和整理工作岗位正在消失。与"数字鸿沟"类似，在这种技术力量带来了不平等，使诸多职业消失的同时，与信息技术相关的新的岗位大为增加。

知识社会和知识工作者的兴起也使远程办公、弹性工作制度成为可能，使劳动的强制性大为降低，也使工作关系更为平等，相对工业化时代的金字塔形组织体系，这种松散的或者扁平化的工作组织方式更为人性化和符合道德进步。

另一方面，共享经济的发展使专车司机等大量的劳动力进入与传统雇佣关系有别的"零工经济"，传统的企业与雇员的关系发生了重大变化，利益相关方的伦理问题也呈现出诸多新的问题。雇员对服务的企业缺乏以往雇佣关系的稳定性，对企业所提供的工作环境、劳动保护的诉求降低，从长期看牺牲了劳动

---

○ 尼克尔斯. 认识商业［M］. 陈智凯，黄启瑞，黄延峰，译. 北京：世界图书出版公司，2009.

保护带来的问题还是得由本人承担。

 **扩展阅读**

《福布斯》发布2018年"全球最佳雇主"榜单，谷歌母公司Alphabet连续两年蝉联榜首。

2018年10月11日，《福布斯》发布2018年"全球最佳雇主"榜单，谷歌母公司Alphabet连续两年蝉联榜首，是该榜单上唯一一个获得满分的公司。

Alphabet在企业形象、工作条件、多样性等方面占据了压倒性优势。

谷歌宣布女性担任领导职位的比例为25.5%，而拉丁裔和黑人雇员的比例略有增加。

与此同时，其不断扩大的规模和亮眼的业绩也备受称道。Alphabet拥有超过80,000名员工，2017年的销售额为1179亿美元，利润为166亿美元，资产为2069亿美元，市值为7663亿美元。在其最新的财报中，Alphabet报告第二季度的收入为327亿美元，比2017年第二季度增长26%。

其竞争对手微软（Microsoft）再次排名第二。该科技公司拥有124,000名员工，去年的销售额为1033亿美元，利润为142亿美元，资产为2454亿美元，市值为7506亿美元。

Statista以60个国家和地区、2000家上市公司为对象，分析了超过430,000份全球建议，从而分析得出这份全球雇主名单。调研中要求员工评价自己的雇主以及他们向朋友或家人推荐公司的可能性。他们还被要求回答是否会推荐朋友或家人来自己所在公司，并且填写自己心目中的理想雇主。

最佳雇主榜单上的企业在企业形象、工作条件和多元化等方面都得到了高度评价，排名靠前的公司大多为全球大型公司。在榜单前10名中，有6家是美国企业。除了Alphabet和微软，还有苹果（第3名）、迪士尼（第4名）、亚马逊（第5名）和赛尔基因（第9名）。在中国科技公司中，网易、京东、阿里巴巴、唯品会上榜，排名分别为80、131、165、332和414。

（来源：根据环球网、东北网等相关报道整理）

## 三、主要利益相关方：客户

为客户提供符合道德、安全可靠、质量达标的产品与服务，并在这一过程中保护其基本权益，是对一个企业的基本要求，也是企业赖以存在的基础。与员工相比，客户作为企业的主要利益相关方，其安全、隐私等各种权益保护问题从来都是企业被关注的焦点，相关的伦理问题和规制在企业伦理中具有非常重要的地位，本节会重点讨论这相关问题，涉及具体营销策略、方法的伦理问题，会在第六章"营销伦理"中展开。

1. 什么是可以出售的？

哈佛大学教授迈克尔·桑德尔（Michael J. Sandel）在《金钱不能买什么：金钱与公正的正面交锋》[一]一书中提出了一个突出的道德问题：在这个世界上什么都可以出售，这难道没有问题？市场的道德界限又何在？他在书中举了一些例子。狩猎濒危黑犀牛的权利：南非允许以每头15万美元的价格出售射杀黑犀牛的权利，并声称这可以激励农场主去保护濒危物种；著名大学的录取名额：美国一些顶尖大学可为一定数额的捐赠者提供其子女的录取资格——尽管这些学生本来没有那么优秀。书中还举出了生命做赌注的保单贴现、恐怖活动期货、死亡债券等金融产品。这里所展示的最致命的变化并不是贪婪的疯涨，而是市场和市场价值观侵入了本不属于它们的那些生活领域。

在中国的商业领域这也是一个受到广泛关注的话题，例如在"魏则西事件"之后，[二]百度在部分关键词搜索页面采用竞价排名机制的商业模式受到社会舆论谴责，因为这意味着一些虚假宣传、欺诈的医疗机构只要花足够多的钱，就可以在搜索引擎中被急于寻医问药的患者查找到。

所以，在伦理角度判断：什么可以卖给客户，什么不可以卖给客户，这是任何一家企业在经营中首先要明确的问题。

2. 产品安全

产品安全指与使用产品相关的风险程度。因为事实上使用任何产品都涉及一定程度的风险，所以安全问题本质上是风险可接受水平和已知水平的问题。[三]按照马斯洛需求层次理论，安全对人类的重要性仅次于生理需求。企业对于产品和服务安全的伦理责任，需要确保作为主要利益相关者的客户不处于约定范围之外的风险之中。

而且，即使对于可以接受的产品安全的风险水平，客户也应该具有知情权

---

[一] 桑德尔. 金钱不能买什么：金钱与公正的正面交锋 [M]. 邓正来, 译. 北京：中信出版社, 2012.

[二] 2014年，还在读大二的魏则西查出患有晚期滑膜肉瘤，一种不治之症。他的家人通过百度找到了武警北京市总队第二医院肿瘤生物中心，该中心宣称掌握"肿瘤生物免疫疗法"，而该疗法事实上已经停止临床试验。投入超过20万的治疗费后，魏则西病情未见好转，抱恨离世。

[三] 贝拉斯克斯. 商业伦理：概念与案例 [M]. 刘刚, 程熙镕, 译. 7版. 北京：中国人民大学出版社, 2013：245.

和犹豫权。事实上，大多数产品说明书上都有关于使用中存在安全风险的详细解释，有的还有处理措施和解决方案。医药品、美容整形等的条款更为严格，甚至还有对使用中出现误用导致事故的解决方法。

例如，人们在乘坐飞机时，都有安全提示，包括被机组人员告知逃生方法和相关设备的使用方法，但其基本前提是飞机本身是安全的。由于飞机质量问题导致的空难仍然时有发生，这是一个企业对用户造成安全问题的极端事件。在美国，飞机制造商对制造缺陷和设计缺陷的责任时限长达 18 年，汽车和轮船制造商要担负 5 年的责任。缺陷产品一经发现，经由政府强制召回，或者由公司自行召回。○

客户无法完全依赖市场来保障其购买产品和服务的权益，必须通过法律保护及行政监管。监管商业交易的模范法典是美国的《统一商法典》，该法典已经被美国 50 个州全部或部分采用，其 2-314 部分写道，"销售者对购买者作出的有关商品并成为交易基础的任何事实确认或承诺，创造了商品遵守该确认或承诺的明确保证。"○

2016 年 5 月 1 日起实施的《中华人民共和国消费者权益保护法》《中华人民共和国产品质量法》《流通领域商品质量监督管理办法》明确六类商品不得销售。分别是如下商品。

（1）不符合保障人体健康和人身、财产安全的国家标准、行业标准的商品；

（2）不符合在商品或者其包装上标注采用的产品标准的商品，不符合以商品说明、实物样品等方式表明的质量状况的商品，不具备应当具备的使用性能的商品；

（3）国家明令淘汰并禁止销售的商品；

（4）伪造产地，伪造或者冒用他人的厂名、厂址，伪造或者冒用认证标志等质量标志的商品；

（5）失效、变质的商品；

（6）篡改生产日期的商品。

为了保护消费者合法权益，对企业提供的产品和服务进行社会监督，中国在 1984 年 12 月成立了中国消费者协会，履行向消费者提供消费信息和咨询服务，提高消费者维护自身合法权益的能力，以及参与有关行政部门对商品和服

---

○ 帕博迪埃，卡伦. 商务伦理学［M］. 周岩，译. 上海：复旦大学出版社，2018：175.

○ 美国统一商法典［M］. 潘琪，译. 北京：中国法律图书有限公司，2018：48.

务的监督、检查等公益性职责。○

仅仅依靠法律规制和社会治理无法保障产品安全，最重要的因素还在于企业自身。安全是一项基本人权，企业在获得利润的同时，必须避免对客户造成伤害，而且基于这种利益相关者的关系，如果客户安全受到严重伤害，企业的利润也无法得到保障，甚至还会引发巨额索赔，例如案例2-2中波音737 MAX连续事故停飞的灾难性后果。

企业产品和服务出现安全问题，表面上看主要是成本问题和管理问题，或者兼有成本问题和管理问题○。但是，从根本上看，企业保障客户安全的关键在于企业价值观和伦理氛围以及伦理管理体系的有效性。在追求企业利润和股东利益最大化的过程中，如果企业不将客户安全的道德责任放在更重要的地位，则企业内的个人决策者则很难在关键时刻作出正确的伦理抉择。尤其是金融产品的安全性更为复杂和隐蔽，客户几乎无法在购买阶段对购买后的风险作出充分判断。

这就需要企业真正树立客户至上、安全第一的价值观，建立激励机制，按照前文所述七个方面开展伦理方面的管理工作，并加强伦理审核，自上而下保持企业全员道德敏感性和正确的伦理决策。同时，在面对客户投诉和政府、消费者协会干预时，能够积极负责地响应，妥善解决产品安全给客户带来的问题和损失，必要时采取召回、停止生产等措施，而不能抱着店大欺客的态度损害客户的权益。曾引起轰动的客户坐在某名牌汽车引擎盖上维权的事件，就是因为在4S店购买的汽车出现质量安全问题后，用户没有得到及时处理所致。最后不但相关的销售商要接受处罚，而且也影响了该汽车厂商的品牌。所以，按照利益相关者的理论，维护客户的权益，本身也是在维护自己的利益。

> **案例 2-2**

### 半年连续坠毁两架飞机，波音737 MAX 还安全吗？

2019年3月10日，埃塞俄比亚航空一架波音737 MAX 8客机坠毁，机上有149名乘客和8名机组成员。飞机于当地时间8点38分在埃塞俄比亚首都亚的

---

○ 中国消费者协会. 关于我们 [EB/OL]. （2014-11-13）[2019-08-14]. http://www.cca.org.cn/public/detail/851.html.

○ 例如，为了削减成本降低了安全技术标准或减少了有关安全风险的部件、措施。而其中产品设计者本身对安全风险评估不足或在具体执行中没有到位导致的风险，就是管理带来的安全风险。

斯亚贝巴起飞,起飞后约 6 分钟从空管雷达上消失,机上没有生还者。

这已经是波音 737 MAX 8 半年内出现的第二起严重事故。2018 年 10 月 29 日,印度尼西亚狮航一架机龄仅 3 个月的由雅加达飞往邦加槟港的客机在起飞 13 分钟后失联,坠毁在印度尼西亚卡拉望地区附近,此次坠机事件无人生还,共造成 189 人死亡。

印度尼西亚狮航坠机的调查倾向于认为,飞行数据传感器存在问题,可能会反馈错误数据。彭博社称,在某些情况下,例如飞行员手动飞行时,若传感器发现可能出现空气动力学失速的问题,737 MAX 飞机会自动将机头向下推。

埃塞俄比亚交通部于 4 月 4 日发布埃航坠机事故调查报告,认为主要原因是机动特性增强系统(MCAS)的关键传感器意外失效。

波音公司发表致歉声明,"我们知道我们所做的工作关乎生命,因此要求我们以最高的职业操守和专业能力完成它。带着强烈的责任感,我们承担着设计、制造和保障天空中最安全的飞机的责任。我们知道,每一个登上我们飞机的人都将他们的信任托付给我们。我们将尽一切可能在未来数周和数月内赢得并重获客户和飞行公众的信任和信心。"

波音 737MAX 飞机全球停飞后,7 个国家的 19 家航空公司就 737 Max 向波音提出索赔。这些航空公司分别是挪威航空、土耳其航空、爱尔兰瑞安航空、美国联合航空、阿联酋迪拜航空、印度香料航空,以及中国所有运营波音 737MAX8 的 13 家航空公司。据 CNN 统计,波音面临的索赔金额可能已经达到 20 亿美元,这相当于波音 2019 年一季度的所有利润,随着复飞时间的延期,其需要面对的索赔金额也将继续扩大。

波音公司此前曾向所有运营波音 737 MAX 飞机的航空公司发布安全公告,称传感器可能存在问题,导致飞机自行大角度俯冲并坠落。

2018 年 11 月,美国联邦航空管理局(FAA)针对事故中暴露出来的 737 MAX 机型在迎角传感器(AOA)数据错误的条件下,飞行控制系统存在反复发出错误水平安定面(机头向下)配平指令的风险,颁发了紧急适航指令 AD2018-23-51,要求波音 737-8/9(MAX)机型的运营人/所有人在收到适航指令的 3 天内,修订飞机飞行手册(AFM)的指定内容,以在运行程序和机型限制方面给予机组人员明确的指导。

(来源:界面新闻"半年连续坠毁两架飞机,波音 737 MAX 还安全吗?",以及新浪财经等综合整理)

案例讨论分析:

1. 波音 737 MAX 连续发生事故的伦理问题有哪些?

2. 波音公司、航空公司、乘客之间分别是什么类别的利益相关者？

3. 波音公司为什么有必要公开致歉和承诺？

3. 隐私保护

在企业为客户提供商品和服务的过程中，不可避免地会接触、收集到大量客户的个人信息——互联网企业尤其是平台类公司更是如此。与安全权一样，客户的个人隐私也是一种人权，对当事人具有极强的敏感性。客户作为企业主要的利益相关方，其个人信息属于消费者隐私，受到法律保护，任何违反客户隐私权的行为也涉及伦理问题，受到道德制约。

无论是主动还是被动，有意还是无意，短期还是持续，对侵犯客户隐私的行为企业都需要负责，客户隐私被侵犯的主要方式包括以下三点。

（1）泄露客户隐私

由于客户隐私具有商业价值，一直是各种机构包括不法组织猎取的对象。由于互联网时代信息全面电子化、集约化，客户隐私泄露的可能性增大，其后果更加严重，所以企业对客户隐私的保护责任也更为重大。而且拥有的客户信息越多，这方面的责任也越大。移动互联时代，尤其给一些拥有亿级用户的互联网巨头公司和酒店业超级平台公司带来挑战，这方面的伦理问题越来越突出。

10 年来，全球领先的社交巨头 Facebook 关于消费者隐私方面的争议不断。2018 年 3 月，Facebook 公司卷入客户数据泄露丑闻，一家名为"剑桥分析"的英国公司被曝以不正当方式获取 8700 万 Facebook 用户数据。随后美国联邦贸易委员会对 Facebook 展开调查，最终达成一项约 50 亿美元的和解协议。⊖在受到一系列指控后，"剑桥分析"已于 2018 年关闭，但 Facebook 无法逃脱这个美国历史上金额最高的罚款。

（2）滥用客户隐私

由于企业和客户的信息不对称非常严重，企业对许多客户信息的收集和使用非常隐蔽，甚至采取诱迫、欺骗的方式，加之大量消费者缺乏保护意识，国内滥用客户隐私的情况相当普遍。滥用客户隐私包括过度收集客户隐私数据和不当使用客户隐私。当然，过度收集客户隐私，本身也为不当使用客户隐私创造了条件。

---

⊖ 新华网. 美媒说美政府向脸书开出 50 亿美元罚单 [EB/OL]. （2019-07-13）[2019-08-14]. http://www.xinhuanet.com/2019-07/13/c_1124748875.htm.

有些 APP 应用程序要求客户允许打开相册、手机通讯录等权限才能使用，而这些内容通常与其提供的服务并无直接关系，获取这些客户隐私主要是为了服务于自己的商业目的而不是客户的需求。有的公司通过对客户的数据分析，对锁定的目标群体不断推送广告，让客户不堪其扰。个别预订机票、酒店的公司被曝光的"大数据杀熟"，则是直接以滥用客户隐私和所谓算法来对客户实施"价格歧视"，这不但侵犯了客户购买习惯等方面的个人隐私数据，对公平交易的市场伦理也有着非常恶劣的伤害。

即使对客户个人信息有较强需求的金融机构，哪怕是用于合理的需求，也应警惕对客户隐私尤其是非结构个人信息的滥用。原中国人民银行行长周小川撰文指出，"过去征信系统用的都是结构数据，基本上就是使用数据库，因为结构数据目前基本上都是合法合规的、政治正确的。也就是说，它包括个人身份信息、借贷历史，以及是否有违约等有限且判断上无争议的信息。如果使用了社交网络中的对话，或者社交网络的群组成分，就可能产生出很多新问题。例如，一些大数据公司的人查看了某用户的社交网络，发现他的朋友圈内都是有钱人，挂名都是总经理、总裁，出手阔绰等，就认定此用户的信用好；反之，如果朋友圈内穷人多，则信用不好，这个判断很可能存在很大错误，而且政治上不正确，道德上也不对。"⊖

（3）以客户隐私牟利

与以上两类客户隐私问题相比，以客户隐私牟利更加直接和难以容忍——虽然后果未必有前两种形式严重。泄露客户隐私往往是企业被动而非主动的行为，滥用客户隐私是从中间接获利而不是直接获利。如果说泄露客户隐私、滥用客户隐私的一些情况在伦理上还有争议或讨论空间，但以客户隐私牟利就完全是违法行为。

据 2012 年央视 "3·15" 晚会报道，某银行信用卡中心风险管理部贷款审核员就曾向作案人出售个人信息 300 多份；某银行客户经理通过中介向作案人提供了多达 2318 份个人信息。个人征信报告、银行卡信息，本应被严格保密的个人信息，在这些银行工作人员手中，却被以一份十元到几十元的低廉价格，大肆兜售。

2010 年 7 月，经中国香港个人资料私隐专员公署调查并召开听证会，裁定"八达通"以客户资料违规获利。八达通控股有限公司负责人承认：2006 年 1 月

---

⊖ 周小川. 信息科技与金融政策的相互作用 [J]. 中国金融, 2019, (15): 9-15.

至 2019 年 6 月，八达通将其 197 万名客户资料提供给保险公司等特定商户，获得收益达 4400 万港元。⊖随后，八达通公司相关负责人辞职，并将其出售客户资料赚取的 4400 万港元全数捐赠慈善机构。香港在 2013 年 4 月 1 日开始实施修订后的《个人资料（私隐）条例》，加大了对商业机构滥用客户隐私的惩处力度，违者将最高处以 100 万港元罚款和 5 年监禁。⊜

《民法通则》第 120 条规定，即"侵害隐私利益的民事责任方式，应包括停止侵害、消除影响、赔礼道歉和赔偿损失。侵害他人隐私，造成财产损失的，应按照全部赔偿原则，予以全部赔偿。侵害他人隐私，致他人精神损害，并且造成严重后果的，受害人有权请求精神抚慰金赔偿。精神抚慰金的赔偿数额，根据侵害人的主观过错程度、侵害的具体情节、后果和影响、侵害人的得利情况、侵害人的经济承受能力以及受诉法院当地的平均生活水平等因素，综合考虑予以酌定。"虽然法律做出了规定，但在具体的客户隐私保护上仍有许多模糊的地方，尤其是随着大数据、人工智能等技术的应用，这种侵权行为越来越隐蔽。

这不仅需要完善法律和监管，更重要的是公开化和企业自律。公开化的重要性正如周小川先生指出的，"应该将使用的模型或算法透明化，受公众的监督和评判，背后也还会有监管部门的监督评判，来评判这种运用是否合适。"⊜关于企业自律，腾讯的隐私保护平台和隐私政策也提供了一个正面的案例。

 **扩展阅读**

### 腾讯隐私政策

腾讯严格遵守法律法规，遵循以下隐私保护原则，为您提供更加安全、可靠的服务。

（1）安全可靠。我们竭尽全力通过合理有效的信息安全技术及管理流程，防止您的信息泄露、损毁、丢失。

（2）自主选择。我们为您提供便利的信息管理选项，以便您作出合适的选择，管理您的个人信息。

---

⊖ 中国新闻网. 出售客户资料牟利 香港八达通疑涉侵犯私隐［EB/OL］（2010-07-27）［2019-08-14］. http://www.chinanews.com/ga/2010/07-27/2426730.shtml.

⊜ 人民网. 香港对商家滥用客户信息说"不"［EB/OL］.（2013-04-12）［2019-08-14］. http://www.people.com.cn/24hour/n/2013/0412/c25408-21107421.html.

⊜ 周小川. 信息科技与金融政策的相互作用［J］. 中国金融, 2019,（15）: 9-15.

(3) 保护通信秘密。我们严格遵照法律法规，保护您的通信秘密，为您提供安全的通信服务。

(4) 合理必要。为了向您和其他用户提供更好的服务，我们仅收集必要的信息。

(5) 清晰透明。我们努力使用简明易懂的表述，向您介绍隐私政策，以便您清晰地了解我们的信息处理方式。

(6) 将隐私保护融入产品设计。我们在产品或服务开发的各个环节，综合法律、产品、设计等多方因素，融入隐私保护的理念。

(来源：腾讯隐私保护平台官网)

## 四、主要利益相关方：股东与公司治理

股东是企业的法定所有者，股东利益最大化也是长期以来流行的观点。但在利益相关者的分析框架中，企业伦理所需要关注的价值，不仅仅是股东价值最大化，也就是说股东的利益不能凌驾于员工、客户等利益相关者之上，甚至为了满足利润最大化而牺牲其他的企业伦理目标。

公司治理是典型的委托代理问题，源于市场经济的信托责任体系，即由于公司所有权与管理权的分离，产生了高管层牺牲股东或者其他利益相关者的权益而为自己谋不正当私利的可能性。

公司的一个很重要的特征就是，所有权和控制权的分离。如果所有权和控制权完全一致，则不存在公司治理问题。事实上，公众公司尤其是上市公司，存在着大量的股东和诸多涉及决策的利益相关者，包括政府、财务和审计标准制定者、银行、证券交易所等影响公司决策的机构，所以公司治理及其伦理才显得如此重要。

因此，公司治理指确保管理层的利益与公司所有者利益保持一致的诸多机制，具体而言，公司治理指控制和指导公司管理层的体制。[1] 其目的是尽可能使个人、公司及社会的利益一致。公司治理不仅仅实现股东利益最大化，而且要保障所有利益相关者的利益。

阿瑟·G. 贝德安（Arthur G. Bedeian）于1987年首次提出了公司治理伦理（Ethics of Corporate Governance）的概念[2]，认为以伦理为导向的公司治理会减少

---

[1] 帕博迪埃, 卡伦. 商务伦理学 [M]. 周岩, 译. 上海：复旦大学出版社, 2018：210.

[2] Arthur E E. The ethics of corporate governance [J]. Journal of Business Ethics, 1987, 6 (1)：59-70.

公司的非伦理活动，从而保障和协调各利益相关者的利益。关于公司治理伦理的研究越来越受到学界和实业界的重视。

公司治理是基于职业道德的经营和管理的重要前提，也是对日益增长的更多社会责任的回应。在公平竞争的市场环境和追求可持续发展的社会环境中，公司治理的水平会接受来自市场尤其是资本市场的考验。

为应对20世纪90年代以来诸多重大公司丑闻尤其是亚洲金融危机的影响，国际经济合作与发展组织（OCED）于1998年4月成立了公司治理原则专门委员会，并于当年5月首次发表了《OCED公司治理准则》。该治理准则提出股东的权利、公平对待股东、利益相关者的角色、信息披露及透明、董事会的角色五项公司治理原则，以推动发展中国家的公司治理改革，已经成为一套权威的指导原则。

1. 股东至上

按照法规，股东拥有对公司实际的控制权，股东有追求公司利润最大化或者股东利益最大化的内在动机。由此带来的伦理问题是，为什么股东道义上应该拥有控制权并且将其利益作为公司的目标？这就是"股东至上"问题，在公司治理中，"股东至上"是一个颇具争议的问题。

博特赖特认为，"关于公司治理的主要伦理问题就是'股东至上'的合理性。"[1]事实上，从公共政策和市场两个角度来看，一方面"股东至上"可以在法律、政策框架下约束管理层考虑公共利益，另一方面"股东至上"也是对企业投资者产权和剩余索取权的市场契约保障。与之相比，如果管理层或者员工在固定索取权的机制下获得控制权，将倾向于最低风险水平来确保他们的收入，而不是承担更大的风险来获取企业发展的机会。

现在利益相关者框架下的公司治理已经越来越受重视。有观点认为"股东至上主义，是利益相关者理论的反面。后者虽然在口头上已经风行一时，但理论可能仅仅是理论。只要股东至上主义统治世界，一些利益相关者就会成为无关者。"[2]

总体而言，"股东至上"固然有其历史渊源和一定的合理性，但并不代表股东利益最大化是唯一的公司治理目标，在公司治理的各种伦理机制中，这是保障所有利益相关方权益的一个必要条件而不是充分条件。或者说，公司治理的

---

[1] 博特赖特. 金融伦理学［M］. 王国林，译. 3版. 北京：北京大学出版社，2018：247.
[2] 于惊涛，肖贵蓉. 商业伦理：理论与案例［M］. 北京：清华大学出版社，2016：217.

股东模型是公司治理的利益相关者模型的初级阶段。

2. 董事会

董事会作为公司治理最重要的参与者,为公司的股东聘用、监督管理层提供了治理上的安全措施,在整个公司治理体系中具有核心地位和关键作用。

董事会伦理是公司治理伦理的核心,指根植于一定的社会文化之中,伴随董事会的运行过程,具有不同价值取向和不同伦理背景的利益相关者通过将各自的伦理意识交织相融,逐步形成并得到广泛遵守的伦理规范、价值判断标准、治理实践以及一般性的行为准则等。⊖

2004年的《OCED公司治理准则》对建立在利益相关方框架之下的董事会提出了以下原则。⊖

(1)董事会成员应在一个充分知晓的基础上、怀有良好的信念、具有适当的勤奋和关注,为公司和股东的最佳利益而采取行动。

这一原则声明了董事会成员受托责任的两个关键要素:关注的责任和忠诚的责任。

(2)当董事会决策可能对不同的股东集团产生不同的影响时,董事会应公平的对待所有的股东。

在履行这一责任时,董事会不应被当作一个由各个组成部分的个人代表所组成的集合来看待或采取行动。尽管特定的董事会成员可能确实是由特定的股东(以及有时是与其他人竞争后)所任命或选出的,董事会工作的一个重要特点就是当董事会成员承担了他们的职责后,他们应在考虑所有股东情况下以公平的方式履行他们的职责。

(3)董事会应采用高的道德标准,它应考虑利益相关者的利益。

董事会在确定公司的道德状况中扮演着关键的角色,不仅通过它自身的行为,还通过任命和监督关键管理人员及相应的一般管理层。作为一种可使公司不仅在日常经营中,还在长期承诺方面变得可靠和值得信赖的手段,高的道德标准符合公司的长远利益。公司范围的准则是作为董事会及关键管理人员行为的标准的,为处理不同的和经常是冲突的组成部分而建立一个进行判断的框架。

---

⊖ 薛有志,王世龙,周杰. 董事会伦理研究:一种理论初探[C]//中国管理现代化研究会. 第三届(2008)中国管理学年会——市场营销分会场论文集. 武汉:中国管理现代化研究会,2008:587-597.

⊖ 杨岚,梁婷,刘蔚,等. 公司治理与金融危机——得出的结论及《OECD公司治理原则》执行过程中的好做法(六)[J]. 西部金融,2012(01):47-53.

至少，道德准则应为追求个人私利建立一个明确的限制。

（4）董事会应履行特定的关键职能，包括以下内容。

1）核准并指导公司战略、主要的行动计划、风险政策、年度预算和商业计划，设立业绩目标，监控执行和公司业绩，以及监督主要的资本支出、并购和财产剥夺；

2）监控公司治理做法的有效性并在需要时进行变革；

3）对关键管理人员进行挑选、支付报酬、监控及在必要时予以替换，并且对关键管理人员的继任计划进行审查；

4）协调关键管理人员及董事会的薪酬计划与公司及股东长期利益的关系；

5）确保一个正式和透明的董事会提名和选举程序；

6）监控和处理管理层、董事会成员和股东的潜在利益冲突，包括公司资产的不当使用和关联方交易的滥用；

7）检查包括财务报告的内控系统和公司资产的使用以防止关联方交易的滥用；

8）在履行其控制疏忽失职的职责中，董事会应鼓励对不道德（不合法）行为进行报告而不须害怕报复；

9）确保公司包括独立审计的会计和财务报告体系的真实完整性，及确保在适当位置存在适当的控制系统，特别是风险管理体系、财务和操作控制和对法律及相应标准的遵循；

10）检查披露和沟通的程序。

（5）董事会应能对公司事务进行客观独立的判断

为履行其在监控管理层业绩、防止利益冲突和平衡对公司的竞争性要求方面的职责，董事会能进行客观判断是重要的。在不同国家，由于存在多种形式的董事会结构、所有权模式和做法，因而在董事会的客观性问题上要求不同的方法。在一些情况下，客观性要求有显著数量的董事会成员不得在公司或其附属机构中任职，并且不得通过重要的经济、家庭或其他联系与公司或其管理层发生关联。这并不禁止股东成为董事会成员。

独立董事可以在董事会的决策发挥显著作用。他们可以对董事会和管理层的业绩评价提供客观的看法。另外，他们可以在管理层、公司和股东利益可能发生分歧的领域，例如管理人员的薪酬、继任计划、公司控制的变更、反收购、大宗并购和审计职能扮演重要角色。

（6）董事会成员应能获得准确、相关和及时的信息

董事会成员需要及时的相关信息以支持他们的决策。在公司中，非执行董

事并不特别需要获得与关键经理人一样的信息。非执行董事对公司的贡献可以通过与公司中特定关键经理人的联系,例如公司秘书和内部审计人员,以及由公司付费寻求独立的外部建议得以加强。为履行他们的职责,董事会成员应保证他们获得准确、相关和及时的信息。

3. 高管薪酬

高管薪酬是利益相关者和公众广泛关注的话题,也是一个典型的体现效率原则与公正原则的伦理问题。一方面,高管薪酬数倍甚至数十倍于社会平均薪酬,是为了吸引、激励合适的高管为股东和利益相关者创造价值,体现了公正,也有助于提升效率。但另一方面,高管的持股计划和期权虽然将高管的薪酬与公司的业绩挂钩,但也增加了高管通过违反伦理的不当手段来推高股价的动力。为了获得高薪酬,管理者也常常会采取不正当的手段,高管为保持业绩链而走险的丑闻在金融业尤其突出。这样既伤害了公正,从本质上也不利于提升效率。

组织内部的薪酬不公正会带来巨大的阴影和怨恨,会影响员工的工作积极性,降低劳动生产率,心怀不满的员工还会采取偏激手段曝光企业负面信息,或采取极其极端的泄愤行为。由于收入差距太大,高管薪酬还会成为社会问题的导火索。2011 年,发生在美国的"占领华尔街运动"就是一个典型的例子○。其中一个主要的抗议是:企业高管拿着天价薪酬,把企业搞垮后让政府救市,损害所有纳税人的利益。

"占领华尔街运动"发生后,针对高管薪酬限制的呼声越来越高,有媒体指出,"在企业利润大幅降低的情况之下,如果高管还维持过去的薪酬水平,显然对于股东利益是一种严重的侵害,这样高管高薪受到质疑也就不足为奇。"○。中国后来也出台了政策对国有企业的高管限薪。但单纯的薪酬金额并不是解决问题的办法,为达到公平和效率的统一,有许多可以借鉴的方法。

一是完善相关的法规和制度安排。2002 年的《萨班斯—奥克斯利法案》采取的方式是:要求董事会的薪酬委员会全部由独立董事组成,而且如果由整个

---

○ 2011 年 9 月 17 日,上千名示威者聚集在美国纽约曼哈顿,有人甚至带了帐篷,扬言要长期坚持下去。示威组织者称,他们的意图是要反对美国政治的权钱交易、两党政争以及社会不公正。2011 年 10 月 8 日,"占领华尔街"抗议活动呈现升级趋势,千余名示威者在首都华盛顿游行,成为席卷全美的群众性社会运动。纽约警方 11 月 15 日凌晨发起行动,对"占领华尔街"抗议者在祖科蒂公园搭建的营地实施强制清场。

○ 凤凰网. 华尔街高层的奖金盛宴终将走向何方?[EB/OL]. (2009-02-27)[2019-08-14]. http://phtv.ifeng.com/program/cjzqf/200902/0227_1698_1036006.shtml.

董事会来决定首席执行官的薪水水平,则只能由独立董事投票。这个措施使尽可能降低了薪酬的决策者与其本人的利益相关性,使整个决策过程尽可能独立、公正。2010 年 7 月的《多德—佛兰克法案》进一步增加了追索政策:高管因不实财务数据而获得的任何薪酬都应该退还企业。使企业高管在追求业绩目标时,也要考虑利益相关者的利益和自己的伦理责任。

二是在高管激励机制的设计中尽可能保持与公司的长期健康发展与盈利能力相一致。例如,更多企业对高管的激励不再使用股票期权,而是优先考虑递延股票信托计划。一旦公司股票价值缩水,将面临与投资者相同的损失。相比之下,实施股票期权,高管的损失就没有那么明显。此外,还有"金色降落伞"计划等方式。○

三是发挥新媒体等外部治理机制作用。有研究表明,新兴媒体网络媒体不仅能够积极监督上市公司高管不合理薪酬,而且对高管薪酬代理问题具有显著的外部治理效应,能有效促进高管薪酬在降低公司代理成本的作用。○

## 五、次要利益相关方:媒体

西方传播学先驱拉扎斯菲尔德(Paul F. Lazarsfeld)和罗伯特·K. 默顿(Robert King Merton)早在 1948 年就强调,"大众媒介是一种既可以为善服务,又可以为恶服务的强大工具;而总的来说,如果不加以适当的控制它,为恶的可能性更大。"○

麦克卢汉在《理解媒介——论人的延伸》一书中指出:媒介即讯息。对于企业而言,媒体是社会公众获取企业信息的主要渠道。因此,在企业伦理的利益相关者框架中,媒体是比较重要的次要利益相关者。尤其是在当今社会,随着有社交媒体属性的新媒体的迅速发展,媒体对企业利益的影响力以及相关的问题和分析、应对方法,也都有较大的变化和挑战。

1. 企业与媒体关系的悖论

几乎所有企业都在力图通过各种媒体树立良好的形象和品牌,其中有很多在借助媒体报道企业正面新闻上投入了大量的资源和精力。但是,有两个方面的原因,使企业很难单靠媒体关系来处理好这个利益相关者的问题。

---

○ 帕博迪埃,卡伦. 商务伦理学[M]. 周岩,译. 上海:复旦大学出版社,2018:217-218.
○ 段升森,迟冬梅,张玉明. 网络媒体、高管薪酬与代理成本[J]. 财经论丛,2019(3):63-71.
○ 默顿. 社会理论和社会结构[M]. 唐少杰,齐心,译. 南京:译林出版社,2006:78.

首先，人们天性更关注负面新闻报道，并已为理论所证实。①为了吸引读者，媒体追逐有社会轰动效应的企业负面报道是常态，而且也确实发挥了媒体的舆论监督作用，推动了问题的解决，例如三鹿奶粉事件、长春长生疫苗事件等都是首先通过媒体曝光产生了重大社会反响，进而推动了监管部门的处理和行业问题的整治。

有研究表明，媒体在伦理层面会影响公众对公司的看法。②其实，有许多不道德行为本身就是公众的担心所在，例如对红黄蓝幼儿园的负面新闻，媒体的曝光强化了社会公众的态度。

其次，互联网技术使媒体的业态发生了有史以来最具颠覆性的变化。2000年前后，网络媒体开始正式走上历史舞台影响大众，当时人们还在学习如何通过电脑来阅读，内容展示远远没今天这么丰富多彩，通过电脑阅读也非常麻烦、笨拙。但时至今日，几乎所有的读者都已经更加习惯通过各种屏幕、各种终端来阅读海量的网络新闻，以及使用社交工具来阅读相关的媒体和信息。这种变化又有两个特点：一是通过社交媒体转发和点评，新闻信息会迅速传播、扩散，企业通过自身力量有效干预的可能性极低；二是出现了大量的自媒体和评论，在增强了言论的公开和公众参与度的同时，也给企业带来极大的挑战。

2. 企业与媒体关系中的伦理问题

许多企业通过媒体尤其是自媒体以夸大事实或者倾向性、情绪化的内容来获取更多的关注，或者以植入广告等方式诱导消费，尤其是在利益驱动下，贩卖焦虑、软色情、虚假信息等内容的自媒体屡禁不止，已经成为社会公害。企业在媒体上发布"软文"已经成为企业公共关系（Public Relations，PR）的常规做法，媒体被企业斥资"赎买"充当其推广和舆论工具的情况也屡见不鲜。

作为企业的利益相关方，需要认识到需要符合真实的媒体伦理原则，否则

---

① 1983 年，美国哥伦比亚大学新闻学与社会学教授戴维森在《舆论学季刊》发表题为《传播中的第三人效果》（The third-person effect in communication）。他认为，人们在判断大众传媒的影响尤其是负面影响之际存在着一种普遍的感知定势，即倾向于认为大众媒介的信息对"我"或"你"未必产生多大影响，然而对"他"人产生不可估量的影响。由于这种感知定势的作用，大众传播的影响和效果，通常不是在传媒指向的表面受众中直接发生的，而是通过与他们相关的"第三人"的反应行为实现的。戴维森把这种现象或这种影响机制称为"第三人效果"。1978 年 ~ 1982 年进行四次实验，验证第三人效果的存在。从此该理论在国际传播学界得到广泛重视。

② BARBER J S, AXINN W G. New ideas and fertility limitation：The role of mass media [J]. Journal of marriage and family, 2004, 66（5）：1180-1200.

就是一种腐败行为，违反了伦理的公正原则。

## 第三节　企业社会责任

企业伦理的利益相关者分析框架认为，企业在创造财富的同时，也对利益相关方负有保护权益和避免伤害的基本责任。从社会契约和社会资本的角度来分析，企业不仅是一个经济组织，也是一个社会单元，从而也具有社会责任，应该着力于保护和提升社会资本而不仅仅是产业资本。尼尔森一项研究发现，67%的员工更喜欢为具有社会责任感的公司工作，而55%的消费者会为对社会产生积极影响的公司销售的产品支付额外费用。㊀

所以，如果说利益相关者理论是企业伦理冲突及其分析、决策、解决的基本框架，那么企业社会责任（Corporate Social Responsibility，CSR）虽然与其内在逻辑一致，但历史更为悠久、考虑问题更为系统全面、更具建设性，甚至已经超越了企业伦理的范畴。

1981年，200家大型企业的首席执行官共同举办了商业圆桌会议，会议的《企业责任声明》指出，"经济责任无疑与企业社会责任并行不悖，一个企业的责任包括企业如何保证整个企业的日常运作。企业必须是一个富有思想的组织，不仅仅考虑利润的问题，还应充分考虑到其行为对各个方面的影响，从股东到整个社会。它的商业行为必须具有社会意义。"㊁

企业社会责任对于企业的可持续发展的意义已越来越被人们接受，一项研究发现，企业社会责任指数排名与盈利能力直接相关㊂，而针对目标企业的纵向研究发现，他们的标准普尔500指数优于其他公司8个因子㊃。而且，随着相关的企业伦理问题越来越突出，企业利益相关者的力量越来越强大，企业社会责任的概念、理论也广为学界和社会所接受，也有越来越多的企业会评估企业社会绩效，发布"企业社会责任报告"，企业社会责任越来越具有理论和实践上的

---

㊀ NIELSEN. Doing well by doing good—Increasingly, consumers care about corporate social responsibility, but does concern convert into consumption？［M］. New York：The Nielsen Company，2014：2.

㊁ 斯坦纳，斯坦纳. 企业、政府与社会［M］. 诸大建，许艳芳，吴怡，译. 北京：人民邮电出版社，2015：116.

㊂ PALMER H J. Corporate social responsibility and financial performance：Does it pay to be good？［J］. Business Horizons，2003，46（6）：34-40.

㊃ SISODIA R，WOLFE D，SHETH J N. Firms of endearment：How world-class companies profit from passion and purpose［M］. New Jersey：Pearson Prentice Hall，2003.

影响力。

## 一、企业社会责任的概念

从亚当·斯密在《国富论》中提出"看不见的手"开始,市场可以自动自发促进社会繁荣和总体福利的观点深入人心。所以,西方社会理论界长期认为,企业只要在法律的范围内实现利润最大化,就已经履行了责任。

但 20 世纪初,随着媒体日益繁荣,一味追求利益、压榨工人的"黑心工厂""血汗工厂"被媒体逐渐曝光,食品安全、环境污染等极端事件导致众怒,这些企业伦理问题引起了整个社会的反思。

1916 年,芝加哥大学的克拉克首次提出"迄今为止,大家并没有认识到社会责任中有很大一部分是企业的责任"[1]之后,企业的社会责任开始成为研究的对象。

20 世纪 30 年代,出现了企业社会责任的概念。当时《哈佛法律评论》刊登了哥伦比亚大学阿道夫·伯利(Adolf A. Berle)教授与哈佛大学教授梅里克·多德(E. Merick Dodd)教授之间的辩论。伯利教授主张企业管理人员只需要为利益相关者负责,而多德教授则在《公司管理者是谁的受托人》一文中认为管理者应该承担更多的责任,"企业管理者只是代替全社会行使权力"。为了论证该观点,多德教授提出了一个理论概念,这就是"企业社会责任"。他指出现代企业"首先需要得到法律的认可和支持,并非因为它是企业老板的赚钱工具"[2]。"因此,对雇员、消费者和一般公众的社会责任感可以看作企业经营者所应该采用的正确态度,这最终导致那些平时随心所欲的企业所有者也会逐渐接受这种态度。这样,商业伦理在某种程度上就容易变成一种职业伦理而不是交易伦理。"[3]

总而言之,企业社会责任的概念最早起源于关于企业合法的争论。所以,也有观点指出,"它的核心目标是控制企业行使权力并使企业权力合法化"[4]。

1953 年,企业社会责任之父霍华德·R·鲍恩(Howard Bowen)在《商人

---

[1] CLARK J M. The changing basis of economic responsibility [J]. Journal of political economy, 1916, 24 (3):209-229.

[2] 帕博迪埃,卡伦. 商务伦理学 [M]. 周岩,译. 上海:复旦大学出版社,2018:416.

[3] 李伟阳,肖红军,郑芳娟. 企业社会责任经典文献导读 [M]. 经济管理出版社,2011:32.

[4] 斯坦纳,斯坦纳. 企业、政府与社会 [M]. 诸大建,许艳芳,吴怡,译. 北京:人民邮电出版社,2015:110.

的社会责任》一书中给出了企业社会责任的最初定义:"企业社会责任指企业有义务制定政策、作出决策,遵循对社会目标和价值观有益的行动指南。"[一]

在《企业社会责任:概念构建的演进》一文中,阿奇·卡罗尔(Archie B. Carroll)通过相关研究总结道:20 世纪 60 年代,企业社会责任开始兴起,70 年代,企业社会责任定义多样化,80 年代,企业社会责任更多的是实证研究,90 年代企业社会责任概念基本转移到其他主题上,如利益相关方理论、企业伦理理论、企业社会绩效和企业公民。他对企业社会责任的定义为:"对社会负责任的企业应该要努力做到创造利润、遵守法律、有道德,并且成为一个好的企业公民"。[二]

## 二、企业社会责任的框架和规范

1. "同心圆"模型

1971 年,美国经济发展委员会发表《工商企业的社会责任》报告,提出企业社会责任的"同心圆"模型。这一模型将企业要履行的社会责任内容划分为内、中、外三个圆圈。

其中,"内圆"是指企业履行经济功能的基本责任,即为投资者提供回报、为社会提供符合需要的产品、为员工提供就业、促进经济增长。"中间圆"是指,企业履行经济功能要与社会价值观和关注重大社会问题相结合,如保护环境、合理对待员工、回应顾客期望等。"外圆"是企业承担的更广泛的促进社会进步的其他无形责任,如消除社会贫困、防止城市衰败等。

2. 企业社会责任金字塔

卡罗尔不但提出了企业社会责任的概念,还提出了一个企业社会责任金字塔的框架,认为企业主要责任可以分为四方面:经济、法律、道德和慈善[三],如图 2-3 所示。这些社会责任要求,企业要付出利益相关者认为的对社会公正有益的行为,且这些义务是以伦理原则为基础的,如权利、正义、诚信等。

---

[一] 鲍恩. 商人的社会责任 [M]. 肖红军,王晓光,周国银,译. 北京:经济管理出版社,2015:5.

[二] 李伟阳,肖红军,郑芳娟. 企业社会责任经典文献导读 [M]. 北京:经济管理出版社,2011:116.

[三] CARROLL A B, BUCHHOLTZ A K. Business and society:Ethics, sustainability, and stakeholder management [M]. Toronto:Nelson Education,2014.

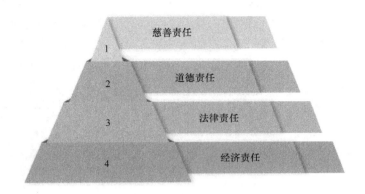

图 2-3 企业社会责任金字塔

#### 3. SA 8000

1997 年，社会责任国际组织（Social Accountability International）联合其他国际组织和跨国公司，制定发布了全球首个企业社会责任标准（Social Accountability 8000，SA 8000）。SA 8000 标准适用于世界各地，不同行业，不同规模的公司。其依据与 ISO 9000 质量管理体系及 ISO 14000 环境管理体系一样，皆为一套可被第三方认证机构（SGS 通标标准）审核之国际标准。而且有专家预测，SA 8000 也会称为 ISO 国际标准在国内得到推广。

制定 SA 8000 标准的宗旨是为了保护人类基本权益。SA 8000 标准的要素综合了国际劳工组织关于禁止强迫劳动、结社自由的有关公约及其他相关准则、人类权益的全球声明和联合国关于儿童权益的公约。

#### 4. 三重底线原则

1998 年，英国的约翰·埃尔金顿（John Elkington）首次提出主张"社会、经济和环境"可持续发展的三重底线原则（Triple Bottom Line，TBL），也被称为 3P 原则，即"人（People）、地球（Planet）、利润（Profit）"。[⊖]

其核心思想是将企业社会责任思想与可持续发展的思想相结合，从人、利润、地球三方面的责任融合了社会、经济和环境绩效，而不仅仅是传统意义上的经济绩效或者经济社会绩效。这是关于企业社会责任的较高标准。

---

⊖ ELKINGTON J. The triple bottom line for 21st century business [J]. Journal of Business Ethics, 2000 (23):229-231.

人的责任主要是指薪酬公平、童工、职业健康安全、培训和就业机会均等，以及保护本地居民和支持教育事业发展等社会服务。

利润责任主要是不仅保证利益相关者的常规利益回报，还关心他人利益诉求，例如可以与当地供应商合作，为当地带来间接经济效益。

地球责任主要是指企业应致力于环保及可持续发展，目标是在企业经营过程中尽量降低对环境的不利影响；减少原材料、能源和水资源的使用，减少废气废品排放量，提高产品派送效率。①

5. "三重底线"模型

2003 年，马克·施瓦兹（Mark S. Schwartz）和阿奇·卡罗尔（Archie B. Carroll）在分析企业社会责任"金字塔"模型的局限性基础上，提出一个新的企业社会责任三领域模型，我们称之为企业社会责任的"三重底线"模型。这一模型认为企业履行社会责任的内容分为三个领域：经济领域、法律领域和道德领域。

经济领域是"那些意图对企业有直接或间接正面经济影响的活动"；法律领域是"商业企业对反映社会统治者意愿的法律规范的响应"，可以分成三个部分：顺从、避免民事诉讼和法律预期；道德领域指"普通大众和利益相关方期望的企业道德责任"，包含三个普遍的道德标准：惯例性、后果性和存在论型。

根据这一模型，在企业社会责任三个分领域中，没有一个分领域是相对更重要的。而且，企业经营中的实际活动很少是纯粹经济性、纯粹法律性或纯粹道德性的，几乎所有的活动不是包含三个领域，就是包含两个领域。

6. ISO 26000

2010 年 11 月 1 日，国际标准化组织（International Organization for Standardization，ISO）正式发布了社会责任指南标准（ISO 26000），②涵盖七个核心主题：组织治理、人权、劳工实践、环境、公平运行实践、消费者问题以及社区参与和发展。七个核心主题下分 37 个议题③，循序以下原则：强调遵守法律法规、尊重国际公认的法律文件、强调对利益相关方的关注、高度关注透明度、对可持续发展的关注、强调对人权和多样性的关注。

7. 社会责任国家标准

2015 年 6 月 2 日，国家质检总局和国家标准委联合发布了社会责任系列国

---

① 帕博迪埃，卡伦. 商务伦理学［M］. 周岩，译. 上海：复旦大学出版社，2018：421.
② ISO 26000 SOCIAL RESPONSIBILITY.［EB/OL］.［2019-09-14］. https://www.iso.org/iso-26000-social-responsibility.html.
③ 李伟阳. ISO 26000 的逻辑：社会责任国际标准深层解读［M］. 北京：经济管理出版社，2011.

家标准。系列标准包括《社会责任指南》《社会责任报告编写指南》《社会责任绩效分类指引》。其中，《社会责任绩效分类指引》为企业组织开展社会责任绩效评价提供规范化的指引，也为组织进一步开发适合自身需要的社会责任绩效指标提供依据。㊀

关于企业社会责任的评价指标有多种体系，知名的有道琼斯可持续发展指数（Dow Jones Sustainability Indices，DJSI）、多米尼道德指数，以及《商业道德》等媒体的评价体系，如《财富》最受尊敬的公司名单㊁。

### 三、企业社会责任战略

战略是为了达到目标而采取的基本取向、方法或计划。为了能够实现履行企业社会责任的目标，企业有必要制定和实施企业社会责任战略。而将企业社会责任提升到战略层面才能有效推进，除了因为其关乎全局，还有一个重要原因是评估难度。这种难度来自两方面：一方面是短期绩效和长期绩效矛盾，从长期看企业社会责任方面的投入必然会带来企业声誉、劳资关系、社会认同度等各方面的提升，但是从短期来看，这种投入回报未必显著；另一方面，企业社会责任创造的价值本身很难像利润一样去计算，并按照科学的体系建立一套激励机制。

国际商学领域备受推崇的战略管理专家、哈佛大学教授迈克尔·波特（Michael Porter）等通过在企业社会责任战略方面的研究㊂，指出：公益活动之所以未能解放企业生产力，是因为这些企业犯了两类错误：第一类错误是它们把企业与社会对立起来看待，而这两者事实上是相互依存的；第二类错误是它们只是泛泛而谈公益慈善，从未将其与企业自身的战略需求相结合。波特进一步指出，成功的企业离不开和谐的社会，反之亦然，两者之间如唇齿相依，企业只有找到与社会共同发展的契合点，才能踏上通往可持续发展之路。

迈克尔·波特在《战略与社会：竞争优势与企业社会责任的联系》中将企业社会责任分为两类：一类是反应型；另一类是战略型。反应型社会责任是企

---

㊀ 郝琴. 社会责任国家标准解读 [M]. 北京：中国经济出版社，2015.

㊁ Fortune, "The world's most admired companies": https://fortune.com/worlds-most-admired-companies/.

㊂ KRAMER M P. Strategy and society: The link between competitive advantage and corporate social responsibility [J]. Harvard Business Review. 2016, 12: 76-93.

业应对一般性社会责任议题以及价值链负面影响社会责任议题所开展的社会责任管理和实践活动。而战略性企业社会责任所开展的社会责任管理和实践活动是企业主动应对价值链积极影响社会责任议题的战略性行为。企业通过开展战略性社会责任,不仅能够将价值链活动改变成既有利于社会又加强企业战略的社会责任活动,而且也通过运营能力改进了竞争环境,从而创造了企业和社会的共享价值。

钱德勒和沃瑟提出了战略性企业社会责任的概念,即战略性企业社会责任"将一个整体的企业社会责任视角与一个企业的战略计划和核心业务相结合,从而使企业能够从中期到长期在一个宽泛的利益相关方组合中创造最大的经济和社会价值"。[一]

所谓战略性企业社会责任,就是假定企业"做好事"不仅有利于自身,还有利于社会。根据战略性企业社会责任的观点,企业之所以关心他们的利益相关者,完全是因为管理者们认为这才是公司的最大利益诉求。[二]例如,Parsa对餐饮业中消费者对于企业社会和环境责任实践的意识和回应进行了研究,得出结论:对于那些展现出更高水平企业社会责任实践的企业而言,消费者展现出更加积极的回应,尽管许多消费者并不知道他们所光顾的这些企业所开展的社会责任实践程度如何。当光顾对环境和社会负责任的企业时,多数消费者愿意承受温和的价格上涨。[三]

## 四、社会责任信息披露

### 1. 企业社会责任披露机制

西方国家的企业社会责任披露机制由来已久。20世纪30年代产生的强制信息披露主张以政府干预的力量规范上市公司的信息披露。相对这种模式,自愿性信息披露是公司管理层主动提供相关信息。

20世纪60年代,企业社会责任报告就已经在美国大量出现。法国、英国也

---

[一] WERTHER JR W B, CHANDLER D. Strategic corporate social responsibility as global brand insurance [J]. Business Horizons, 2005, 48 (4): 317-324.

[二] GOODPASTER K E. Business ethics and stakeholder analysis [J]. Business ethics quarterly, 1991: 53-73. In Rae S, Wong K L. Beyond integrity: A Judeo-Christian approach to business ethics [M]. New York: Harper Collins, 2009: 246-254.

[三] PARSA H G, LORD K R, PUTREVU S, et al. Corporate social and environmental responsibility in services: will consumers pay for it? [J]. Journal of retailing and consumer services, 2015, 22: 250-260.

都在 70 年代要求企业披露有关社会责任信息。1982 年,《联合国跨国公司行为准则草案》发布,提出了建立跨国公司社会责任会计信息披露制度的建议。我国财政部也在 1995 年公布的国有企业经济效益指标体系中,包含了"社会贡献率"和"社会积累率"等评价企业社会责任效益的指标。

对于上市公司的企业社会责任信息,我国在《公司法》《证券法》《上市公司治理准则》《上市公司信息披露管理办法》等法律法规中有相关规定。一些非上市公司也会通过官网等渠道以发布社会责任报告等方式披露。

在上市公司的环境信息披露方面,环保部会同证监会推动了上市公司及其子公司在年度报告中披露环境信息,并在 2020 年前分三步建立强制性信息披露制度。

第一步是 2017 年起,列入环保部重点排放企业名单的上市公司强制性披露环境信息;

第二步是借鉴香港经验,2018 年实行"半强制"环境信息披露,即企业不披露相关信息须解释为何不披露;

第三步是到 2020 年,所有上市公司强制披露环境信息。

### 2. 企业社会责任报告

(1)编制标准

从广义上讲,企业所发布的所有非财务报告可以统称为企业社会责任报告。根据世界上最著名的企业非财务报告的在线目录网站 CorporateRegister.com 上的统计方法,所有报告可被划分为:环境报告、环境健康安全报告、环境健康安全与社会(社区)报告、企业责任报告、可持续发展报告、环境社会报告、慈善报告、社会(社区)报告以及其他共九种类型。但一般来说,可以将非财务报告划分为综合性报告或单项报告,其中综合性报告主要包括可持续发展报告、企业公民报告、企业社会责任报告、环境健康安全报告等,而单项报告中最为重要的是企业环境报告。

通常说的企业社会责任报告是狭义的,指企业履行社会责任的综合反映。也就是企业就其经济活动及整体产生的经济、社会和环境影响情况,与利益相关者沟通的过程。

全球报告倡议、社会责任 SA 8000、责任 1000(AA 1000)、可持续管理整合指南是当今世界最具代表性的四种社会责任报告模式[⊖]。

---

⊖ 万幸,邱之光. 中国企业社会责任报告研究综述[J]. 生产力研究,2011(7):200-201,208.

1）全球报告倡议（Global Reporting Initiative，GRI）的目标是编制一套可信并可靠的，供全球共享的可持续发展报告框架。供任何规模、行业及地区的组织使用，以便组织能够像会计准则一样清晰而公开地披露其经济、社会和环境影响。其目标指向经济绩效、社会绩效和环境绩效三个方面。

2）SA 8000 标准是社会责任国际组织（Social Accountability International，SAI）公布的一个全球性的、可供认证的、主要用于解决工作场所诸多问题的审核和保证的通用标准。SA 8000 标准包含了国际劳工组织（IL0）公约、联合国儿童权利公约及世界人权宣言中所有关于劳工权利的核心内容。

3）AA l000 是为了取得社会和伦理的会计、审计及报告制度之间的平衡而制定的责任标准，主要目的在于帮助企业增进与利益相关者的关系，改善企业社会责任和伦理的会计、审计、报告的质量。AA 1000 标准侧重于过程。

4）可持续管理整合指南（Sustainability Integrated Guidelines for Management，SIGMA）的核心理念是"整合"，SIGMA 在鼓励各个组织在其内部整合可持续发展问题的同时，也整合了社会、环境和经济问题。最终，SIGMA 成了许多社会责任倡议（如联合国全球契约、里约热内卢环境与发展宣言、沙利文原则、联合国和国际劳工组织公约等）的综合体。

目前国内企业社会责任编制中广泛使用的是 GRI 的框架。2016 年 10 月份，GRI 公布了更新版本的可持续发展报告架构 GRI Standards[一]，并已于 2018 年 7 月 1 日取代 G4 指南，成为全世界 CSR 报告的新标准。提供报告原则、标准披露和实施手册，可以为各种规模、各类行业、各个地点的机构编制企业社会责任报告提供参照。

2006 年 3 月，我国国家电网公司首次发布了 2005 年度企业社会责任报告，这是我国中央企业对外正式发布的第一份社会责任报告。随后，中石油、中国平安、宝钢股份等公司陆续发布了基于 GRI 相关框架的社会责任报告或可持续发展报告。

2008 年 4 月，中国工业经济联合会等 11 个工业行业协会联合发布了《中国工业企业及工业协会社会责任指南》[二]，这是我国发布的第一个企业社会责任报告指南。其主要内容包括公开陈述、科学发展、保护环境、节约资源、安全保障、以人为本、相关利益和社会公益等，共有 28 个方面的 80 项。

---

[一] GRI. https：//www. globalreporting. org/.

[二] 中国工业企业及工业协会社会责任指南（第 2 版）[EB/OL].[2019-08-14]. http：//images. mofcom. gov. cn/csr/accessory/201008/1281064433802. pdf.

2015 年，国家质检总局和国家标准委发布了社会责任系列国家标准，发布了《社会责任报告编写指南》，指南是我国在 ISO 2600 基础上进行修改采用的，成为社会责任报告信息披露领域的第一个国家标准。表 2-1 提供了一个根据国家标准编制的社会责任报告收集资料清单。但该标准为指引型标准，并未强制推广。

**表 2-1　社会责任报告收集资料清单**

| 总体要求 | | 资料的形式包括：文字、图片、数据；时间以报告年度为主，个别可以追溯到之前的年份 |
|---|---|---|
| 注意事项 | | （1）行文中可以体现媒体及公众的评价和看法<br>（2）编写每一部分内容时按照制度建设—年度目标—执行情况—存在问题—改进措施—下一年度目标的结构组织 |
| 资料名称 | | 说　明 |
| 领导层致辞 | | 组织的领导层致辞，主要是体现组织高层对社会责任的态度和承诺。可以采用多种形式，既可以是一篇短文，也可以采用一问一答的方式 |
| 组织基本信息 | 企业总体概况 | 企业成立时间、所属行业、规模、总部位置、员工人数等基本情况概况 |
| | 企业发展历程 | 企业发展过程及标志性的阶段、事件、产品 |
| | 企业业务范围 | 企业所涉及的业务、地域、组成、主要品牌等 |
| | 企业经营绩效 | 企业创造的经济利益 |
| 社会责任管理/组织治理 | 价值观及战略 | 组织愿景、使命、价值观；社会责任战略规划 |
| | | 参与或支持的外界发起的经济、环境、社会公约、原则或其他倡议 |
| | 社会责任管理机制 | 组织架构；各部门工作职责 |
| | | 组织内部与社会责任有关的制度 |
| | | 加入的有关协会（如行业协会）、国家或国际性倡议机构 |
| | 利益相关方管理 | 利益相关方有哪些 |
| | | 利益相关方的关键关切点 |
| | | 沟通方式及成效 |
| | 社会责任议题 | 组织重要议题的识别和确定 |
| | 荣誉 | 组织所获得的与社会责任有关的各种荣誉，包括：安全生产、环境保护、员工权益、公益慈善、创新等 |

（续）

| 资料名称 | | 说　明 |
|---|---|---|
| 消费者 | 产品/服务安全 | 确保产品/服务安全的制度、措施、成效 |
| | 产品/服务信息 | 提供真实公正的产品/服务信息，包括标识、成分、使用日期等，相关的制度、措施、成效 |
| | 产品/服务创新 | 创新的制度、措施、成效 |
| | 消费者需求和投诉处理机制 | 相关制度、措施、成效 |
| | 消费者信息保护 | 相关制度、措施、成效 |
| 环境 | 环境保护总体情况 | 总体投资、支出、成效 |
| | 污染预防 | 污染源识别；预防目标、措施和成效 |
| | 资源可持续利用 | 提高资源使用效率和循环利用的方法或技术；相关管理制度或措施；取得的成效 |
| | 温室气体减排 | 组织排放的温室气体识别；减排目标、措施和成效 |
| | 生物多样性和自然栖息地保护及恢复 | 组织对生物多样性、自然栖息地的影响；保护目标、措施和成效 |
| 员工 | 员工总体情况 | 企业员工人数、构成等 |
| | 员工权益 | 员工劳动合同、工资、工时、不受歧视、参与企业决策、职代会、工会等方面的制度、措施、成效 |
| | 员工安全 | 员工职业健康安全制度、措施、成效 |
| | 员工发展 | 员工培训、职业发展规划等方面的制度、措施、成效 |
| | 关爱员工 | 文化活动、员工帮助、工作与生活的平衡等方面的制度、措施、成效、事件 |
| 组织运行 | 反腐败 | 领导关于反腐败的承诺或态度；反腐败的制度、措施、成效 |
| | 公平竞争 | 遵循公平竞争原则、反垄断和反倾销的制度、措施、成效 |
| | 促进其他组织的社会责任 | 如何规范组织的采购行为、如何进行供应商挑选、如何影响供应商履行社会责任等相关制度、措施、成效 |
| | 知识产权 | 尊重和保护知识产权的制度、措施、成效 |
| 社会 | 对社会的贡献 | 包括贡献税收、创造的就业、收入、投资、技术支持、健康投入等 |
| | 慈善公益 | 资助项目、慈善捐助等 |
| 展望 | | 可以进行综述性的展望，也可以按照具体议题逐条进行规划展望 |

（资料来源：《社会责任国家标准解读》第 197 页，中国经济出版社 2015 年 7 月版，根据国家标准和作者郝琴的经验整理而成，用于社会责任报告编制小组收集资料使用）

（2）编制原则

全球报告倡议组织在《可持续发展报告指南》中，将社会责任报告的内容概括为四个原则。

1）实质性原则。即报告所披露的议题和指标，应该能够反映企业、机构对经济环境和社会的重大影响。

2）利益相关方参与原则。利益相关方参与是企业社会责任的核心要素，通过参与，企业可以更好地认识其对社会、经济和环境的影响，以及企业社会责任绩效上存在的问题。

3）可持续发展原则。即报告要显示出企业在整体可持续发展中的绩效，体现于更广泛的可持续背景有关的绩效。

4）完整性原则。报告所涉及的实质性议题、指标和定义应足以反映对经济、环境和社会的重大影响，并能够使利益相关方评估报告期限内报告机构的真实绩效。

（3）报告结构

一份完整的企业社会责任报告包括六大主体部分。

1）报告前言：披露报告规范、高管致辞、企业概况（含企业治理）、关键绩效表等内容。

2）责任管理：披露企业社会责任管理现状，包括社会责任治理、社会责任推进、社会责任沟通以及守法合规等方面的管理理念、制度、行为和绩效等。

3）市场绩效：披露企业的市场责任绩效，包括股东责任、客户责任、伙伴责任等方面的管理理念、制度、行为和绩效等。

4）社会绩效：披露企业的社会责任绩效，包括政府责任、员工责任、社区参与等方面的管理理念、制度、行为和绩效等。

5）环境绩效：披露企业的环境责任绩效，包括环境管理、节约资源/能源以及降污减排等方面的管理理念、制度、行为和绩效等。

6）报告后记：披露企业对未来社会责任工作的展望、内外部利益相关方对报告的点评、参考指标索引、报告反馈等内容。

（4）报告审验

社会责任报告作为企业披露社会责任履行情况和推进企业伦理建设的重要工具，越来越受到企业和社会重视，发布企业社会责任报告的企业也越来越多，但是如何确保报告的可信度又成了新的问题。

企业社会责任报告的审验，是由独立的审验方使用一套详细制定的原则和标准，经过专业的检测、审核、评估、确认等程序，评价企业社会责任报告的质量和保障企业社会责任绩效的管理体系。○选择外部审验可以在一定程度上解决对企业社会责任报告的信任问题。

目前，已有不少企业将社会责任报告交由第三方机构进行独立审验后再发布，经过专业的检测、审核、评估、确认等程序，并将审验结论也纳入社会责任报告的内容。审验不但可以更好地满足各利益相关方和社会公众对企业社会责任报告的要求，也有助于更客观地了解企业在社会责任绩效上的进步和不足，有助于企业的持续改进。

扩展阅读

### 金融机构撰写企业社会责任报告的一些启示

首先，金融机构的企业社会责任报告必须牢牢把握"实质性"这一原则，将金融机构的主营业务与企业社会责任之间的相互关系清晰地展示出来。

金融机构的社会影响与环境影响有两种形式：一种是直接影响，如金融机构在经营的时候消耗的各种能源；另一种是间接影响，如金融机构提供的资金流入工厂企业后对社会与环境产生的影响。相对来说，金融机构对社会与环境的间接影响要比直接影响大得多，因而是金融机构的报告中需要着重论述的，具有实质意义的部分。具体地说，金融机构需要在报告中陈述以下两个问题。

（1）金融机构如何在业务流程中考虑到社会和环境因素，从而降低金融业务对社会和环境造成的负面影响。好的银行需要在贷款审核的环节中引入社会和环境影响评价，避免支持一些对环境造成较大破坏的项目。

（2）金融机构如何运用金融工具为公众提供优质服务、为社会创造更大福利。这一方面体现了金融服务社群这一理念，同时也帮助金融机构寻求与社会福利共赢的经营模式或新的业务。对于银行来说，小额贷款、碳交易（Carbon Trading）就属于这一范畴。

其次，金融机构的企业社会责任报告需要以人为本，对员工和客户予以足够的重视。金融机构的企业社会责任报告一定要突出人，尤其是员工和客户（或消费者）。关于员工，报告应描述金融机构对员工的培训、关怀，肯定员工为企业所做的巨大贡献。另一方面也应描述企业鼓励员工参与志愿服务的

---

○ 田虹. 企业伦理学［M］. 北京：清华大学出版社，2018：76.

情况。如果企业有关于员工满意度的调查,也可以将相关的数据放到报告中去。

关于客户和消费者,金融机构需要明确陈述企业对客户和消费者的责任以及企业采取何种具体措施为客户和消费者创造价值,满足客户和消费者的需求。其中需要引起金融机构重视的一点是客户和消费者的数据安全问题。金融机构如果能够在社会责任报告中强调企业在信息安全方面所做的努力,就可能赢得客户和消费者的信赖。此外,对于那些直接面向个人客户的金融机构,如社区银行、寿险公司等,则还要在报告中阐述金融机构对社区、公众的关怀活动。

最后,金融机构的企业社会责任报告要尽量用数字说话。对于国内的企业而言,搜集这些数据(尤其是社会影响数据和环境影响数据)还有相当的难度,可能需要几年的时间积累。不过,考虑到数字在报告中的重要作用,还是建议企业逐步建立数据搜集体系,渐进式地将数据放到报告中。

除此以外,金融机构还应当对完整性原则、回应性原则、案例描述等问题予以足够重视。

(资料来源:殷格非,李伟阳. 如何编制企业社会责任报告[M]. 北京:企业管理出版社,2008.)

## 五、企业慈善

### 1. 企业慈善与利益相关者

企业慈善是卡罗尔(Carroll)所定义的企业社会责任的内容之一,而且位于金字塔顶端。但慈善责任和伦理责任不同,它具有增加企业社会影响力和社会资本的可能,但慈善不是义务,一般不会因为企业不做慈善而给利益相关者带来麻烦①。企业的慈善活动情况一般会写到企业社会责任报告中,并与利益相关者沟通。

有研究者选取沪深两市 A 股发布社会责任报告的上市公司为样本,结果表明分析师跟踪能增强企业慈善捐赠意愿和扩大捐赠规模,明星分析师跟踪增强企业捐赠意愿和扩大捐赠规模更为显著。分析师跟踪人数越多,企业越可能利用利益相关者冲突管理,提高企业声誉资本,进而提升企业价值。由此可见,企业面临信息环境的市场风险时,要综合考虑企业、经理人、监管机构、分析

---

① 但这不包括对慈善活动的言论引发的争议。

师、投资者和其他市场参与者之间的互动平衡。○

2. 企业慈善的形式

（1）传统的企业捐赠

企业捐赠是最传统、也是最直接的企业慈善方式。企业可以通过现金、产品、技术、设备设施使用、员工义务服务等方式捐赠，且不附加对受捐者的任何条件。尽管这种捐赠行为可能会对企业因为带来良好声誉或者减税等受益，但其目标是利他主义的。例如，创立于1911年的卡内基基金会的宗旨是"促进相互理解和知识的发展与传播"；创立于1913年的洛克菲勒基金会的宗旨是"促进全人类的共同富裕"；创立于2007年的腾讯公益慈善基金会的宗旨是"致力公益慈善事业，关爱青少年成长，倡导企业公民责任，推动社会和谐进步"；创立于2011年的阿里巴巴公益基金会的宗旨是"营造公益氛围，发展公益事业，促进人与社会、人与自然的可持续发展"。

在美国，企业慈善捐助并不是主流，由于税制的原因，慈善捐款大部分来自于个人，根据美国施惠基金会（Giving USA Foundation）发布的《捐赠美国（Giving USA）》报告○，企业捐赠多年来保持在5%左右。但我国慈善捐赠的第一来源是企业。根据中国慈善联合会发布的《2017年度中国慈善捐助报告》，来自企业的捐赠共计963.34亿元，占64.23%；来自个人的捐赠共计349.17亿元，占23.28%。○

（2）战略捐赠

战略捐赠指企业的捐赠策略与企业战略保持一致。战略捐赠使企业的捐赠从单纯的、分散的企业义务转变为与企业发展目标一致的捐赠活动。

20世纪八九十年代，与利益相关者理论的发展、成熟同步，战略捐赠逐步走进人们的视野，促使企业为自己的利益相关者承担更全面、更深入及更长期的企业责任。根据克雷格·史密斯（Smith）的研究○，美国AT&T公司当时就提出，基金会的慈善活动应该支持经营目标；反过来，经营单位也应该以营销知识、技术援助和员工志愿者等形式来支持慈善活动。这使得企业捐赠与营利

---

○ 徐博韬，王攀娜. 分析师跟踪与企业慈善捐赠［J］. 会计之友，2019（12）：89-93.

○ 美国施惠基金会. https://store.givingusa.org/.

○ 中国慈善联合会. 2017年度中国慈善捐助报告［EB/OL］.（2018-09）［2019-08-14］. http://www.charityalliance.org.cn/u/cms/www/201809/20232201v09l.pdf.

○ SMITH N C. The New Corporate Philanthropy［EB/OL］.（1994-05）［2019-08-14］. https://hbr.org/1994/05/the-new-corporate-philanthropy.

性的关系有了新的发展。史密斯认为，战略性慈善捐赠能提高客户对企业品牌的认知度，提高雇员的生产率，减少研发成本，有助于克服规制障碍，并将带来类似增加利润的好处等。

例如，2003年开始，微软通过和中国教育部合作，开展了教育部—微软（中国）"携手助学"项目，2004年6月又推出了"潜力无限—社区技术培训"项目。㊀微软投入大量资金、设备、人员为公众，尤其是弱势群体实施教育培训，在帮助他们提升计算机应用水平和跨越"数字鸿沟"的同时，也与公司的定位和在发展战略紧密结合，使企业的捐赠策略与企业战略保持一致，并相互促进。

在战略捐赠中，企业将慈善由单纯的利他行为变成企业战略行为，对此也颇有非议，但是，战略捐赠会使企业将自身的发展与社会的发展结合起来，将企业的利益与企业社会责任结合起来，这正是这种慈善方式拥有广阔发展前景的原因。

（3）慈善营销

慈善营销是指企业将慈善活动与产品销售联系在一起，使企业在品牌与社会责任两方面都有增值。慈善营销可以焕发出消费者的道德激情，提升中小股东、员工、供应商、媒体等利益相关者对产品和品牌的好感和认同感。

慈善营销（Cause Marketing）的最典型的代表是美国品牌汤姆斯（TOMS）。麦考斯基在2006年创办了汤姆斯鞋业公司，公司用零售业务形成的资金来支持给缺鞋的孩子捐赠鞋子的计划——买一双鞋子的话，会捐给需要帮助的孩子一双鞋子。仅仅几个月，汤姆斯就成为独一无二的品牌，并在2009年获得美国"卓越企业奖"。如今，这种"买一捐一"的慈善营销模式，也越来越多地出现在人们生活中。

慈善营销不但借助慈善目标扩大了产品的销量，也使消费者通过付出较少的成本和精力实现了表达爱心的需求。已经成为以市场化的方式来推动企业慈善活动和承担社会责任的典型模式。

（4）互联网公益

互联网公益是企业通过互联网技术和互联网平台开展的新兴的慈善活动。"近十年来，互联网公益在中国呈现一种现象级的趋势。以2008年的汶川地震为标志，随着以腾讯、阿里巴巴为代表的互联网企业开始越来越深入公益行业，科技与公益的结合发生了某种化学反应，使得中国的公益生态逐渐激发出一股

---

㊀ 第一财经日报. 微软中国：用商业流程管理CSR［EB/OL］.（2010-11-11）［2019-08-14］. https://www.yicai.com/news/595656.html.

新的力量。在这股力量的推动下，出现了各具特色的互联网公益平台，并将公益机构、企业、公众乃至政府有效连接在一起，推动中国公益呈现出全民参与的蓬勃发展态势。"㊀民政部先后公布了 22 家互联网募捐信息平台，除 6 家基金会、慈善团队以及 1 家媒体外，其余 15 家皆为企业和金融机构，占到了 68%。企业在互联网公益中已经占据了绝对主导的地位。

国内比较典型的互联网公益产品有阿里巴巴的"蚂蚁森林""蚂蚁庄园""公益宝贝"、新浪的"微公益"等，以及具有鲜明移动互联网时代特征的腾讯"一起捐""益行家（运动捐步）"、滴滴的"爱心历程"等。2019 年，"蚂蚁森林"获得了联合国最高环保荣誉——"地球卫士奖"。大数据、人工智能、增强现实、区块链等新兴的信息技术，也在进一步丰富互联网公益的实现场景，不断催生出新的互联网公益产品，例如一个基于以太坊的捐赠平台 Givethy 已经受到海外公益界的广泛关注。Givethy 平台完全建立在以太坊的智能合约系统之上，用户几乎能够实时监控钱款的使用，大大改变了钱物信息公开的方式。

**扩展阅读**

### 阿里巴巴的互联网公益

随着近几年的发展，阿里巴巴不仅在简单做公益，更是在用互联网、用平台、用技术的方式，让公益变得更便捷。

在支付宝中的蚂蚁森林以及蚂蚁庄园就是非常典型的案例。支付宝里每天有大量的人通过互联网记录自己的绿色行为，并种成了一棵棵虚拟的树种，阿里巴巴把这棵树种到了荒漠。5 亿用户在荒漠化地区种下 1 亿棵真树，总面积近 140 亿亩；而在蚂蚁庄园中，则通过对虚拟宠物进行圈养，来进行公益项目的参与，集合大家的力量，来帮助孩子们实现自己的梦想。

目前，阿里巴巴公益和支付宝公益两大平台平均单笔捐赠额只有 0.13 元，通过公益宝贝实现的捐赠，单笔捐赠最低只有 2 分钱，而 2019 财年却为公益机构筹款达 12.7 亿元。

在阿里巴巴经济体各个业务单元中，公益也都随处可见，蚂蚁森林、饿了么可以吃的筷子、高德绿色星球、菜鸟环保算法、闲鱼绿色回收等一系列现象级的公益项目被不断孵化出来。

阿里巴巴集团合伙人、阿里巴巴公益基金会理事长孙利军表示"阿里巴巴

---

㊀ 陈一舟，等. 中国互联网公益［M］. 北京：中国人民大学出版社，2019：14.

是公益最大的受益者。"在孙利军看来，阿里巴巴走过了20个年头，也因公益而变得越来越强大，越来越有力量。公益文化是阿里巴巴最独到、最值得对外去分享的一种文化。

（来源：蓝科技网"怎样做一个合格的企业公民？"）

【复习题】

1. 下列选项哪些不是产生"企业非道德性神话"的主要原因（　　）？

A. 公司的组织观点　　　　　　　B. 伦理等同于法律

C. 在商言商　　　　　　　　　　D. 社会达尔文主义

2. 客户作为企业主要的利益相关方，其个人信息属于消费者隐私受到法律保护，但是个别预订机票、酒店的公司以"大数据杀熟"，对客户实施"价格歧视"，这属于（　　）。

A. 泄露客户隐私　　　　　　　　B. 滥用客户隐私

C. 售卖客户隐私　　　　　　　　D. 干扰市场秩序

3. 下列选项哪些不是企业社会责任的框架和规范（　　）？

A. 企业社会责任金字塔　　　　　B. 伯尔尼公约

C. 三重底线原则　　　　　　　　D. ISO 26000

# 第三章
## 职业伦理

**【本章要点】**

1. 了解职业伦理的发展过程；
2. 了解职业伦理的道德内涵；
3. 了解金融相关行业的职业伦理；
4. 掌握金融行业的职业伦理要求。

**【导入案例】**

### 饮料公司员工偷窃和售卖商业秘密

2006年7月，据香港《大公报》报道：美国可口可乐总公司一名行政助理，涉嫌串通另外两人，偷取可口可乐一种新饮品的样本及机密文件，企图出售给百事可乐。百事可乐收到消息后立刻联络可口可乐公司和联邦调查局。联邦调查局拘捕三人，控以诈骗、偷窃和售卖商业秘密。这3人中，41岁的何亚·威廉斯是可口可乐公司执行行政助理，日常协助一名高级经理工作。

司法部的声明透露，百事可乐于5月时收到署名"德克"的人发出的一封信。"德克"自称是可口可乐高层，可以向百事可乐提供"非常详细和机密"的资料。百事可乐把该封信交出，联邦调查局随即展开调查。很快，联邦调查局于7月5日拘捕了三人。

"德克"先是向伪装成百事可乐公司人员的联邦调查局探员提供了14页可口可乐公司的文件，上面标有机密和秘密字样，为此开价1万美元。随后，"德克"又提供了一些其他文件，而经过可口可乐公司证实，那些文件属于高度商业机密。根据检察人员提供的材料，"德克"还同意以7.5万美元的价格向购买者提供可口可乐公司新产品样品。6月27日，伪装的探员提出以150万美元从

"德克"手中购买一些秘密。检察人员说,同一天,迪姆森和杜汉尼名下开设了两个账户,地址是杜汉尼住宅地址。监控录像显示,威廉斯在可口可乐总部她所在部门翻阅大量资料查找文件,并把那些文件装到自己的包中。她还被发现拿着一个带白色商标的饮料瓶,并装入自己的私人包中。

调查发现,"德克"就是迪姆森,而他的机密文件来自威廉斯,而威廉斯则是可口可乐总公司一名高级经理的行政助理。公司的监控也拍摄到,威廉斯在办公室翻阅多个档案寻找文件,并把有用的文件塞进公文包内。她同时把印有白色标签,疑似为一款新可口可乐产品样本的罐子放入自己的袋内。可口可乐随后发表声明证实,"德克"提供的数据都是机密文件,而那罐饮品也确实是公司发展的新产品样本。

可口可乐公司在保密方面是出了名地严谨,可口可乐配方已保密长达一百多年。同时可口可乐与百事可乐在饮料市场上的竞争激烈,向来是水火不容。百事可乐公共关系高级副总裁多林表示,"我们只做了任何负责任公司应该做的事,竞争是激烈的,但我们必须保持公平与合法"。

可口可乐则对百事可乐的举报和协助表示感谢。可口可乐首席执行官内维尔在一份写给公司员工的备忘录中说:"很不幸,今天被捕的人中包括本公司一名职员。公司对员工的信任被打破,我们都难以接受,但是这也突显我们在保护商业机密上要负的责任,这些信息是公司的命脉。"

(来源:百事可乐帮可口可乐抓"内贼"[J] 质量探索,2006:8.)

案例讨论分析:

1. 你认为引例中暴露出那些问题?
2. 你认为百事可乐做的对不对?
3. 从这个案例中,可口可乐公司应该吸取哪些教训?

职业是一种非常重要的社会关系,随着社会经济的发展,劳动分工逐渐细化,职业变得更为多样化。而且随着科学技术的进步,不断有新型职业出现,另一些传统职业被现代经济所淘汰。职业本身的变动,对职业道德以及建立在其上的职业伦理不断提出新的要求。职业伦理既要适应职业本身的要求,又要与社会、经济乃至科学技术发展水平相适应。

因此,职业伦理不但是现代社会伦理的重要组成部分,也是各行各业现实工作中所要遵循和追求的基本目标。金融是一个相对较晚才发展起来的领域,但是它对全世界各个国家的经济发展都起到了巨大的作用。金融是对职业伦理和综合素养有较高要求的行业,并且与其相对较高收入有关。对在伦理上有如此高要求的从业人员许以高薪,既反映了从事这种信托关系服务的价值,也是一种隐性的社会服务契约。这种隐性的契约是：作为对自己在工作上享有高度控制权的回报，职业人士必须保证，在有利益冲突的时候，他们将首先选择利用自己的知识造福社会[1]。

职业伦理规范是人们调整职业活动中各种利益关系的具体行为准则，它是在职业伦理原则指导下形成的，体现了职业活动中的具体道德要求。本章主要分为四节：第一节将对职业伦理进行历史考察、特征考察；第二节介绍职业伦理的道德内涵、道德原则、道德范围；第三节是职业伦理的特点，包括职业责任、职业义务、职业素养、职业伦理的评价等内容；第四节专题讨论较为突出的商业贿赂这一职业伦理问题及其治理原则。

## 第一节 职业伦理概述

职业伦理（Professional Ethics）是指特定职业者基于职业需要和职业逻辑，应当遵循的行为准则。狭义地看，职业伦理就是每一个特定职业从业者所应当遵守的伦理规范。广义地看，职业伦理涉及人们在职业活动领域中的一切道德关系和道德现象，这些道德关系和道德现象都应该以职业道德作为基准进行评判。

道德是社会关系的产物，是人们经济生活和其他社会生活要求的反映，是调节人与人之间、人与社会之间、人与自然之间关系的价值观念和行为规范的总和。《公民道德建设实施纲要》就指出："社会主义道德建设是发展先进文化的重要内容。"[2]而职业道德，就是道德在职业领域、职业范畴和职业场景中的一种具体应用。职业道德对于职业人员的约束和引导，主要通过各行各业的职业道德原则和职业道德规范予以实现。因此，职业道德原则和职业道德规范作为主体，构成了职业道德的核心内容，进而成为职业伦理的基础。

### 一、职业伦理的历史考察

1. 职业的诞生

各种职业出现的过程，也是劳动分工的过程。按照经济学之父亚当·斯密的观点，这些劳动分工与经济增长、社会进步相互适应，紧密联系在一起。劳

---

[1] 本力. 金融业为什么收入这么高？[N]. 21世纪经济报道，2019-01-21（1）.
[2] 《中共中央关于印发〈公民道德建设实施纲要〉的通知》，中发〔2001〕15号，2001年10月24日.

动分工突出了人作为活动主体的意义,在客观上推动了经济发展。同时,经济发展也对劳动生产率提出更高的要求,只有更精细的劳动分工才能满足这个目标。传统社会中非职业的普通工作,在现代社会中也逐渐演变为职业。而且,各种新兴职业也不断涌现出来。

科学技术革命深化生产的专业化,同时也在改造劳动条件和劳动环境,决定每一种专业活动的专门任务。任务越来越精细,就需要职业职责具体化,同时对于职业职责的职业伦理要求也会具体化,这就会产生出实现专门职业道德目标的体系,这就是职业伦理。

2. 职业的发展

(1) 现代公司的发展历史

现代公司的历史起源可以追溯到 17 世纪。当时由英国人和荷兰人发起的航海探险,创办了最早的股份公司,即东印度公司。1807 年,《法国商法典》第一次对股份有限公司作了完备、系统的规定。

有了股份公司这种组织形式以后,参与公司的个人职业要求和职业伦理就变得清晰起来。公司运作必须在有关法律规制之下进行。公司的股东对公司拥有所有权,他们委托经理人进行公司日常的经营管理。经理人要对全体股东负责。如果经理人和员工不占有股份,那么并不拥有公司的所有权。这就是现代股份有限公司模式下,所有相关者所面临的职业关系。每个人也都根据各自的职业关系,遵循不同的职业伦理。

(2) 现代银行的发展历史

早在文艺复兴时期,商业经济活动中便有替顾客管理金钱的服务,这种管理金钱业务即为私人银行业务的雏形。自意大利 1407 年在威尼斯成立的银行之后,荷兰阿姆斯特丹、德国汉堡、英国伦敦也都相继设立了银行。18 世纪末至 19 世纪初,银行这种金融服务在欧洲得到了快速普及。

最初,银行的主要业务是兑换货币,主要是为从事国际贸易的商人兑换货币。后来,银行的工作逐步发展到为商人保管货币,收付现金、办理结算和汇款,但不支付利息,只是收取保管费和手续费。随着工商业的发展,银行的业务进一步发展,他们手中聚集了大量资金,可以从事贷款和收取利息的服务。

早期的商业银行以办理工商企业存款、短期抵押贷款和贴现等为主要业务。到了 17 世纪下半叶,欧洲各国在商业银行的基础上,又相继设立了中央银行,协调管理货币的发行。最早中央银行是 1656 年成立的瑞典银行,1668 年瑞典政府将此银行改为国家银行。1694 年成立的英格兰银行,是近代中央银行的典范。到了现代社会,银行也必须顺应社会发展,拓展经营富裕家庭和个体的财富管理业务。

目前，银行的业务已扩展到证券投资、黄金买卖、中长期贷款、租赁、信托、保险、咨询、信息服务等各个方面。同时，银行结构也已经变得非常繁杂。不同银行、不同工作岗位的员工有不同的职业责任，同时也必须遵循不同的职业道德。

(3) 现代保险业的发展历史

保险业从萌芽时期的互助形式，逐渐发展成为冒险借贷，发展到海上保险合约，发展到海上保险、火灾保险、人寿保险和其他保险，并逐渐发展成为现代保险，经历了一段漫长的演变过程。

17 世纪，欧洲文艺复兴后，英国资本主义有了较大发展，经过大规模殖民掠夺，英国日益发展成为占世界贸易和航运业垄断优势的大英帝国，为英国商人开展世界性的海上保险业务提供了条件，保险经纪人制度也随之产生。

现行火灾保险制度也起源于英国。1666 年 9 月，伦敦发生巨大火灾，全城被烧毁一半以上，损失约 1200 万英镑，导致 20 万人无家可归。由于这次大火的教训，保险思想逐渐深入人心。1667 年，牙科医生尼古拉·巴蓬（Nicholas Barbon）在伦敦开办个人保险，经营房屋火灾保险，出现了第一家专营房屋火灾保险的商行。此后，火灾保险公司逐渐增多，1861～1911 年，英国登记在册的火灾保险公司达到五百多家。1909 年，英国政府以法律的形式对火灾保险进行制约和监督，促进了火灾保险业务的正常发展。

保险业发展到今天，针对人民的日常生活需要，已经开发出更多类型、更有针对性的保险品种。保险涉及的职业领域在不断变化，也对保险从业人员的职业要求和职业伦理不断提出新的要求。

3. 职业伦理的诞生

专门道德要求对劳动的人道主义目的和所承担的道德责任作出详尽的规定，媒体或者社会舆论也越来越愿意诉诸伦理学。越来越多的职业行为，由于复杂和充满特殊性，都需要规范地从伦理角度进行分析和论证。由此，职业伦理逐渐进入日常生活，为人们所知。这种趋势促使职业伦理的研究日趋成熟，也逐渐成为所有人看待职业问题的基本共识。

(1) 职业伦理的社会意义

职业伦理是一种社会规范。对于职业生活来说，不同职业组织所规定的义务往往差别很大，教授、商人、士兵、文员都各自履行自己的职业，其规范性的要求不仅不同，甚至有些是对立的。职业伦理与公民道德不同，它既不同于家庭的逻辑，亦不同于国家的逻辑，而必须有群体组织的保护。它必须诉诸一种集体的权威，而这种权威也不可归为个人的特殊意志，只能来自于功能性的职业规范的要求，以及共同生活的集体情感和价值基础。

职业道德原则是人们在职业活动中处理各种利益关系时应遵守的道德准则。职业道德原则如果要指导人们的职业行为，必须展开为具体的规范要求，即职业伦理规范。因此，职业道德原则体现了职业活动中的道德要求，是评价人们职业道德行为是非善恶的道德标准。在实际职业活动中，职业道德原则必须展开为职业伦理规范，才可以用来直接、具体地指导和评价人们的职业道德行为，因而它是职业伦理规范体系的道德基础。

职业道德范畴是指那些反映职业道德的主要特征，体现一定社会对职业道德的根本要求，并成为职业人员普遍的内心信念，而内在地影响其行为的基本概念，如职业义务、职业良心、职业荣誉、职业幸福等。对于每一个职业人员来说，职业道德原则和职业道德规范毕竟是外在的制约，它们要真正切实有效地发挥作用，必须要经过职业人员的认识、认同、内化，成为主体的道德意识和内心信念，从而将外在的制约变成内在的要求，自觉地按照职业道德原则和规范去选择、评价和调整自己的职业行为。

反之，如果不能在人们的内心形成这些道德信念，职业道德原则和职业道德规范这些外在的行为准则就会流于空洞的说教，很难真正发挥其作用。因此，职业道德范畴是职业道德原则和职业道德规范发挥作用的必要条件。但是，职业道德范畴是受职业道德原则和职业道德规范制约的，离开了职业道德原则和职业道德规范，职业道德范畴就会流于一般的思维形式而失去其具体的、历史的特定内涵。

（2）职业伦理的发展意义

微观地看，职业伦理对于一个社会的发展具有重要意义。而宏观地看，职业伦理更是在近代国家的发展中起到了重要作用。

与达尔文的《物种起源》及约翰·密尔（John Stuart Mill）的《论自由》并列为1859年欧洲三大巨著之一的《自助论》就是一个典型。该书作者塞缪尔·斯迈尔斯（Samuel Smiles）以许多真实的故事，来教导年轻人如何勤奋地自我修养、自我磨炼和自律，以诚实、正直的态度，认真地履行职责而获得幸福生活。他的职业伦理思想结合了维多利亚时代的道德观及自由市场的概念，很有说服力地呈现出节俭、努力工作、教育、坚持不懈，以及合理的道德观特质。

明治维新时期，中村正直翻译了斯迈尔斯经典著作《自助论》，该书在日本狂销百万册。后来日本文化界对中村正直给予了高度的评价，认为如果说福泽谕吉使明治青年看到了智的世界，那么中村正直则让人们看到了德的世界，两者是同等重要的。这恰逢其时地对当时日本中等阶层的职业伦理带来深刻的促进作用。

西方学界也对职业伦理在日本现代化进程中产生的影响给予了高度的评价。塞缪尔·亨廷顿（Samuel Huntington）在《文化的重要作用——价值观如何影响人类进步》一书中这样评价这种价值观教育的作用，"在一个没有正规的宗教教育和礼仪的国家里，学校成了道德品质和伦理教育的殿堂"，"有了这样的职业道德，所谓的日本经济奇迹才成为可能。要认真理解日本的成就，就必须看到这种由文化因素所决定的人力资本"。[一]

## 二、职业伦理的特征考察

1. 职业伦理的一般特征

现代的职业伦理，主要是处理现代企业中人与人之间的职业道德关系。所以，职业伦理一方面根植于职业共同体，另一方面它也是由个人的道德原则所决定。一般而言，职业伦理主要是道德层面上的关系，但由于它与职业共同体有关，有时也会涉及各种约定制度以及法律法规关系。总体而言，职业伦理有三个最重要的一般特征。

（1）职业伦理产生并适用于特定群体范围

职业是以群体形式存在的，职业伦理是职业群体的产物，当社会确实形成某个职业时，就会产生或形成属于这个职业的、相应的职业伦理，并借以规范和约束其从业者。职业伦理不是一种普适性伦理，对于非此职业的从业者而言，往往并不适用。因为非此职业的从业者并不会面对某些职业必然会面对的困境，无须施行一些行为，也就无须面对特定职业伦理的约束。

（2）职业伦理的内容有一定的稳定性

职业伦理以职业需要和职业逻辑为根据，所以特定职业的职业伦理有一定的稳定性。职业伦理以独特的职业逻辑而非大众逻辑为根据，以职业特点和需要为基础，因此，它往往"无视"公众意识，甚至有时与社会普遍"共同意识"或情感相冲突。例如，律师的职业责任是为当事人提供法律服务。而很多当事人都是社会普遍认定的"罪大恶极"的罪犯，律师出于职业伦理，仍必须认真努力地为当事人服务。律师的行为可能与社会的普遍情感发生冲突，甚至有"讼棍"之职业污名化，但是从职业伦理来考察，这正是律师应当的工作。

---

[一] 亨廷顿，哈里森. 文化的重要作用：价值观如何影响人类进步［M］. 北京：新华出版社，2013.

(3) 职业伦理以群体的力量保证其实施，或者惩戒

职业伦理只适用于职业共同体内部，也只有共同体内部的人才能充分理解。所以职业伦理主要依赖整个职业共同体的力量来推行，这是职业伦理不同于社会道德的又一个重要方面。例如，一个医生违背职业伦理，向病人收取红包，那么外界可能并没有什么惩戒的办法，只有医生共同体内部施行惩戒。

2. 职业伦理的限定特征

职业关系是一种特殊的伦理关系，职业活动中一切可能涉及伦理的内容，就构成职业伦理的现实内容。探讨职业伦理，就必须深入到职业活动的细节中去。这既是职业伦理基本特征所决定的，也是整个社会职业分工体系逐步演变所决定的。

不同的职业，必定具有不同的伦理要求。例如，医生这个职业，主要工作就是服务病人，解除病人痛苦，帮助病人恢复健康。医生本身需要具备高明的医术，这是职业行为的基本要求。同时，医生这个行业还有比较高的职业伦理要求。医生在尽力救治病人以外，应该体谅病人的痛苦，收取正当合理的报酬，而不能根据病人所给的报酬而决定自己提供医疗服务的水平。按照不同的收费，提供不同水平的服务，这是很多行业的惯例，也符合很多行业的职业伦理。但是在医疗这个行业，以救死扶伤、救助病人为最高目的，无论病人钱多钱少，医生都应该一视同仁，尽自己最大的努力来帮助病人。这就是医生这个行业特定的职业伦理。

职业伦理的内容，从高到低又可分为职业伦理原则和职业伦理规范两部分。职业伦理原则和职业伦理规范都是对人们职业行为的道德要求，都具有规约和指导意义。但职业伦理原则体现的是职业活动中最重要、最基本的道德关系，在职业道德规范体系中是最抽象、最高层次的，具有最普遍的指导性和约束力，统摄了各种具体职业道德规范。各种具体职业伦理规范就是以职业道德原则为中心和内容依据，结合具体的职业活动内容而展开的。例如对待病人一视同仁，这是医疗行业的职业伦理原则。而在具体接触病人时，怎样在制度上保证所有病人都得到同等的重视和治疗，这就属于职业伦理规范。

又如，对于企业经营者而言，职业行为必须遵守《公司法》，在此基础上争取更多利润，保障股东的权益。但是企业经营者也需要遵守职业伦理，需要考虑企业的公众形象和社会责任。有时候，企业的社会责任与公司经营业绩直接相关，会在年报中予以体现。但另一些时候，企业的社会责任并不一定能够反映在公司的报表之中。这就要求企业经营者对此进行权衡，根据职业伦理分析企业本身的盈利目标与社会责任之间的关系。

职业从业者所受到的职业伦理约束，既与职业本身有关，也与这个职业所处的社会环境有关。如对一个大企业而言，会被更多人关注和监督，企业经营者所受到的职业伦理约束就比较大。而小企业经营者，可能相对拥有更多的自由。但是企业的规模、企业所处的环境也都处于动态变化之中。所以，职业伦理有其限定性，必须置于特定的社会环境下予以考察。

### 三、职业伦理的输入机制

1. 职业伦理教育的理论基础

根据科尔伯格道德认知发展模型（Kohlberg's Model of Cognitive Development，CMD），在类似的伦理情境下，不同的人作出的决策不同，因为他们处于不同的道德认知发展阶段。科尔伯格模型的六阶段如下。

第一，惩罚与服从阶段。处于科尔伯格模型第一阶段的人认为，对规则和权威的直接服从就是正确的。谁的实际权力大，这一阶段的人就会对这人定义的正确或错误的规则和标签作出响应。例如，有些企业禁止其采购人员接受销售人员的礼物。如果采购人员处于第一阶段，他会把拒绝销售人员的礼物归结为企业准则。当然，采购人员也可能接受礼物，如果他相信不会被抓住，也不会被惩罚。

第二，个人工具性目的与交换阶段。处于第二阶段的人认为，能满足自己需要的就是正确的。这一阶段的人不再仅仅依赖具体规则或权威人物来作道德决策，而是看某行为对他是否公平。例如，处于第二阶段的销售代表第一次到国外做生意，按照习俗可能要给客户"礼物"，虽然送礼在美国有违企业政策，但销售人员会觉得，有些适用于美国的企业规则到了国外就未必适用了。有些人把第二阶段称作互惠阶段，从现实的角度看，伦理决策是基于"你对我好，我对你也好"这样的约定，而不是忠诚、感恩、公正的原则。

第三，互惠人际关系与一致阶段。处于第三阶段的人更在乎他人而非自己的利益，虽然伦理动力还是来自对规则的服从。在决定是否服从命令时，有些高级管理人员考虑的不仅是他自己的福利，还会设身处地从员工的角度思考。这样，第三阶段区别于第二阶段的地方在于，对他人是否公平成为自己的伦理动力之一。

第四，社会体制、良心维持阶段。处于第四阶段的人，会考虑他对社会而不是对某个具体的人的责任。责任、尊重权威、维持社会秩序成为重点。例如，某些经理认为，保护隐私也是履行对社会的责任，因此没有监控员工的谈话。

第五，优先权利、社会契约或效用阶段。这一阶段的人有一种责任感或承诺，认为自己是其他群体社会契约的一部分，认识到某些情况下法律与道德观点可能会相互冲突。为了降低冲突，第五阶段的人对所有效用进行理性的计算，然后再作决定。例如，公司总裁或许会考虑建立伦理程序，因为这样能为法律问题提供缓冲。

第六，普适伦理原则阶段。这一阶段的人相信，正确性由普适的伦理原则决定，人人都应遵从。第六阶段的人相信，存在不可剥夺的权利，其本质与结果都具有普适性。这些权利、法律或社会约定是有效的，不是因为某一特定社会法律或习俗，而是基于普适性前提，而公正、平等都被认为是具有普适性的原则。这一阶段的人更关心社会伦理问题，不会依赖企业组织获得伦理指导。

科尔伯格模型的六阶段可以简化为三个不同的伦理关注层次。在第一层次，一个人只关心他自己眼前的利益，即外部奖赏或惩罚；在第二层次，人们认为，正确等价于符合更大社会或某重要参照群体对优良行为的期望；在第三层次，或"原则"层，人们的视线超越了规范、法律、群体或个人的权威。但研究表明，大多数员工发现并解决道德两难问题的能力达不到第三层次。

科尔伯格指出，人们在形成期过后，决策的优先顺序仍会持续改变，时间、教育和阅历都会改变人们的价值观和伦理行为。在企业背景下，个人的道德发展会受到企业文化，尤其是伦理培训的影响。伦理培训与教育被证明能提高经理的道德认知发展分数，所以显得非常重要。正因如此，《财富》1000强公司的大多数雇员如今都会接受某种类型的伦理培训。同时，伦理培训也变成美国《联邦审判指导准则》的一项要求。

2. 职业伦理的教育输入

职业伦理并不是天然就有的。现代西方社会，各个职业都具备比较完善的职业伦理，这与其多年来持续进行职业伦理的教育输入有关。

诺贝尔奖得主、荷兰大气化学家保罗·克鲁岑（Paul Crutzen）于2000年提出，人类活动对地球的影响足以开辟出一个新的地质年代即"人类世"，与过去有根本性的不同。整个社会现在的变化，相比以往要更加迅速、更加深刻。所以在这个时代，职业伦理教育就显得尤为重要。一方面，现在很多职业是全新产生的，过去并不存在，职业者对这些行业的职业伦理并没有很深的认识和感悟；另一方面，现在很多职业的影响力非常巨大，一些违背职业伦理的决策可能导致惊人的损失，职业伦理不再只是影响个别人、个别事的小问题，它可能会导致巨大的社会危害。

20世纪中期以来，以核武器、核电站为代表的核能技术、以计算机为支柱的人工智能和电子信息技术、以基因重组、克隆为标志的生命技术等新兴工程技术的发展，直接关系到人的安全、隐私和人性本身，对传统道德观念产生了巨大的冲击和影响，进一步突出了职业伦理中的技术伦理内涵。

所有这些现代职业伦理问题，都很难通过个人的实践和摸索来逐渐形成。所以现代无论学界还是业界，都已形成共识，职业伦理的输入和培养需要通过教育手段来实现。由于职业伦理具有一般性，所以它可以通过教育来输入；又由于职业伦理具有限定性，在教育过程中必须充分地考虑到它的职业特点。一般而言，职业伦理按照输入、转化、输出的路径对利益相关者信念体系和决策产生影响（见图3-1），从而通过教育达到培养和强化职业伦理的目的。

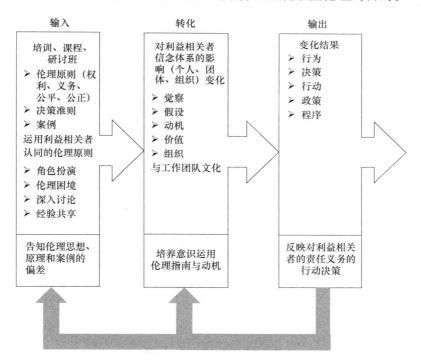

**图 3-1 职业伦理教育对利益相关者信念体系和决策的影响**
（资料来源：约瑟夫·W. 韦斯. 商业伦理——利益相关者分析与问题管理方法.
符彩霞，译. 北京：中国人民大学出版社，2002：62.）

由此可见，职业伦理通过教育途径来输入，这是一个复杂的过程。教育并不是简单的培训，而是需要引入深入讨论、经验共享等反思的环节，促使职业从业者深入思考，切实地体会，从而把职业伦理转变成自己默认的价值观，并在行为表现上加以输出。

### 3. 职业伦理的自我统一

职业是社会职能专业化和个人角色社会化的统一。职业道德是以现实的"责、权、利"的统一为基础而产生的,职业伦理必须体现职业的这些本质,才会在现实中富有意义。对每一个职业人员来说,职业劳动是一种自我肯定、自我发展、自我完善的社会活动。它是谋生手段,也是一种自身完善的追求。伦理学家包尔生认为,"厌恶工作、放荡、酗酒、鲁莽、空虚"的恶习,会使人生最终将在"贫民习艺所和监狱中弄得声名狼藉和毫无羞耻"。[①]逃避职业道德责任的行为在大多数时候也被认为是对自我、家庭和社会的背叛。因而,每个人的职业行为不应是消极被动地接受外在的道德要求,而应是对道德的主动追求。这就要求职业道德原则具有一定的超前性、理想性和崇高性,具有引导人们追求高层次道德价值目标的功能。

随着职位的变迁,随着职业责任变得越来越大,对于职业人员的职业伦理要求也会变得越来越高。从这个角度看,职业伦理既是每位从业者立身处世的现实标准,又是自我完善、全面发展,追求自身道德价值实现的理想要求,两者是完全统一的。对于职业伦理的教育,正是这种重要价值得以统一实现的实施过程。

## 第二节 职业伦理的含义

### 一、职业伦理的道德内涵

#### 1. 职业环境

人类社会中,职业虽然多种多样,各具特色,职业伦理规范也有着鲜明的行业、职业特征。但由于一切职业道德都是人们职业关系和职业活动的产物,都要受当时生产力发展水平、经济基础和社会制度、政治思想、社会价值体系的制约,所以各种职业伦理必然存在共同的规范要求。这种共同的职业伦理规范是由职业伦理原则派生出来的,适用于各行各业,是具有普遍意义的一般性规范,而不是某一特殊职业的特殊规范,它们是职业伦理规范体系的重要内容。

职业伦理规范以"应当"的形式对人们的职业行为予以明确导向,又以"不应当"的形式对人们的不当职业行为予以明确制约。职业道德规范的导向和制约,对于每个职业人员来说,是外在的,而不是出于主体自身的主观要求。

---

[①] 包尔生. 伦理学体系[M]. 何怀宏,廖申白,译. 北京:中国社会科学出版社,1988:531.

因此，职业伦理规范是对职业行为主体的外在规约。

同时，职业伦理又在对个人潜移默化地产生影响。个人在职业环境下受到职业伦理的规范和约束，但在离开职业环境后，个人行为仍然可能受到职业伦理的影响。职业伦理虽然从职业环境出发，但是它的影响力和道德内涵并不局限于职业环境。职业伦理的水平，与社会伦理水平也存在密切的关联。

现代经济学认为，激励塑造人的善行的机制分为内生性偏好与情境依赖型（或结构敏感型）偏好两种。两者之间的主要区别在于，在内生性偏好状况下，激励措施会影响长期学习过程，效果可以长达几十年，乃至终身。偏好的形成取决于同他人的社会交流，尽管中年后会有偏好出现调整可能性，但学习过程在青少年阶段之后会明显减弱。所以，年轻时的职业环境，会对一个人的职业行为产生终身的影响。

2. 职业美德

（1）美德的概念

不管是在东方还是西方，对于伦理问题的思考，从两三千年前就已经开始了。当时的劳动分工并不发达，今天的很多职业当时也并不存在。但这并不妨碍古代学者对于职业伦理问题展开分析和进行深入的思考。例如，儒家学说就以"以仁为业、博施济众""执事敬"等观点诠释了敬业奉献的职业伦理精神。不论是从后果论、美德论还是道义论哪个角度、哪种方法思考伦理问题，都必须设定"善"（Good）以某种形式存在，并且值得社会上所有人去追求。

美德之所以被认为值得赞颂，是因为这是个人通过实践和承诺发展而来的成就。古希腊哲学家亚里士多德列举了忠诚、勇气、机智、集体主义、判断力等社会要求的"卓越"规范。但美国哲学家杜威提醒我们，美德不应被割裂开来看。检视不同美德之间的互动实际上提供了个人正直品格的最佳理念。

（2）美德的实践

实际上，伦理学中的美德理论可被看作指导企业行为的动态理论。美德伦理学家相信，市场经济要取得成功，社会必须有能力造就家庭、学校、教堂、社区等美德得到塑造的处所。这些美德，包括勤劳、自律、诚实、信任、宽容和约束。在基于这些美德的市场经济中，个人有很强的动力去遵循普适的行为规范。有些哲学家认为，美德可能会被市场运行削弱，但美德伦理学家相信，经济制度和其他社会制度保持平衡，并对其他社会制度起到支撑作用。而对企业交易而言，最重要的美德元素就包括信任、自我控制、公平和真诚，与之相反的特性包括谎言、欺骗、欺诈和腐败。

对于企业而言，常见的职业美德可以总结如下。

1）良好的企业伦理程序，鼓励个人美德与正直。
2）根据员工在社区（组织）中的角色，这些美德培养出好人。
3）个人的最终目的是服务社会需求和公共利益并在职业上获得回报。
4）社区健康与个人卓越紧密相连。

在最广泛的意义上，这些概念似乎得到了所有文化的认可。但是在单一文化之内或不同文化之间的具体情境中，问题就出现了。如果一家公司默许腐败，即使那些坚守信任与真诚等美德的员工认为这是不正确的，但其他员工可能会觉得坚守美德的员工合乎伦理，但为了合理化他们自己的行为，他们会争辩说，美德是不可企及的目标。对于美德伦理论者而言，这种相对主义论调是毫无意义的，因为他们相信美德元素具有普适性。职业伦理就属于这种美德伦理。

3. 职业伦理的分析层次

职业伦理的内涵非常丰富，从不同角度去思考，可以得到不同的分析框架。根据乔治．恩德勒的经济伦理理论，经济伦理的内涵问题作为实践应用的最终目的涉及三个层次。在现实中我们根据不同的目标利益和动力可以区分为三个不同的层次：微观、中观和宏观。⊖ 对于职业伦理内涵的分析，也应该从这三个不同层次入手。

（1）微观层次

微观层次，主要是指个人层面。个人层面的职业伦理，也是所有伦理问题的基础。个人在职业环境中，根据职业具体的要求或规范决定自己的行为，同时也在有意或无意地实践职业伦理。

（2）中观层次

中观层次，主要是企业或者组织层面。企业有自己的目标，就是争取最多的利润，让企业的所有者获得更多的收益。但是企业作为一个许多人共同构成的组织，它的目标并不一定总是与每个员工的目标一致。而企业的运作，又离不开所有员工的共同努力协作。在此过程中，职业伦理能够有效地约束每个人的行为，将大家的力量组织起来，最终保证与企业追求的目标相一致。

（3）宏观层次

宏观层次，主要是国家或者社会层面的伦理目标。一个国家有无数的企业，企业与企业之间的关系也多种多样。整个社会的和谐、团结也与各个职业的职

---

⊖ 恩德勒. 面向行动的经济伦理学［M］. 高国希，等译. 上海：上海社会科学院出版社，2002：9-12.

业伦理有关。因此，即使在最高的宏观层面，国家或者社会也必须对于职业伦理投以足够的重视。

4. 职业伦理失范：白领犯罪

白领犯罪（White-collar Crime，WCC）是现在最为常见的职业犯罪，是涉及职业伦理微观层面、中观层面、宏观层面的重点内容。白领犯罪每年造成的金钱和非金钱的损失，比暴力犯罪数年之和还要多，是现代社会一个非常令人关注的问题，所以对宏观层面的职业伦理也有重大影响和典型意义。

白领罪犯一般都受过高等教育，在组织里位高权重，受到信任和尊重，通常为了个人或组织利益而滥用和职位有关的信任与权威。白领犯罪的受害者往往是相信其行为肯定遵循合法经营模式的消费者。企业高管操纵股市、骗税，医生安排手术骗取医疗保险都是非常明显的白领犯罪。

现在白领犯罪往往通过网络，形式非常多样，在世界范围内也日益严重。由于很多企业依赖高科技系统，任何有能力入侵系统的人都可以接触到白领犯罪所必需的高度敏感性信息。所以，白领犯罪原先只是发端于组织高层，现在则在企业的任何层面都可能出现。白领犯罪的数量不断地稳步增长。2012年，消费者因欺诈损失了超过14亿美元。一些常见的白领犯罪包括反垄断违规行为、计算机与互联网欺诈、信用卡欺诈、破产欺诈、卫生保健欺诈、偷税漏税、违反环保法、内幕交易、贿赂回扣、洗钱以及窃取商业机密等，形式正在变得越来越多样化。

白领犯罪甚至时常涉及有名的金融家。美国百利金融集团（Peregrine Financial Group）旗下期货经纪公司首席执行官罗素·华盛道夫觉得自己别无选择，只能通过伪造财务记录维持企业运转，保持自己的生活方式不变。他拥有一名四星厨师、690万美元的人寿保险单、豪客比奇400A型喷气式飞机，以及价值2000万美元的办公楼。华盛道夫因在长达20年的时间内窃取2.155亿美元而被判处50年监禁。

一个人成为白领，需要付出很多努力，最后却又为何会从事白领犯罪？对这个问题有很多种解释。有一种观点认为，组织越轨是白领犯罪的最主要原因。这一视角的拥护者认为，企业是一个有需求的、能呼吸的生命体，它会集体偏离正轨。企业有它自己的生命，独立于生物人，也异于生物人，企业文化超越了占据其位置的个人。随着时间的流逝，行为模式在组织内会变得制度化，这些模式有时会鼓励有违伦理的行为。

白领犯罪的另一个常见原因是受组织内熟人观点和行为的影响。因为员工总是会自我选择跟单位里的哪个人交往，会跟随别人的行动。如果企业中遵守伦理的员工人数很多，那些骑墙者有很大可能会跟着同事走；反之，如果企业中的职业伦理较为糟糕，那么白领员工也更有可能实施白领犯罪。

此外，白领犯罪的发生率在经济衰退的年份会有所上升。在企业削减规模时，紧张的企业环境可能会激怒某些员工，迫使他人出于绝望而犯罪。而且，当业务开始拓展和增长的时候，行骗者可以找到并利用企业程序方面的漏洞去牟利。

最后，同一般犯罪人群一样，有可能某些商界人士的人格里本身就包含有犯罪倾向，或深受自私、冷酷无情、反社会心理的影响。这种状态改变了特定情境下的个人或行为，某些伦理标准他们完全不会遵守。这些人不太可能认为自己所在的组织负有社会责任、对员工信守承诺，或者认可他们的工作。

### 案例3-1

#### 私自下载公司数据属于商业秘密盗窃

谢尔盖·阿列尼科夫（Sergey Aleynikov）是俄罗斯移民，他在2007年5月以年薪40万美元的高薪被高盛录用。他在2009年6月离职高盛前，偷偷下载了高盛集团的自营交易平台数据，留待今后"怀念"之用。随后谢尔盖以三倍于高盛的年薪被一家高频交易创业公司挖走。

2010年2月，高盛以违反了美国《经济间谍法》的规定为名，对其进行指控。同年12月，谢尔盖被判"窃取商业机密"和"赃物运输"两项罪名成立，面临长达8年的监禁和12500美元罚金。

谢尔盖从2011年3月起开始服刑，他同时提出上诉。2012年4月，美国第二巡回法院作出最新裁决，判定谢尔盖的不当行为并不构成商业间谍罪。美国第二巡回法院指出，由于谢尔盖被指控的盗窃源代码行为并没有跨州或者涉及外国机构，所以不构成1996年《经济间谍法》下的刑事犯罪行为，而只是一般的盗窃商业秘密行为。法庭进一步解释，由于源代码并不是能够被用来参与直接交易的实体商品，它"高价值"的本身并不能使它自动划为被盗窃商品的范畴，因此也不受国家盗窃保护法的庇护。

主审法官丹尼斯·贾克布斯（Dennis Jacobs）指出，"高盛集团在保护自身的系统秘密方面已经走得太远。高盛集团依靠这一系统获得巨额利润的基础在于没有其他人获得同样的系统。"

然而，在冗长的诉讼拉锯战中，谢尔盖已经在狱中服刑很长时间，婚姻破裂、财产损失、身败名裂，职业生涯遭到致命打击。不过，法律貌似并不同情谢尔盖。2012年12月18日，国会更改了法律，意在惩罚在未来裁决中类似谢尔盖那样投机取巧的人，这项法律被称为《2012年商业秘密盗窃澄清法案》。这项法律更改也意味着，将来像谢尔盖这样的行为将再无法律空子可钻。

华尔街的金融机构对公司的知识产权有着极为严苛的保护。入职前，员工都会签署保密协议，承诺绝不泄露公司机密。工作时，金融从业者无法登录私人邮箱，所有的邮件都必须通过公司邮箱发送，以便纳入IT部门的监察。一些社交和咨询网站则都一律屏蔽，员工还必须使用公司统一配发的手机进行工作上的联系，当然，他们的工作手机也被纳入公司的监管，通话记录都会被录音备份，同时也无法用其查看私人信件。金融机构甚至不允许员工在自己的电脑上插U盘，所有的文件传输一律通过公司邮箱。因此，凡是员工通过公司邮箱向私人邮箱传输任何机密文件或者机密代码，立刻会被公司获悉。

一些金融公司不仅运用强大的安全条例，还手持"非竞争条约"对员工的另谋高就的择业行为也作出诸多限制。所谓的"非竞争条约"就是规定公司员工在离开公司后的一段时间内（通常为1~2年），不能到华尔街任何一家金融公司从事相类似工作的霸王条款。对于一个金融专业人才来说，离开金融市场时间越长，与市场脱节的程度就越严重，最后重新进入这个行业的可能性就越低。因此，这种非竞争条约在最大程度保护了公司的利益，也是防止公司核心技术外泄的最佳手段。

另外，金融公司通常也不允许夫妻在同一个部门任职，员工的家人不能参加公司项目的竞标，员工和其家属都不能购买公司的股票等。类似规定在源头上堵住了内部资料外泄、内线交易以及各种"肥水不流外人田"的可能性。

（来源：根据新浪财经"离职了别带走公司机密"整理）

案例讨论分析：

1. 你认为这个案例中暴露出哪些问题？
2. 你认为白领犯罪的职业伦理问题主要在哪些方面？
3. 从这个案例中，你认为公司在办理员工离职时应该注意哪些事项？

## 二、职业伦理的道德范围

1. 职业道德的原则

职业伦理的基础是职业道德。而道德不同于法律，两者的作用范围不同，道德的作用范围要比法律大得多。职业伦理作为社会伦理的一部分，也有比较宽泛的作用范围。职业伦理不仅在各种特定的职业环境下起作用，甚至在个人离开职业环境后,也会起到一定的作用。

在职业环境中,虽然很多行为属于职业行为,但也必然有更多行为属于一般化的社会行为,受到法律或一般意义上伦理的约束。例如,"不可偷窃",这是最古老的伦理教条,不论东西方、不论哪一种社会环境,都认同这条基本伦理。随着劳动分工日趋精密,新职业也越来越多,但这种基本伦理教条并没有改变。

人是社会的产物,也是职场的产物。个人的发展既与个人的家庭环境、生活背景、个人经历等因素密切有关,又与他所从事的职业、工作的环境等密切有关。职业伦理不仅在工作时对个人产生影响,也会在长期工作的过程中,内化于个人内心,哪怕在个人离开职场环境时也可能会起作用。

每个人天然都有与人合作、帮助别人、信任别人的倾向,这种倾向又叫作"社会偏好"(Social Preference),是整个社会得以运作和发展的基础。职业伦理对于个人的社会偏好的学习养成机制非常有效。现在很多经济学实证研究已经表明,职业自我引导经验会对个人价值观、取向和认知功能产生深远的影响。职业伦理能够帮助个人提高道德水平,进而有助于整个社会道德水平提高,更有效地合作与互助。

2. 职业道德的特点

职业伦理所依据的职业道德不是一种制度化的规范,不使用强制性手段为自己开辟道路,归根到底是一种内化的规范。所以,职业道德最终主要也是依靠道德教化,潜移默化地对人的行为进行影响。借助于传统习惯、社会舆论和内心信念来实现。企业的宣传和教育培训,大众媒介和文艺作品等也常常是促进职业道德的重要手段。

所谓法无禁则可为,法律规范和企业的各项规章制度不会考虑人们是否有遵守的动机,只根据其外在的行为判断其后果和责任。职业道德则需要有良好的动机保障,必须有内在的符合道德善良愿望而内化。只有在被人们诚心诚意地接受,转化为人的情感、意志和信念时,职业道德才能得到实施。那种迫于社会、企业管理压力而不越雷池一步的人,可以说是法律、管理意义上的好员工,但达不到职业道德的优秀榜样标准。

根据职业伦理的作用方式,我们可以考察它的作用范围。有些职业的影响力相对有限,对于职业伦理的要求并不高,但另一些职业对整个社会的影响力非常大,因此必然对职业伦理提出较高的要求。毫无疑问,金融行业就属于后者。

## 三、金融领域职业伦理的道德原则

1. 金融领域职业的道德风险

金融业所面临的风险非常复杂,经济学家归纳了"道德风险"这个模型,用以描述金融从业者在信息不对称环境下的不道德行为选择。国际货币基金组织出版的《银行稳健经营与宏观经济政策》指出，道德风险是指当人们将不为自己的行为承担全部后果时，变得不太谨慎的行为倾向。从信息经济学的角度看，道德风险源于非对称信息的存在，并更多地把非对称模型归为道德风险模型。即事情达成之后，双方中的一方不得不面对另一方从事自己不期望活动的可能，而这些活动将伤害自己的利益。○

金融界的大多数人是某个金融机构或公司的员工，他们及其他们的机构或公司在进行金融交易的过程中，都会遇到大量的伦理问题，如在金融产品销售时进行虚假与误导性宣传，隐瞒不利于销售活动而对于消费者来说又是非常重要的信息，以及从事欺诈、炒单等行为。其中个人伦理和金融机构伦理问题是通过金融市场伦理表现出来的。○

金融交易主要是在金融市场内进行，这些金融活动有着某些特定的伦理规则和伦理行为作为其行动的前提条件，其中最基本的就是严禁一切欺诈和操纵行为，使得公平原则遭到破坏。金融交易主体除了在金融市场内进行一次性交易外，还常常通过金融契约活动维持一种长期的交易关系。在此情况下，金融市场中就会因代理人的机会主义和败德行为而产生一些不符合伦理道德的后果。

金融行业的大多数契约合同通常是模糊的和不完善的。对于这些契约条款的理解和执行就会引发一些伦理问题。对出现的分歧往往无法通过法律的约束来执行，在契约的实施过程中可能发生违反模糊条款的行为。

2. 金融职业伦理的作用

金融伦理标准通常是以职业伦理体系的形式出现的，这种职业伦理体系不仅是职业自律的一个约束机制，而且还是该职业对社会负责程度的标志。金融伦理问题产生的根本原因是金融活动中经济主体拥有不同的资源（包括信息资源、自身处理问题的能力等）和在谈判过程中所处的不同地位而引起的。○例如，近年来，基于金融创新的各种衍生产品令人眼花缭乱，普通人很难彻底弄明白其中的原委。很多产品直接嵌入互联网，碎片化、场景化、隐形于其他消费中，令人浑然不觉。基金经理、保险代理人和客户经理等凭借知识优势诱导消费者，

---

○ 梅世云. 中国金融道德风险的伦理分析［J］. 伦理学研究，2009（2）：44-51.
○ 这些内容会在本书第四章"金融市场伦理"具体展开。
○ 李刚，王再文. 金融伦理缺失：我国农村金融效率低下的根源［J］. 开发研究，2007（6）：136-138.

商家利用服务体系强迫消费者加入或购买相关金融产品，较之其他行业更加容易。有很多做法，细究起来未必违法，但确实是利用消费者的"贪念"和弱点搞营销，在消费者不知情的情况下，把风险转嫁给他们。

金融职业伦理在制约和规范人们的金融行为中，至少起到三个作用：第一，金融伦理的社会责任原则能够规范个人在金融市场中的冒险行为，用社会责任去教育和规范人们的金融行为，可以保证人们的价值取向不发生扭曲；第二，金融伦理重视公开、公平、公正的"三公"原则，反对社会不公，它能够使人们在金融市场竞争中的恶性行为和投机行为得到遏制，促使人们注重社会责任的投资；第三，金融伦理倡导诚信为本的原则，反对金融欺诈，它能够使人们在追求经济利益最大化的同时注重社会效益的获取，避免经济短视行为。

总之，金融伦理在金融市场建设中能使人们遵循社会责任、遵守诚信原则和遵从金融公正。尤其是我国金融市场建设处于转型时期和融入国际金融市场的大机遇时期，如果失去了金融伦理的支撑，就会产生许多问题。[1]

未来，随着金融市场充分竞争、对外开放提速，金融产品和服务供给将更加丰富。同时，居民收入提高、人口结构变化、社会转型加速，金融需求也将日益多元。金融行业所面临的职业伦理的考验将更为严峻。有关部门在注重和强调金融创新时，不仅要基于行业稳定发展的要求，强调防止市场风险，必然还要从维护消费者利益的角度出发，切实加强金融业的职业伦理建设。

## 第三节　职业伦理的职业特点

市场经济伦理通过对市场经济的适应甚至超越，为社会主义市场经济的健康发展提供精神支持和人文动力，从而成为实现市场经济和谐、建立社会主义和谐社会的伦理基础。市场经济蕴含了独立自主的道德品质，有利于人的独立人格的形成，从而促进人的自由全面发展。

不同职业对应着不同的职业责任、职业义务和职业素养，承担职业责任、职业义务，培育和发展相应的职业素养，正是人的自由全面发展的具体表现。同时，这些职业责任、职业义务和职业素养也有一些相通性。

---

[1] 李承宗. 伦理学视野下的我国金融市场建设研究［J］. 财经理论与实践，2008（5）：125-128.

## 一、职业责任与职业义务

1. 职业责任

（1）责任的概念界定

英文的责任（Responsibility）一词，源于拉丁语"respondo"，是"答复"的意思。在罗马法律中，被告要对自己的行为进行辩护，以论证自己行为的合法性，如果法庭不满意，就有可能被定罪，这样他就要为自己的行为"负责"。在通常的理解中，责任指的是与职位或职务相关联的义务。例如，学术意义上的责任一般都翻译为"Duty"，意指在学术界工作的科技工作者、大学教授等人，要能担负起这种职业伦理所要求的道德责任。而政府意义上的责任，则一般被译为"Accountability"。

按照不同的划分方式，可将责任分为不同类型。

1）按照责任所涉范围，可分为"自我责任"与"社会责任"。倡导自我责任的最主要代表是威廉·魏舍德尔（Wilhelm Weischedel）。他认为自我责任有两个含义：一是指"在我自己面前产生的责任"，即这是由于自己而不是因为其他主管或制裁机构强迫我而产生的责任意识。为了能够对自己作出评判，我必须自己与自己保持距离，这样责任意识才能在我自己面前产生。二是指自己对自己、对自己行为的责任。倡导社会责任的典型代表是法国哲学家伊曼努尔·列维那斯（Emmanuel Lévinas），他倡导一种极端的、以他人为导向的责任意识，即一旦我与有需求帮助的人相遇，责任便自动降临在我面前，正是这种为他人的责任构成了我之独特性的一个理由，亦是塑造伦理人格的理由。

2）按照责任主体与其所负责任之事物的关系，可分为"能力责任"与"角色—任务性责任"。能力责任，主要是指康德所说的人有义务，凭其良心最大限度地发挥其潜能，尽其最大能力为人类服务的那种责任。角色—任务性责任是指行为者从自己所扮演的社会角色、所承担的任务以及所认可的协议中分配得来的那种责任，相当于职业道德意义上的责任。

汉斯·约纳斯（Hans Jonas）也把这两类责任称为"自然责任"与"契约责任"。自然责任独立于事先的认同或选择，不可取消，它的条件也不为参加者所更改，并且完全包括它的对象；契约责任则是通过授予和接受任务建立的（如任职），它受制于特定任务的时间和内容，责任者以后可以辞职也可以被免除职责，在一定程度上它还具有相互性。契约责任通过协定产生约束性力量，自然责任则通过原因的内在有效性产生这种力量。

3）按主体与客体之间的关系，可分为"相互性责任"与"非相互性责任"。在危险的团队合作中一定存在相互责任,其中任何一人的行为都关乎他人安危,他们必须相互负责,这里责任的真正对象其实是共同任务的成功。在地位平等者之间,可能存在相互性责任,而在不平等者之间,则有一种非相互性责任。例如,兄弟之间一般不存在责任,只是其中一人处于困境或需要特别帮助时才产生责任,但这种责任也是非相互性的。而父母对未成年子女的"垂直"责任则是无条件的,它不是偶然的,而是持续的。

4) 从行为性质上,可分为"形式责任"与"实质责任"。形式责任是一种事后责任,是指某人对自己的任一行为及其后果负责,并且在情况允许时,他对它们负有法律义务。这具有基本的法律意义而没有道德意义,可见这是一种法律责任。实质责任是一种事前责任,是对将做之事的责任感,是对特殊对象的责任感,这种特性受人赞扬,是一种道德责任。

(2) 责任伦理

德国社会学家马克斯·韦伯是现代责任伦理思想发展进程中的一个关键性人物,他在 1919 年的题为《以政治为业》的演讲中第一次提出了"责任伦理"这个概念。韦伯提出,"我们必须明白一个事实,一切有伦理取向的行为,都可以是受两种准则中的一个支配,这两种准则有着本质的不同,并且势不两立。这两种准则从根本上互异,同时又有不可消解的冲突。两种行动的考虑基点,一个在于'信念',一个在于'责任'。"⊖

另一位将责任伦理理论推到新高点的理论家是汉斯·约纳斯。1979 年,他在著作《责任原理:技术文明时代的伦理学探索》中,首次明确地提倡一种全球社会中责任伦理学,这种责任伦理学建立在科技时代历史背景之下。约纳斯极大地改变了伦理学的研究思路和方法,并在 20 世纪引发了全球大讨论,责任伦理学也成为时下最为热门的研究领域之一。

随后,汉斯·伦克、欧文·拉兹洛等欧美许多伦理学家相继发表了关于责任伦理的著作。⊖这些学者从不同的方面对责任伦理进行了阐释,将责任伦理和现实生活紧密联系在一起,并且力求将责任伦理从理论转向现实,从而使责任

---

⊖ 韦伯. 学术生涯与政治生涯:对大学生的两篇演讲 [M]. 王容芳, 译. 北京:国际文化出版公司, 1988.

⊖ 例如:汉斯·伦克则的《技术社会学》;欧文·拉兹洛的《第三个一千年:挑战和前景——布达佩斯俱乐部第一份报告》,范伯格的《责任理论》,唐纳德·肯尼迪的《学术责任》,特里·库帕的《行政伦理学:实现行政责任的途径》;英国哲学家约翰·M·费舍尔和马克·拉威泽的《责任与控制:关于道德责任的理论》,汉斯·昆的《全球伦理》等。

伦理学成为一门真正有用的、具有现实指导意义的实践哲学。"责任伦理之所以能够超越学术范围，引起广泛的重视，就在于它适应了时代的精神。"[1]

2. 职业义务

（1）不同职业阶段的职业义务

美国学者詹姆斯·罗宾斯的《敬业》比较全面地阐述了职业义务的本原及其重要意义。罗宾斯认为，人生的信仰就是职业本身。个人的职业生涯可以划分为早期、中期和晚期三个阶段，每个阶段都要面临相应的职业问题和职业任务。

例如职业生涯早期，所关心的第一位的问题就是要得到工作，要为完成所分配的任务而承担责任。而在这个阶段，主要的职业问题是了解职业、工作组织以及职业精神的信息，了解如何与上司和其他人协调关系、共同工作；在职业生涯中期，所关心的问题就变成了对工作和组织的宽广视野，以及培养训练和辅导他人的能力，这需要重新确定前进的进程和目标。此时重心就是如何自我评价，如何正确平衡工作、家庭和其他利益之间的冲突；职业生涯晚期所关心的重点是，承担更大的责任或者培养重要的下属职员。此时职业义务转变为扩大、加深兴趣管理、技术的广度和深度，以及了解其他的综合性成果等。

（2）不同行业的职业义务

很多职业都有自己的职业义务。例如医生有医生的职业义务，就是发挥自己的医疗技术，尽可能地帮助患者，解除患者的痛苦。在整个医疗过程中，由于信息不对称，医生对于病人病情的掌握可能远远超过病人本身。医生非常清楚自己的工作，也知道病人对自己的期待。医生本身不是全能的，应该考虑到病人的希望和自己的能力，认真负责地履行自己的职业义务。

职业义务需要职业从业者对于自己的工作进行全面的考察和评估。有些职业只与个人有关，例如手工业。但更多的职业往往与人与人之间的交往有关，例如金融业。此时，职业义务不仅包括做好自己的本职工作，还必须包括做好与客户有关的交流、沟通工作，这样才能真正全面地履行个人的职业义务。

（3）金融行业的职业义务

从长期发展的角度来看，处于金融压力下的企业，更需要依靠经济伦理来支撑。金融工作在国民经济和社会发展中发挥着越来越重要的作用，已成为现代经济的核心；同时，金融行业也是与广大人民群众生活息息相关的重要窗口

---

[1] 甘绍平. 忧那思等人的新伦理究竟新在哪里？[J]. 哲学研究，2000（12）：51-59.

行业。金融从业人员树立有利于金融改革发展和为社会提供优良金融服务的职业道德观念尤为重要。

金融领域比其他领域更容易发生与信任相关的不道德行为，其根本原因在于金融所涉及的都是"别人的钱"（Other People's Money），本身意味着金融领域中的机构和个人出于贪婪的欲望而更容易发生欺诈、操纵、违约和不公平交易。

例如，在保险领域，由于保险公司、保险经纪人等所涉及的都是"别人的钱"，因此更容易引发诸如不平等的保险条款、欺诈性保险单推销、经纪人的炒单行为；保险公司在理赔过程中故意对客户利益的伤害等不道德行为；在证券市场中，证券交易员有可能挪用客户保证金而干一些不符合伦理原则的行为；年金管理者、养老基金经理人等，也有了能利用这些基金而进行有损客户利益的高风险行为。

金融伦理能够无形地引导人们在金融活动中所表现出来的行为，避免错误行为发生。金融伦理还可以规范人们在金融市场中的冒险活动，时刻提醒金融从业者自己的社会责任。金融伦理能够使得人们在金融市场竞争中的恶性的利己行为和投机行为得到遏制，促使人们注重社会责任的投资。所以，总体来说，金融伦理能促使金融从业人员遵循社会责任、诚信原则和遵从金融公正。金融伦理从软性角度约束金融从业人员的行为，伦理责任是众多软性约束机制中最重要的一个方面。

金融行业经营者如证券公司、期货公司等对金融消费者有告知服务方法、交易风险的义务。他们应对金融消费者进行必要的提示和指导，以避免因交易系统故障而致使金融消费者遭受损失。这些风险在金融从业者的控制能力以外，所以对于消费者事先的详细告知，也是金融从业者的职业义务之一。

所以金融从业者除了做好自己的投资工作、管理工作以外工作，还要做好与消费者有关的服务工作。例如给予消费者的风险提示书中应该详细说明。

## 二、职业素养

1. 职业素养的概念

（1）职业素养的范畴

所谓职业素养，是指职业内在的规范和要求，是在职业过程中表现出来的综合品质，涉及职业技能、职业行为、职业作风、职业道德和职业意识等方面。职业伦理具有比较宽泛的道德范围，但是它需要建立在职业素养之上。换句话说，提高自身的职业素养，本身就是职业伦理所提出的要求之一。

职业素养其实包括了多个方面的素养,其中既有专业方面的素养,也有更广泛意义上的素养。专业素养就是对自己专业领域工作的熟悉掌握程度。作为职业从业者,必须具备本行业所需要的基本技能,熟悉工作的流程细节和相关的规范,还要根据工作需要不断地学习和自我提升,使得自己更好地适应工作的要求。

职业素养的基础是职业能力。一般认为,职业能力又可以分成两个部分,分别是基础能力和优势能力。基础能力是对基层员工的基本要求,通常与专业、技术和控制相关。而对于中高层的员工而言,除了具备基础能力以外,还需要具备优势能力。优势能力使得个人既能建立起商务关系,又能领导团队工作。商务关系包括战略思考、创新、管理商务风险等,而团队领导包括团队合作与指导以及激发领导能力等。

(2) 职业素养的一般构成

职业素养可以分成很多种门类,但是并非所有分类都同等重要。职业素养最重要的核心构成,一般认为只是包括三部分的内容,分别是职业信念、职业知识技能和职业行为习惯。同时,这三个部分也相互作用,相互支撑,共同决定一个职业人士的职业素养。

1) 职业信念。"职业信念"是职业素养的核心。良好的职业素养应该包涵那些职业信念呢?毫无疑问,它应该包涵良好的职业道德,正面积极的职业心态和正确的职业价值观意识等,这些都是一个成功职业人必须具备的核心素养。总的来说,从心理学角度观察,良好的职业信念应该是由爱岗、敬业、忠诚、奉献、正面、乐观、用心、开放、合作及始终如一等这些关键性的信念组成。

2) 职业知识技能。职业知识技能就是一个职业应具备的专业能力和知识。如果没有一定的专业知识和相应的学习积累,以及与工作岗位相匹配的职业技能,就无法胜任职业责任和要求,更不可能成为在所在行业里优秀、卓越的人才。要获得优秀的职业专业技能就必须持续不断地关注和学习该行业、专业,了解和把握行业最新发展动态及未来趋势。

职业知识技能不仅是个人内在的能力,更要反映在具体的工作成效上,执行力是职业知识技能的表达和实现方式。如今,执行力是每个职场人士必须修炼的一种基本职业技能。有些企业研究发现:一个企业的成功一部分依靠战略,一部分依靠企业各层的执行力。要有高效的执行力,除了本专业上的职业知识技能,也需要良好的沟通协调能力,懂得左右协调、上传下达。除此以外,还有很多需要修炼的基本技能,如职场礼仪、时间管理及情绪管理等。

3) 职业行为习惯。职业行为习惯是职业素养的外在表现,通过观察一个职业人士的职业行为习惯，往往就能有效地判断他的职业素养。良好的职业行为习惯需要通过长时间地持续学习和改变，不断突破自我，从而最后形成行为习惯，这是一种职场上非常关键的综合素质。

当然，信念可以调整，技能可以提升，职业行为习惯也可以逐渐积累和培养。要让正确的信念、良好的技能发挥作用，就需要持续不断的反复学习练习，直到这些行为内化成为个人的近乎本能的职业习惯。

2. 专业能力以外的职业素养

（1）职业素养的分类

职业素养的内涵非常丰富，可以从各个不同角度来加以阐释，下面先来看一下这些分类各自所包含的主要内容。

1）身体素质：指体质和健康（主要指生理）方面的素质。

2）心理素质：指认知、感知、记忆、想象、情感、意志、态度、个性特征（兴趣、能力、气质、性格、习惯）等方面的素质。拓展训练可以提高心理素质，很多知名企业都通过拓展训练来提高员工的心理素质以及团队信任关系。

3）政治素质：指政治立场、政治观点、政治信念与信仰等方面的素质。

4）思想素质：指思想认识、思想觉悟、思想方法、价值观念等方面的素质。思想素质受客观环境等因素影响，例如家庭、社会、环境等。

5）道德素质：指道德认识、道德情感、道德意志、道德行为、道德修养、组织纪律观念方面的素质。

6）科技文化素质：指科学知识、技术知识、文化知识、文化修养方面的素质。

7）审美素质：指美感、审美意识、审美观、审美情趣、审美能力方面的素质。

8）社会交往和适应素质：主要是语言表达能力、社交活动能力、社会适应能力等。社交适应是后天培养的个人能力，是职业素质的核心之一，侧面反映了个人能力。

9）学习和创新能力素质：主要是学习能力、信息能力、创新意识、创新精神、创新能力、创业意识与创业能力等。学习和创新是个人价值的另一种形式，能体现个人的发展潜力以及对企业的价值。

10）专业素质：指专业知识、专业理论、专业技能、必要的组织管理能力等。

（2）其他职业素养

除了专业能力以外，职业素养还包括很多其他内容。很多企业界人士认为，专业能力以外的职业素养至少包含两个重要因素：敬业精神及合作能力。

1) 敬业精神。敬业精神就是在工作中高度认同自己所从事的工作，对工作持有一种敬畏和崇尚的态度，对工作尽职尽责、追求完美与至善，发挥出能力。敬业精神不仅是一种对待职业的总体态度，也是一种职业人士内在的自觉要求。中国儒家经典《礼记·学记》中就有"敬业乐群"之说，宋明理学大家朱熹也强调"敬是始终一事"[1]。敬业精神在西方更是具有超越经济层面的道德正当性和信仰的神圣性，更崇尚在职业工作中忘我的奉献精神。正如詹姆斯·H·罗宾斯所认为的，"如果一个人以一种尊敬、虔诚的心灵对待职业，甚至对职业有一种敬畏的态度，他就已经具有敬业精神，他的敬畏心态如果没有上升到敬畏这个冥冥中的神圣安排，没有上升到视自己职业为天职的高度，那么他的敬业精神就还不彻底，还没有掌握精髓。"[2]

2) 合作能力。合作能力是另一种非常重要的职业素养。团队合作素养体现在很多方面，如独立性、责任心、敬业精神、团队意识、领导能力等。这些个人的素养决定了个人能否有效地融入团队。在一个团队中，每个人所扮演的角色不尽相同。领导者应当以身作则，作出表率，团结所有团队成员共同努力。领导岗位人员的领导能力，本身就是职业素养的重要组成部分。而团队其他成员应该与领导保持沟通互动，做好自己的本职工作并尽可能地支持其他团队成员的工作。现代企业的工作大部分都必须由团队合作完成，个人的目标与团队的目标又往往不一致。在这种环境下，团队协作、相互帮助等精神是至关重要的职业态度和职业素养，也是很多职业中必需的职业道德。

总体来说，职业态度是职业素养的核心。正面的职业态度，例如负责的、积极的、自信的、建设性的、欣赏的、乐于助人等。反过来，例如缺乏独立性、抢风头、不愿吃苦等职业态度，都是缺乏职业素养的表现，最终不仅影响职业从业者个人表现，也会对所在团队、企业造成不利的影响。

3. 金融行业的职业素养

（1）金融业一般的职业素养

金融业对职业素养的要求非常高，可能涉及的学科包括经济、会计、财务、投资学、银行学、证券学、保险学、信托学等，每一门学问背后都还有大量的行业规范以及法律法规。

---

[1] 朱熹. 朱子全书（第15册）[M]. 上海：上海古籍出版社，2002：372.

[2] 罗宾斯. 敬业 [M]. 曼丽，译. 北京：世界图书出版公司，2004：5.

人们在现实中可以观察到金融行业存在大量的问题，严重地干扰金融市场秩序。常见的问题包括：第一，金融市场竞争无序，金融系统防范意识薄弱，给不法分子提供可乘之机；第二，金融网点存在不循规章、制度悬空、内控不严、外紧内松等现象，往往以习惯代替制度，存在大量违规操作；第三，监督不力，有的金融机构将原本相互制约的工作职能交给一个人承担，有的单位监督不及时或在业务繁忙时就放松监督；第四，科技手段匮乏、监督方式滞后；第五，金融机构重视技能，轻视法制和道德教育，职工思想松懈、法制观念淡薄、责任感缺失、防范风险的意识缺失等。以上所有问题，归根到底都是职业素养不足所导致。

对于以上存在的问题，金融行业必须加强职业组织和职业道德的培养，从外在制度和内在责任感、义务感、职业道德等角度共同入手，促进金融从业人员高质量地完成本职工作，同时保障整个社会的金融稳定和金融安全。

金融行业常用的职业素质培育包括：第一，加强思想教育，把道德教育作为金融从业人员职业素养的核心来对待。第二，完善金融职业道德规范。金融单位应该依照国家相关法律规定，结合本单位实际情况，研制出金融职业道德规范细则。第三，领导的带头作用。领导的职业表率，直接影响到员工的表现，这也是领导力的重要组成部分。第四，树立正面和反面典型，剖析案例，警钟长鸣。

除了这些职业道德培育之外，金融从业者还必须广泛学习和熟练掌握专业知识，才能在工作中有效提供服务，避免犯错。毕竟金融业是整个社会中发展速度最快的行业，每天都会涌现出大量的金融创新和金融实践，每天也都会有大量的政策调整。所以，作为金融从业人员，必须不断提升自己，了解本行业的最新变动和进展，提升自己的职业能力，这是金融从业人员所必须具备的职业素养。

（2）金融业非专业职业素养

金融从业人员还必须具备各种非专业的职业素养，其中最为突出的是危机管理的素养和人际沟通交流的素养。

在企业中，可能出现的危机包括生产的危机、营销的危机、管理的危机、财务的危机等。不管哪个危机，都有可能全面地影响一个企业乃至一个产业的运转。所以危机管理是一个系统工程，危机意识是一种对环境时刻保持警觉并随时作出反应的意识。每位金融从业人员都应该居安思危，将危机预防和危机处理作为日常工作的组成部分。

人际沟通是另一项金融业重要的非专业职业素养。金融业本质上是服务业，必然需要与人打交道，而且向上沟通、向下沟通、平级沟通，以及对外沟通等多种沟通方式，其也有赖于人际关系背后的职业伦理。同时，随着金融深化和劳动分工，金融业的工作已经变得非常复杂，即使金融从业人员也未必能全面了解所有细节。在这种背景下，良好的人际沟通能力必不可少，已经成为金融从业人员非常重要的非专业职业素养。

沟通可以分为直接沟通和间接沟通。直接沟通可以省去沟通渠道的繁复，节约沟通时间，有利于信息对称，每一方都能迅速了解企业的最新真实情况。在沟通时，从业人员必须遵循职业道德，谨慎、认真地处理所得到的一切信息。同时，从业人员必须实地调查，多方采证，才能确认信息的准确性，作出正确的决策。对于从业人员而言，应该熟练地使用多种沟通渠道，根据不同的需求采用适当的沟通方式。例如对于客户而言，直接沟通非常重要，面对面的沟通不仅能传递重要信息，还能够表达文字无法表达的个人情感。而在企业内部的间接沟通中，需要非常精确的信息表达，所以电子邮件可能是一种合适的媒介。

总体而言，金融从业人员除了具备专业的职业素养以外，还需要具备包括风险管理和人际沟通等非专业的职业素养。当然，从业人员在运用这些非专业的职业素养时，也需要时刻思考自己的职业道德，从职业伦理这个较高层次总体性地认识自己的工作。

### 三、职业伦理的评价方式

1. 职业伦理的普遍性和特殊性

职业伦理拥有十分丰富的内涵，它是多重性职业道德要求的总称。职业伦理与职业道德的关系，我们可以从职业道德和道德角色对个人德性的制约影响上进行分析。因为不同的职业、不同的角色使得人们承担的社会责任不同，进而影响到人们对生活目标的确立和对人生道路的选择，以及不同程度地影响人们的人生观和道德理想。

（1）职业伦理具有层次性

不同的职业、不同的角色，对于从业人员而言，其角色的担当者来说，不仅有德性规范要求的不同，而且有道德水准要求的不同。也就是说，不同职业最低德性水准不同。

柏拉图认为，作为王者的哲学家的德性是智慧，城邦的守护者的德性是勇敢，而工艺人的德性是节制。在柏拉图看来，处于不同职业的人的德性不同，不仅是不同职业本身的需要，也反映出不同德性的层次差异。在柏拉图那里，智慧是最高的德性，节制是最低的德性。当然柏拉图并不认为节制的德性仅是工艺人所需要具备，而是所有人都要节制自己的欲望。但是在工艺人即下层劳动者那里，这个问题更为突出。

虽然今天人们早已不再接受柏拉图对于德性的高低比较。但是不能否认，不同职业对于职业德性的水准要求不同。从这个角度看，职业伦理在实践中，始终是具有层次差异的。

（2）职业伦理评价的责任主体

因为职业伦理同时具有普遍性和特殊性，所以针对不同的责任主体，职业伦理的评价标准和评价方法截然不同。职业伦理评价的责任主体，可以从微观到宏观，纵向地划分成三个层级，即作为自然人的个体、以共同利益为凝聚力的共同体，以及制度层面的国家和各级政府。

1）个体。从微观层面看，生活在特定社会中的个体行为者，承担的责任是指他们作为一定的社会角色应承担的对自己、对他人、对社会和对自然的责任。这是作为人的一般责任，包括人之为人的自然责任、亲情责任、职业责任、社团责任和公民责任等多层次的角色责任。由于责任的最终落脚点要落实到个体，所以个体责任始终是人们关注的焦点，个体需要承担的责任也是多维度的。但在科学影响渗透到各个层面的当代社会，越来越多的个体成了他人或社会的旁观者、裁判者，忽视了自己作为责任主体的存在。个体责任主体的缺席，即在实际利益之前，个体对道德采取不作为的态度及不作为的行为，是当代社会的一个普遍痛点。

2）共同体。随着社会结构日益复杂化，科技、经济、政治领域的相互融合交织，"在微观与宏观问题层面之间又出现了一个以前很少触及的中观层面，即团体行为的道德责任问题。"⊖团体里的每个成员，都对团队抱有责任感，他们因为共同的利益、共同的追求走到了一起，只有这样紧密的组织，才能构成团体，才能形成团体责任。

3）国家和各级政府。从宏观层面上看，国家和各级政府，是极为特殊的责任主体，它们往往是社会力量的集中代表。国家道德一直是伦理生活的重要组成部分，国家不同于一般的组织，更不同于具体的个体。国家具有最高立法权、司法权和执法权，可以通过制定相关政策、利用舆论工具引导普通民众的思想和行为，也可以推行政策。

---

⊖ 甘绍平. 应用伦理学前沿问题研究 [M]. 南昌：江西人民出版社，2002.

（3）不同职业的职业伦理评价方式

明确了职业责任的评价主体后，我们要对不同的职业作出更细微的划分。因为不同行业的职业伦理会有非常不同的评价方式。

1）职业伦理的评价机制不同。有些职业的评价标准比较简单，例如手工业生产。但是随着劳动分工的发展，尤其是在现代服务业，每个人的劳动并不能简单地通过最终产品来衡量，对于职业伦理的评价就变得更为困难。例如对于一个教师的职业伦理评价，需要从多方面入手，主观与客观结合。这样，教师的自我评价，同行之间的评价，授课学生的反馈评价，这些评价都应该综合起来，最终以一种复杂的形式对教师的职业伦理水平作出评价。

现代社会，绝大多数职业都是这种复杂劳动，劳动性质和劳动过程都很复杂。所以成熟的企业都有自己特殊的考核要求和标准，背后也对应了不同的职业伦理，不能拿来简单地加以比较。

2）职业伦理涉及范围不同。此外，不同职业涉及对象不同。例如农业、手工业等职业，职业者只是面对自然或者面对器物，并不真正面对人。同时，这些职业主要由个人完成，并不需要多人之间的团队协作。但是现代工业生产，必然涉及团队合作，此时的职业伦理不仅与自我有关，也必然与工厂或者共同体有关。

而随着经济发展，服务业成为现代社会占据主导地位的产业。一个国家的经济发展水平越高，服务业在整个经济体中所占的比重也越高。而在服务业中，职业者除了要与周围的同事、伙伴进行合作以外，还必须为客户服务。而个人的利益、公司的利益与客户的利益在很多时候并不一致。此时，个人的职业伦理就必然还要涉及与客户之间的关系。这又进一步加深了职业伦理的复杂性。

3）职业伦理的复杂性不同。不同职业的复杂程度不同，企业应该在事先尽可能地周全考虑职业行为可能涉及的所有问题，并且在规章制度上予以事先规定。每时每刻都需要从业者进行职业伦理判断，这是很困难的事。而详细的事先规定，不仅可以大幅减少从业者违背职业伦理的可能性，也能促使职业从业者通过学习这些规定，更好地理解这个职业所涉及的职业伦理。

2. 专业技术人员职业伦理评价

（1）专业技术人员职业伦理守则

技术人员的伦理责任，所指的是职业责任，而伦理守则建立起属于行业内部伦理规范的规定和标准，主要用途是导向和保护作用。守则具有免除负担的功用，并且也正如道德准则一样能够减少经济事务的成本。守则更进一步的作用是让雇员、工程师、研究机构、工程师社团组织、科学和技术协会对伦理问题和典型的冲突争议敏感起来，比起一般的伦理规则，它们往往更具有可操作性。

强化伦理监管和细化相关法律法规和伦理审查规则，既不是抽象地设置禁区，更非制约创新和创造，而是旨在厘清具体科技活动的伦理风险，通过明晰的价值准则，统一的伦理规范和透明的监管程序，促使科技人员遵守科技的基本原则，将价值权衡与伦理考量纳入科技活动的全过程，将伦理需求内置于研究与创新之中，进行负责任的研究和创新。

（2）技术主体的伦理责任

科技活动的主体呈现出多元性和复杂性的特点，政府、企业、消费者以及科技工作者都影响着科技活动的开展。当下大部分科技活动的主体大多不是执行者，而是相应的权力机构，这往往导致科技活动的主体与决定者、授权者相分离，这种分离状态必将导致科技风险责任主体的模糊或缺失，而科技活动的行为主体多元化与复杂化的局面很可能会造成"有组织的不负责任"的结果。因此，明确和评估技术主体的伦理责任，不仅是为了更好地通过技术造福人类社会，更是为了有效地控制风险，抑制恶果。

责任的评判部门取决于责任的类型：法律责任的情况由各级法院负责，合同的责任由合同的签约方负责，等等。伦理责任的评判部门在关于标准伦理学的理论里有各种不同的模式，并且一部分是用道德照管责任的客体，一部分是用自主主体，还有一部分是用道德群体以及讨论群体来区分其类别的。根据伦理责任的性质，可从以下四个方面讨论技术主体可能面对的伦理责任。

1）前瞻性伦理责任。在技术和工程领域，前瞻性责任概念更加具体，这种责任指职业人员以一种有益于客户和公众，并且不损害自身被赋予的职责的方式使用专业知识和技能的义务。前瞻性责任本质上是一种预测责任，包括：第一，有义务提前意识到决策行为可能产生的恶果；第二，有义务发现行为结果与决策的关联；第三，有义务设计恶果的防范和避免的措施，防止伤害发生；第四，有义务约定决策者以及决策执行者对行为所带来的恶果承担各类责任；第五，有义务约定对拒绝承担责任的主体实施严厉的惩罚措施。

2）后果伦理责任。后果伦理责任是为自己造成不良后果的行为承担的责任，后果伦理责任还包含角色责任。前瞻性伦理责任要避免的是行为可能带来的恶果，但恶的后果总是不能完全准确地预测以及避免。对于失误或者失败的决策，决策者承担后果伦理责任，也可被称为过失责任。

3）直接伦理责任。技术决策者的直接伦理责任，是指技术后果直接与技术决策的失误相关联而导致的伦理责任。技术决策失误的情形有三类：第一，技术决策在决策后由于决策的疏忽或者决策者的集体怠惰，导致决策技术项目无法实施；第二，决策获得主管部门通过，但因为违反公众利益，使得决策无法实施；第三，技术决策时没有充分考虑风险，而在实施过程中遭遇失败。

4）间接伦理责任。间接伦理责任，是指技术决策在实施进程中出现了失误，或造成了伤害以及财产损失的案例中，各个技术主体应当承担的伦理责任。其中，技术项目的实施人承担直接的刑事责任以及伦理责任，而技术决策者承担间接的伦理责任。通常情况下，政府、企业、技术工作者和社会公众都会或多或少地负有间接伦理责任。

政府的间接伦理责任是政府有义务引导社会各组织以及公众参与技术决策过程，有责任确保决策过程在程序与实践两个层面的公正和有效，政府要以公平公正为原则，确保公众利益得到保障。企业的间接伦理责任是把政府的技术决策程序和原则细化为企业的技术决策制度和规范，在实践中体现政府技术决策的目标和方向。而技术工作者在从事科技活动时须遵循作为科学家和工程师的职业共同体的道德规范，坚守作为科技工作者的职业规范，即普遍主义、公有性、无私利性及独创性等基本原则。

社会公众也肩负有间接伦理责任。科学和技术的发展存在着不确定性和风险，社会公众常常把技术的风险归罪给政府及官员、企业或是企业管理者，但控制和减少技术风险，也需要公众参与和监督。公众作为技术成果的使用者、消费者以及受影响者，他们对技术的选择、对科学的评价很大程度上也能反向影响技术的设计和使用，他们对技术更准确的认识和更合适的选择会助力科技风险的预防，反之，公众对技术的不正当使用也可能造成很严重的不良社会后果。

3. 金融分析师的职业伦理评价

金融分析师是一种非常复杂的职业，涉及诸多职业伦理问题。本节以金融分析师为例，进一步讨论这一类金融领域较为典型的职业伦理的评价。

（1）金融分析师的利益冲突

在投资领域，金融分析师是为投资者提供专业咨询服务，通过投资建议或报告等方式，为投资人的决策提供参考意见，例如，投资顾问、证券分析师等。

投资顾问一般不负责具体的投资操作，接受客户委托，从客户的利益角度出发，为客户提供投资建议。投资顾问能够保持相对投资交易机构和投资标的的中立性，通常是因为其投资建议不会为其带来除客户支付的咨询费之外的其他收入。而这种中立性被破坏，往往与投资顾问的角色与交易或投资行为交织在一起造成的。例如，投资顾问通过介绍客户投资某些标的或与某些机构合作，而从中抽取佣金、介绍费等收入，甚至为此而建议客户频密交易特定投资标的或通过特定机构进行这类交易。

证券分析师的工作是通过收集、分析有关证券投资标的信息，向投资者提供证券投资分析意见和投资建议。证券分析师本应保持独立性和客观性，然而证券分析师的丑闻一直不断，陷入利益冲突的事件不胜枚举。例如，证券分析师利用信息优势，为谋求与迎合自身利益或第三方利益，发布过度乐观或有失公正的分析研究结果误导投资者，在美国安然事件、安硕虚假陈述案等众多事件里，一些证券分析师起到了很坏的作用。⊖

实际情况是，金融分析师得到的报酬很可能并非来自所服务的客户，或者大部分不是，而是来自佣金、溢价和承销费等，所以即使他们是基于客观理由向客户推荐包含上述费用的投资品，也可能无法做到诚实守信和公平公正，从而损害到投资者的权益。

中小投资者保护机制的核心是建立公平和公开的信息传导机制，金融分析师的核心工作应该是缓解投资者与上市公司的信息不对称程度，为投资者提供有价值的信息加工与解读。根据服务定位不同，提供符合市场规则的服务。如果服务的是特定的客户，则可以提高投资咨询中介的伦理标准，即采用信托标准，作为受托人，只能做符合客户最大利益的事。工作中存在的利益冲突必须如实和及时披露，如果这种冲突可能无法避免，则客户需转交其他无利益冲突的人员。这方面可以参考美国经验，例如美国持有注册咨询证书的中介人员必须履行符合信托标准的义务。美国政府也在推进信托标准在金融投资行业的大范围采用。如果是以各类投资人作为服务对象，则应该保证服务的公平性和公正性，应该对所有的投资者一视同仁，投资分析和建议内容应该在同一时间进行发布，不能因为潜在利益冲突优先将研究内容发送机构投资者。⊜

在加强伦理要求的同时，应该对金融分析师的研究工作进行物质补偿和物

---

⊖ 沈朝晖，刘江伟. 证券分析师利益冲突防范机制比较研究［J］. 证券法苑，2017，23（05）：49-68.

⊜ 为了更好地为机构投资者提供投资咨询服务，证券分析师可能会将研究报告的核心内容通过电话、短信或者路演等方式优先推送给机构投资者，再通过付费数据库向市场发布，发布之后研究报告的摘要或者核心内容被财经网站免费提供给中小投资者。这种信息的推送方式往往使得机构投资者在利好消息发布前提前买入建仓，中小投资者通过市场公开渠道获知利好消息买入建仓时逢高平仓获利。Christophe，Ferris 和 Hsieh（2010）对证券分析师下调股票评级事件进行研究，发现在下调评级报告发布的前三个交易日市场上该股票的做空数量显著增加。

质激励,促进投资咨询人员提高自身研究水平,为各类投资者提供物有所值的投资意见,这样可以缩小中小投资者与机构投资者之间在信息和技术支持方面的差距,也体现了保护中小投资者的宗旨。

(2) 与雇主之间的伦理评估

雇主与雇员的关系是现代企业中最主要的关系,金融业也是如此。当两者的行动目标不完全一致时,就可能需要职业伦理的介入。雇员一旦发现雇主存在一些不当行为,需要在"报告上司"和"向权威部门咨询和汇报"两个行为中作出选择。这种选择非常困难。但职业伦理要求,在可能的前提下,雇员应当向独立且权威的部门(机构)进行咨询。即便如此,雇员也应该时刻牢记自己的职业责任。如果该被咨询部门(机构)给出的建议是错误的,且咨询者依照这一建议做出不当的后续处理行为,咨询者不能因为其曾有过的咨询行为而免责。

如果雇主要求雇员或威胁雇员进行不当行为,雇员应当牢记自己的职业伦理,并进行思考,不应表现愚忠。雇员会面临多种选择,例如无视要求或威胁,继续客观独立的履行职责;或者拒绝接受相关工作(甚至辞职);或者配合雇主进行不当行为。金融行业对每个人的职业行为都有很高的伦理要求。如果个人配合雇主违背职业伦理的要求,自己也将承担相应的责任。

同时,遵照职业伦理,雇员也应该承担监管公司规章漏洞和监管下属职业行为的责任。如果雇员明知公司规章有漏洞,而不采取措施进行补救,那么违反了监管责任,也违反了职业伦理。

而当雇员在发现下属的违规行为或涉嫌违规的行为时,应当按照如下先后顺序处置:首先,制止该行为以防止不良影响扩大;其次,开展调查确定违规程度;最后,根据违规程度进行实质性处罚。雇员既不能因为上司的不当要求而免责,也不能因为下属的不当行为而免责。依据职业伦理,雇员必然要承担应有的职责。

雇员如果负责监管工作,应制定防止违规事件发生的规章制度并形成书面文件,若公司不同意执行该规章制度,应书面拒绝履行监管职责,并将该书面拒绝存档。

依照职业伦理,雇员在任何时候,包括业余时间,除非取得雇主的书面同意,否则都不应该从事与雇主存在竞争关系的活动。雇员可以业余时间为自己名下的新公司进行开业准备,但是如果该新公司未来业务与雇主存在竞争关系的话,新公司必须在与雇主合同期满后方才可以开业。

此外,在金融业,雇员在职业行为中如果要获取奖励,也必须注意反思职业伦理。职业伦理要求雇员对工作负责。一般而言,雇员不应当随意接受第三方的好处。如果必须接受好处，一定要提前告知雇主，并取得书面同意。雇员收获的奖励必须是由直接客户给予的，必须是在雇员已经成功地实现客户的投资目的之后，在向雇主披露的前提下，才可以获取。

(3) 职业更替时的伦理评估

而在离开原有雇主时，雇员需要在职业伦理方面进行一些反思。在合同期满前，挖雇主墙脚，属于违规行为，不符合职业伦理。合同期满后，利用在前雇主处取得的客户的联系方式挖前雇主墙脚，这种做法仍然不符合职业伦理。合同期满后，重新从公共信息来源中取得客户的联系方式就不算违规，而是正常的市场竞争，符合职业伦理。

很多职业都带有非竞争条款，即要求员工离职后短期内不可加入存在竞争关系的同类企业。这种条款在金融业中非常常见。劳动合同一旦签订，其中非竞争条款就不可违反，即使当地法规认为非竞争条款一定程度上侵犯个人权利，但从职业伦理角度看，个人也不应该随便违反。

签订劳动合同后，雇佣关系随之成立。雇员即使处于无薪实习期，也存在雇佣关系，无薪实习的雇员不可以带走雇主任何东西。

在雇员离开雇主时，必须删除与之前职业有关的所有资料和信息，任何载体包括家用计算机、笔记本计算机、U盘、手机等设备中的任何形式的资料都必须删除。如果需要保留，一定要取得雇主的书面同意才能保留。这些资料都是雇主所拥有的资料，依据职业伦理，不应在改变工作后被利用。

雇员离职时，也不可以带走任何属于雇主的东西，包括营销材料。这种公司外部人员通过正常途径就可以获取的资料。即使是雇员自己在任职期间建立的数据库、模型等，它们的所有权也应该归于雇主。雇员在离开雇主后，可以自行重建在前雇主处使用的数据库、模型等。但是重建的过程，特别是辅助资料的搜集和使用，应与前雇主的利益无关。

(4) 与客户之间的伦理评估

分析师有义务为客户保密，除非法律要求，否则任何情况下不可泄露。在未经客户授权的情况下，即使进行信息披露对客户有利，也不可以泄露任何信息。但是，如果分析师发现客户的违法行为之后，在当地执法部门的要求下，可以对该违法行为进行被动披露。根据职业伦理，未经法律许可，不得主动披露客户的相关行为。如果当地法律规定客户的任何信息都不得泄露，那么分析师在任何情况下都不可以泄露客户的信息。

按照职业伦理，分析师应当遵循公平的收费标准。分析师可以制定不同的收费标准，提供差异化服务，并对此进行披露。这样使得所有客户都知道差异化服务的存在，使所有客户都有机会享受最高层次的服务。

金融分析师应将职业伦理置于个人宗教信仰之上。金融从业者不应该依照其信仰行事而触犯法规。例如有一些环保主义者，出于自身理念支持破坏化工厂设备，或者用职业手段影响化工厂的收益。这些遵循个人信仰的行为，却违背了职业伦理。

（5）自身的职业伦理评估

在金融的服务业中，独立性至关重要，甚至可能是企业得以立足的根本。所以，对独立性加以反思，往往是这个行业的职业伦理的出发点。分析师的报告会影响很多重要的投资决策，因此，分析师个人必须时刻根据职业伦理来反思自己的职业行为。

例如，企业的研究部与业务部之间必须设立"防火墙"。例如两个部门不能有相同的管理者，以防止研究部为业务部业绩进行不当的信息处理及披露。设立防火墙并不是希望阻断跨部门的合作，但合作的前提是分析师保持独立性和客观性。由被报告的企业出资支持并且最终会形成研究报告等形式的研究活动，应使用固定费率的收费模式，佣金与被研究企业的相关业绩不可挂钩。

分析师在展示自身业绩时，遵照职业伦理，应该说明自己取得业绩的环境。如果业绩是在前雇主处实现的，必须进行明确披露。因为不同的雇主在硬件设备，文化氛围，智力支持，业绩激励等方面存在差距，这些因素都或多或少会影响业绩的实现。

当金融分析师掌握内幕信息或可能掌握内幕信息时，应将相关证券放入限制清单中。当分析师个人拥有某只股票时，应将相关证券放入限制清单中。根据职业伦理，分析师将相关证券放入限制清单后，仍可对该股票进行分析，发布报告。但是分析师在报告中只能陈述客观事实，不可给出主观建议。

分析师自身如有利益冲突，按照职业伦理一定要充分披露。亲属持股不论雇员是否为受益人，都要披露。如果配偶持股，则视为夫妻共有。所有相关账户的交易优先级别应在客户和雇主之后。

分析师没有义务为自己关注、追踪的行业或公司保密。但是在研究分析中发现问题时，依照职业伦理，应当将其写成报告公之于众。因为这样可以增加市场有效性，减少信息不对称。分析师通过自己努力，走访调查得出类似"本季利润将大幅提升"的结论，写入报告并给出购买建议时，如果可以判定该报告的发布有利于增加市场有效性，则该分析师的行为符合职业伦理，不视作使用内幕消息。但如果分析师不将这些信息写入报告或在报告发布之前依据该结论进行交易，则应视作使用内幕消息，违背职业伦理。

在分析师对市场进行分析，撰写报告时，也有一系列的伦理问题需要予以重视。例如夸大其词是不可以接受的，这将有碍于分析的独立性。写作时，一定不能混淆事实（Fact）和观点（Opinion），否则就是违反职业伦理的行为。如果分析师作为研究小组的成员，小组研究报告与自己观点有出入时，只要确认该报告所采用的研究方法正确，依照职业伦理，也可以在报告中署名，同时应将该报告与自己观点不符的事实进行书面记录并存档。

在撰写分析报告时，职业伦理还要求作者要注意写作中的规范性问题。报告绝不能抄袭，例如没有引用出处，含糊引用出处，引用不全（最常见的问题是忽略某些数学模型的适用条件），对别人的研究成果稍加修改然后据为己有，都是严重的错误。对于常识性的原理、定理、概念的表述，如果直接挪用他人的表述，也必须注明引用。

分析师的工作是表达自己的分析观点，职业伦理要求分析师一定要客观中立。在现实中，中立性可能受到各种因素的影响，并且不易被察觉。但是职业伦理要求分析师必须对自己的行为抱有清晰的认识。

## 第四节　商业贿赂

近年来，金融业在取得改革发展成果的同时，也滋生了诸多腐败机会。在业务方面，金融机构不仅可以通过 IPO、大量表外业务、各种子公司的设立等创造的机会为关系户贷款，还可以绕过监管，处置不良资产、资金出境、利益输送。在用人方面，金融改革为金融业创造了大批高薪职位，选人、用人更加容易滋生腐败，很多金融机构以业务扩张及设立分支机构为契机，安排很多关系户。此外，不少为交易本身服务的投行等金融机构，或者金融界具有现代化金融知识的从业者，通过设计一些复杂的交易结构行利益输送之实，进一步助长了商业贿赂行为。

2019 年 2 月 22 日下午，习近平总书记在中央政治局第十三次集体学习时指出，"要管住金融机构、金融监管部门主要负责人和高中级管理人员，加强对他们的教育监督管理，加强金融领域反腐败力度。"可见，在金融行业的职业伦理建设中，反商业贿赂是一个及其重要和典型的领域。

### 一、商业贿赂的基本概念

1. 商业贿赂的定义

商业贿赂是贿赂的一种形式，但又不同于其他贿赂形式，商业贿赂行为是不正当竞争行为的一种。曼纽尔·维拉斯奎兹（Manuel Velasquez）将商业贿赂定义为"企业外部人士向企业雇员提供报酬以使企业外部人士或其所属企业从交易中获得好处"。[一]作为职务犯罪和职业伦理问题的重灾区，商业贿赂普遍存在，几乎很少国家能够完全幸免。在我国的部分行业中，商业贿赂屡禁不止。金融业作为以资本运作为主的行业，特别是资本流动高度频繁的银行业、证券业，尤其容易引发商业贿赂行为。

国家工商局《关于禁止商业贿赂行为的暂行规定》第二条规定："本规定所称商业贿赂，是指经营者为销售或购买商品而采用财物或者其他手段贿赂对方单位或者个人的行为。"可见，商业贿赂是经营者以排斥竞争对手为目的，为使自己在业务活动中获得利益，而采取的向相关人提供或许诺提供某种利益，从而实现交易的不正当竞争行为[二]。

法律上规定商业贿赂的贿赂手段有三个严格的构成要件。[三]

第一，商业贿赂主体是经营者，作为商业贿赂主体的经营者不限于法人，除法人外，还包括其他组织和个人。

第二，商业贿赂行为人主观上有在经营活动中争取交易机会，排斥正当竞争的目的。其目的是推销商品或者服务，或者以更优惠的条件购买产品与服务，获取优于其他经营者的竞争地位。

第三，商业贿赂行为人客观上采用了以秘密给付财物或其他手段贿赂对方单位或个人的行为。在现实经济活动中，其手段主要表现为"回扣"，即经营者暗中从账外向交易对方或其他影响交易行为的单位或个人秘密支付钱财或给予其他好处的行为。

商业贿赂排斥正当竞争，损害了其他竞争对手的利益，违反了诚实信用、公平竞争的经济道德准则，为我国法律所禁止。

2. 商业贿赂的表现方式

商业贿赂的形式多种多样，而且具有极强的隐蔽性，但是从商业贿赂的表现形式看，可以分为以下三类。[四]

---

[一] 费雷尔，弗雷德克里，费雷尔. 企业伦理学：诚信道德、职业操守与案例［M］. 李文浩，卢超群，等译. 10 版. 北京：中国人民大学出版社，2016：140.

[二] 陈立彤. 商业贿赂风险管理［M］. 北京：中国经济出版社，2014：11.

[三] 易开刚. 营销伦理学［M］. 杭州：浙江工商大学出版社，2010：165.

[四] 根据孙虹. 竞争法学［M］. 北京：中国政法大学出版社，2007：141. 以及陈立彤. 商业贿赂风险管理［M］. 北京：中国经济出版社，2014：11.

（1）钱财贿赂——给付或收受现金；扣除一定比例或固定数额在账外返还；给付或收受各种各样的费用（促销费、赞助费、广告宣传费、劳务费等）、红包、礼金等；以明显高或低于市场的价格买或卖物品；给付或收受有价证券（包括债券、股票等）、干股；以开办公司等合作投资名义收受。

（2）实物贿赂——给付对方名贵物品；包括各种高档生活用品、奢侈消费品、工艺品、收藏品以及房屋、车辆等大宗商品。

（3）其他形态的给付或服务——如减免债务、提供担保、免费娱乐、旅游、考察等财产性利益以及就学、荣誉、特殊待遇等非财产性利益。

3. 商业贿赂的影响

商业贿赂对于自由竞争的经济秩序的破坏作用日渐突出，引起许多国家的重视和立法严禁、严查。我国在建设社会主义市场经济体制的过程中，因为监管不到位也滋生了一些商业贿赂现象，破坏了市场经济秩序，违背了市场经济的核心伦理。

商业贿赂违背了市场经济的基本原则，扰乱了市场的正常秩序，不利于公平竞争的资源配置，在增加企业经营成本的同时，也容易造成国家税收的损失。商业贿赂在毒害企业自身，严重破坏正常有序的市场秩序的同时，也严重污染了社会风气。[○]

商业贿赂不仅是不道德的行为，根据《联合国反腐败公约》，商业贿赂也是一种腐败行为，商业贿赂滋生洗钱和有组织犯罪，其引起的社会不满情绪又会加剧社会冲突，造成一系列的社会动荡和犯罪率上升。我国最高人民法院和最高人民检察院于2008年颁布的《关于办理商业贿赂刑事案件适用法律若干问题的建议》第一条规定，商业贿赂犯罪涉及《刑法》规定的八种罪名。

## 二、金融行业商业贿赂的风险点

1. 高管缺乏制约

在商业贿赂案件中，金融机构高管的商业贿赂行为要明显高于一般从业者。其原因主要是，金融机构的权力过度集中，决策过程缺乏有效监督。许多金融机构实行的是人、财、物权集于一身的"一肩挑"管理体制。尤其对于中小型金融机构，决策权和执行权往往合一，对这些管理者的监督乏力很容易导致权力被滥用。

---

○ 易开刚. 营销伦理学［M］. 杭州：浙江工商大学出版社，2010：165.

贷款作为银行的主营业务之一，操作流程的规范程度对银行的正常运转至关重要。贷款业务的审批流程中必须对贷款方的资格进行严格审查，以最大程度确保该笔贷款能够如期返还。但在实践中，存在企业或者个人无法提供合理的抵押物、担保方等情形，但他们通过向银行办理贷款的负责人或者业务员提供财物或者其他财产性利益的方式，以获取贷款资格。例如，中国建设银行原董事长张恩照于2000年底至2005年3月，利用职务之便，在申请贷款、设备采购等方面为他人提供帮助，先后多次收受现金、手表、房屋等折合人民币419.3万元。2006年11月，北京市第一中级人民法院以国家工作人员受贿罪判处张恩照有期徒刑15年。㊀2013年11月，时任包商银行北京分行金融事业部业务经理刘京鹏，在办理包商银行北京分行与河曲县新胜民用煤储售煤场通道贷款业务时，收取咨询费53.2万元，违法向新胜民用煤储售煤场发放贷款2亿元，至今未收回，一审判处刘京鹏有期徒刑12年半。㊁

证券行业的商业贿赂行为还可能存在于操纵证券、期货市场，交易一方通过事先给予好处的行为来谋求对方配合以达到操纵证券市场的目的，最终获取不正当利益。此外，有的证券公司为了承揽企业上市担任保荐人和主承销商，企业并购或资产重组的财务顾问，上市企业再融资等业务，甚至专门设立第三方咨询顾问费为行贿大开绿灯。

金融科技领域也在一定程度上成为金融腐败滋生的温床。2016年7月至2017年8月，刘某南利用其在蚂蚁金服数娱中心担任商务经理，负责支付宝客户的准入、投诉管理的职务之便，先后为吴某、方某振提供帮助，将本不能审核通过的公司得以审核通过，并为其提供的公司处理各类涉赌、涉诈投诉，使相应公司能够正常使用支付宝进行收支，收受贿赂共计1372.9万元，被判处有期徒刑9年，并处没收财产人民币100万元㊂。

2. 金融活动隐蔽性

尽管金融机构的各项规章制度健全，但不够具体、可操作性较差，责任追究力度小。由于金融活动的隐蔽性，监督制约机制很难彻底覆盖，职业道德乏

---

㊀ 田雨、李京华. 中国建设银行原董事长张恩照一审被判15年［EB/OL］.（2006-11-03）［2019-08-29］ http://news.cctv.com/law/20061103/103636.shtml.

㊁ 中国财经. 包商银行客户经理放贷收受贿赂 造成损失2亿元未收回［EB/OL］.（2019-03-11）［2019-08-29］ http://finance.china.com.cn/roll/20190311/4919609.shtml.

㊂ 新浪财经. 蚂蚁金服两员工被判刑：受贿超千万 还被举报嫖娼［EB/OL］.（2019-07-17）［2019-08-29］. https://finance.sina.com.cn/stock/relnews/us/2019-07-17/doc-ihytcitm2744745.shtml.

力的情况下就很容易导致商业贿赂行为。例如，为顺利通过资产评估，贷款方可能会以向银行指定的评估机构行贿的方式拿到合格评估结果。在贷款业务的资产评估环节，部分银行会交给相关评估机构来评估资产，某些评估机构为排除竞争对手、获取更多业务，选择向银行相关负责人行贿。例如，2010年，某银行在办理资产评估抵押贷款业务时，假借对9家评估机构出具的评估报告开展"工程造价确认咨询"的方式，共收取21万元的咨询费并计入中间业务收入的会计科目中。㊀。

此外，在金融机构业务办理过程中，经常会为回扣巧立名目，这些回扣的名称可能有所不同，可能是披着"财务顾问费""渠道费""劳务费""咨询费"等多种外衣，但大多是倚仗手中对产品设立及资金支配的职权变现。相当部分的回扣甚至在合同中直接被划拨，其操作路径大多是由第三方以"财务顾问费"的形式收取，经过多年的演变，扮演第三方角色的已从原来的金融机构逐渐降低门槛发展到资产管理公司、顾问公司等各式主体，很可能涉嫌商业贿赂。

3. 业绩导向激励

近年来，随着金融机构的不断增加，在销售渠道依然没有显著改观的情况下，一线人员的竞争更加激烈，管理层激励的方式和手段也层出不穷，这对金融从业人员的职业伦理有一定的冲击。例如，基金公司对营销人员的"灰色激励"使得诸如"投资者教育费"（类似的还有"培训费"）的名目应运而生。这些名目看似是用于支付为投资者或渠道销售人员提供投资知识普及、技能提高等的专项费用，但目前的重要用途是作为渠道销售的隐性奖励。许多新基金的销售都会列支相当比例的投资者教育费，且浮动比例非常大，"基金销售难以推动时，投资者教育费的比例可以达到千分之五的股票基金募集额甚至更高，一只股票型基金如果募集超过10亿，几百万的投资者教育费预算就肯定砸下去了。"通常，基金公司会找第三方会务或培训机构，商量好一定比例的返佣，再由其将相关激励款项转移给销售渠道。当然，还有更为大胆的方式，即渠道通过第三方机构直接给予发行方"现金激励"㊁。

这种不正当的激励方式不仅在证券行业盛行，同样存在于银行与保险行

---

㊀ 新浪博客. 银行商业贿赂的查处［EB/OL］.（2011-12-05）［2019-08-29］. http://blog.sina.com.cn/s/blog_815982100100yo2x.html.

㊁ 周宏，孙旭. 基金营销灰幕：隐性的输送链条激励费成投教费［N/OL］. 上海证券报，2012-12-25［2020-04-03］. http://finance.sina.com.cn/money/fund/20121225/025614102133.shtml.

业。保险营销中的商业贿赂现象重点存在于保险代理攫取保险佣金，在多元保险主体争抢保险业务的进程中代理费用节节攀升。由保险监管部门公开披露的首例保险业单位行贿罪案例正是如此，2007年4月至2008年3月，嘉禾人寿鞍山中支在委托中国农业银行鞍山分行代理销售保险过程中，为提高公司经营业绩，原嘉禾人寿鞍山中支负责人边策授权批准原嘉禾人寿鞍山中支银保部经理白勇用假发票套现，分发给5名银保部客户经理董明、赵阜、明浩、魏颖和李晓霞，由这5人以展业费的方式向农业银行一线柜员支付账外回扣，累计达107万元。最终，嘉禾人寿鞍山中心支公司及相关人员因单位行贿罪判处罚金120万元。○

4. 商业贿赂的职业伦理问题

（1）对商业贿赂的认识模糊

部分从业者职业伦理欠缺，对商业贿赂的认识水平有限，加之商业贿赂形式名目繁多及其隐蔽性，使得商业贿赂成为易发的职务犯罪和职业伦理问题。正是因为对商业贿赂行为及其背后的职业伦理认知上的不足，部分从业者并不认为它是一种违法犯罪行为或者不道德的行为，或者将其主观合理化，以为这是一种"潜规则"，抓到了只是运气不好，不会有道德与良心的不安。

（2）受商业贿赂主体的利益驱动

面对激烈的市场竞争，一些从业者选择了以商业贿赂手段来获得有限的交易机会，降低交易成本。商业贿赂具有双受益性，无论行贿方还是受贿方，商业贿赂都是以少换多，他们都从商业贿赂这场交易中各自获取了利益，达到了追求自身利益最大化的目的。因此，在职业伦理缺失的情况下，商业贿赂很容易被认为是一项没有人受损的风险投资，符合经济学的"帕累托最优"。当风险收益远远大于风险成本，并且职业道德缺位时，商业贿赂主体就会铤而走险。

（3）职业伦理预防乏力

1）道德价值的异化。商业贿赂与我国经济社会发展过程中的职业伦理缺失有密切的关系。很多人扭曲了传统的儒家观念和处世智慧并以此作为指导行为的价值准绳。例如，从"君子爱财，取之有道""不义而富且贵，于我浮云"的

---

○ 中国保险监督管理委员会. 关于嘉禾人寿鞍山中心支公司单位行贿案的通报［EB/OL］.（2010-07-19）［2019-09-26］. http://guangdong.circ.gov.cn/web/site16/tab950/info3960216.htm.

利益导向观转化成为"以权谋私""金钱至上"。在这种错误价值观的指导下，权力或机会可以异化为一种可交换的商品，并从这种商品交易中牟取个人或组织的利益。

2）社会责任的缺失。职业伦理中包含着社会责任的观念，这意味着经营者不仅具有经济和法律的义务，而且具有某些超出这些义务之外的对社会的责任。这种社会责任包括了对消费者的责任、对环境的责任以及对竞争者的责任。一个富有社会责任感的经营者应当遵循公平竞争的原则，使得社会资源得到合理的配置，在公平竞争中不断壮大自己，进而促使整个社会经济的发展和繁荣。而一些从业者只看见了眼前利益，通过不正当的手法进行竞争，也是一种职业伦理的缺失。例如，在某些楼盘或者车行，营销员只推荐某几家银行或者保险公司，并且没有选择的余地。这是因为他们收受了这些金融机构的"好处费"，条件是不允许其他机构进驻。

3）道德自律失效。商业贿赂最终止于个人的道德自律，职业伦理的缺失、弱化是其本质原因，人生观、价值观、道德观的沦丧，人生境界的滑坡，道德觉悟的下滑等与此不无关系。一些金融机构在伦理文化和职业伦理方面形式化，一些行业自律机制甚至处于缺位状态，职业伦理这种从业者的自律机制作为个人底线一旦缺失，商业贿赂的高发也就成为必然。

## 三、金融业商业贿赂的应对措施

商业贿赂不仅破坏市场竞争的公平性，也损害涉贿企业自身的竞争力和相关金融专业人士和管理者的职业发展。在这一部分，也可以治理商业贿赂问题为例，了解金融业的职业伦理特点和建设要点。

1. 法律是职业伦理的底线

伦理是没有强制约束力的，法律是对人类理性所理解的道德准则的一种表达。一系列法规都经历了一个从伦理上升为法律的过程，反商业贿赂的伦理规范也要上升到法律的高度，用法律来强制这些伦理规范的遵守和执行。西方许多国家都制定了相关的法律规范。例如，美国的《海外反腐败法案》与英国的《反贿赂法案》明确禁止企业在任何地点贿赂官员，相关典型事件如表3-1所示。经济合作与发展组织（OECD）的《反贿赂公约》也明确指出了反国际贿赂，其约束力对36个成员国有效。我国通过的刑法修正案也有明确条款。各国还制定了不同类型的阳光法案，包括信息公开、财产申报等，通过信息公开强化监督作用。

表 3-1　因违反美国《海外反腐败法案》而遭到起诉的公司

| 公司 | 罪名 |
| --- | --- |
| 孟山都 | 在印度尼西亚贿赂一名环保官员 |
| 雅芳 | 在亚洲贿赂外国政府官员 |
| 强生 | 在欧洲贿赂医生，在伊拉克提供回扣 |
| IBM | 在韩国用现金和礼品贿赂官员 |
| 沃尔玛 | 为获得区域许可贿赂墨西哥官员 |

（来源：Cengage Learning）

2. 行业组织是职业伦理的社会助推

对商业贿赂和腐败的监管，除了立法和政府监督外，行业组织自律也是重要的社会层面治理力量。我国各类金融业行业协会、职业协会的相关伦理公约、守则里几乎都有关于不得进行商业贿赂的内容。而且一旦此类事件曝光，行业组织会通过谴责、开除协会会员资格等方式予以惩戒，CFA 协会等行业组织甚至可以取消其认证的职业资格。信息透明也是一个重要的方面。中国银行业协会、中国证券业协会向社会各界作出"反对商业贿赂"郑重承诺，共同签署反商业贿赂公约。各政府机构除了各自对本行业进行商业贿赂治理之外，还有一些联动，例如一年一度召开金融机构治理商业贿赂工作联席会。

3. 企业文化和价值观是职业伦理的源头

职业伦理可从原始动因上遏制和消除人们的行贿动机和心理，是从思想源头上治理商业贿赂的一项根本措施。反商业贿赂要让商业贿赂主体由于职业道德和内心信念的考虑而从心底里"不愿"行贿和受贿，认为这是一种道德上的耻辱。

金融机构强有力的企业文化是遏制金融领域贿赂和腐败行为的环境基础，企业需要建立与其管理体系有机结合的文化与道德准则、沟通和教育准则。如果一家企业的文化与价值观和社会期盼相距较远，公司发生腐败和贿赂的概率就会提高。金融机构既需要有创造力、有竞争力、有团队精神和忠诚意愿，同时还需要有相互尊重、透明规范的沟通环境以及公平、尽责和信任的伦理道德体系。这些基本准则不仅是企业内部的价值观，也应该是企业与其商业伙伴共同的价值观；不仅是全体雇员应遵循的价值观和职业伦理原则，也应该是股东和高管团队的价值观。企业应定期开展职业伦理的培训，确立强化正确的职业伦理和职业规范。金融机构也可以建立员工职业伦理和信用档案，共同抵制商业贿赂的行为。

4. 企业内控是职业伦理的制度约束

除了外部监管外,组织内部的控制机制也不可或缺,包括具体的操作指南、权力制衡、审计及信息沟通等方面。以采购环节为例,公司是否建立有完备的供应商选择与询价机制、合同管理机制、验收机制等,与能否有效预防商业贿赂的产生有直接的关系。权力制衡与审计体系的完备,则是内部控制的另一方面。权利必须受到约束和监控,对工作职能进行细化并建立权利制衡体系,也可有效降低职业伦理问题带来的风险。

制定细化反商业贿赂政策条款是加强企业内控、推动职业伦理建设的第一步,也是最重要的一步。只有制定规范条款,才能通过强制性约束使雇员明确商业贿赂的概念和相关责任、后果,使相应的管理和职业伦理有据可依。企业还需要保证对企业管理者、雇员和代表企业的其他人士充分培训,使各级员工充分了解商业贿赂的影响。最后,内控政策还应该包括对商业贿赂的风险进行评估,了解商业贿赂对公司的潜在负面影响。例如在有可能发生商业贿赂问题的地方,GE(中国)公司都制定有明确的条文,使雇员在商业活动中能知道自己的行为是否符合公司的政策和职业伦理要求。

 【复习题】

1. 以下关于职业伦理的说法中,错误的是(　　)?

A. 职业伦理以群体的力量保证其实施

B. 职业伦理主要依靠法制的力量保证实施

C. 职业伦理的内容有一定的稳定性

D. 职业伦理产生并适用于特定群体范围

2. 白领犯罪有以下哪一种特点(　　)?

A. 白领犯罪的形式是唯一的

B. 白领犯罪只涉及低层级的白领

C. 白领犯罪经常是因为受到组织内熟人观点和行为的影响

D. 白领犯罪在经济衰退的年份也会减少

3. 职业素养的核心构成,不包括以下哪个部分(　　)?

A. 过往的职业经历

B. 职业信念

C. 职业知识技能

D. 职业行为习惯

4. 商业贿赂产生的经济伦理原因不包括以下哪项（　　）？
A. 对商业贿赂的认识模糊
B. 缺乏对法律知识的了解
C. 受商业贿赂主体的利益驱使
D. 全社会经济伦理预防乏力

# 第四章

## 金融市场伦理

**【本章要点】**

1. 了解市场经济基本伦理问题和原则;
2. 了解金融市场交易、信息安全与信息安全伦理;
3. 熟悉金融市场交易主要伦理问题,掌握其治理原则;
4. 熟悉金融风险管理中的伦理问题,掌握治理措施和伦理原则;
5. 熟悉金融信息安全中的伦理问题,掌握其治理原则。

**【导入案例】**

### 华尔街严打内幕交易的台前幕后

内幕交易频繁曝光缘于金融危机后美国监管机构对金融市场展开的前所未有的监管整治。

2008年9月,华尔街大型投资银行雷曼兄弟倒闭引发全球金融危机,在危机中上任的奥巴马政府于2009年6月正式提出金融监管改革方案。2010年7月21日,美国总统奥巴马签署了被视为20世纪30年代"大萧条"以来最全面、最严厉的一部金融监管改革法案。

《多德—弗兰克华尔街改革与消费者保护法》致力于保护消费者、解决金融业系统性风险等问题,用奥巴马的话说,这一史上最强大的消费者金融保护制度将为美国家庭和企业带来更大的经济安全,"美国人民将不再为华尔街的错误买单"。这部长达3000多页的法案,对金融交易的细则进行了前所未有的全面规范。其主要目标之一就是增加法案的透明度和市场的责任意识,加大对内幕交易和暗箱操作的打击。

对冲基金成为监管重点之一。2010年11月,美国商品期货交易委员会

（Commodity Futures Trading Commission，CFTC）通过了要求管理资产超过1.5亿美元的对冲基金和私募股权基金顾问进行注册登记的条例。CFTC主席加里·詹斯勒当时表示，"我们必须对银行系统和银行体系的阴影部分、衍生品市场和华尔街进行监管，不能沉湎于过去的时光，我们有责任加速我们对金融体系监管的时间表。"

如今，华尔街利用内幕谋取暴利的传统却依然没有改变，而且涉案数额更大、交易网络更复杂、交易方式也更隐蔽。

曼哈顿联邦检察官普利特·巴拉拉在一次新闻发布会上感叹："我们谈论的并不是某个偶尔腐败的个人，而是一种腐败的商业模式，被告采用了社交网络的概念，将其变成为一个犯罪集团。"

在投资界的神秘领地，四处搜集来的重要公司情报常常在华尔街分析师、交易商以及其他投资人之间私下分享，以赚取巨额利润。企业顾问、投资银行家、分析师以及对冲基金经理等联系起来组成一个赢得"暴利"的机构内幕信息网，这个网络的存在一直是华尔街公开的秘密。

近来这种网络以更专业的形式出现，即"专业人脉"公司。所谓专家人脉公司，就是通过建立包括上市公司离职员工、教授、医生或其他专业人士在内的专家人脉资源库，为有特殊需求的机构投资人从其行业内的重量级专家那里获得最专业的咨询顾问服务。但在很多时候，这种行业咨询服务往往来自上市公司的在职员工甚至是核心高管，涉及的信息足以构成内幕交易。

随着内幕交易调查的推进，重点之一便是确定是否有独立分析师和顾问通过专家人脉公司向对冲基金和共同基金传递非公开信息。美国曼哈顿联邦检察官已向多家大型对冲基金发出传票，这些传票表明，针对与所谓专家人脉服务公司有业务往来的对冲基金和投资公司的一连串联邦调查活动越来越频繁。

（来源：经济参考报《华尔街严打内幕交易的台前幕后》）

案例讨论分析：

1. 你认为内幕交易的问题主要违反了什么伦理原则？

2. 美国为什么会出台《多德—弗兰克华尔街改革与消费者保护法》，其主要目标是什么？

3. 为什么市场经济需要监管？

市场和企业为金融活动的两大渠道。金融活动的一个显著特征是：它是在市场上进行的，而且是在相对发达的市场中进行。金融市场是要素市场，在发挥市场在资源配置中所起的决定性作用中，更为基础和核心。金融市场对其参与者的道德要求极其严格。恰如美国本杰明·卡多佐（Benjamin Cardozo）法官所言："许多在日常生活中允许做的行为，对于那些负有受托人职责的人来说都是禁止的。受托人的道德标准被认为比市场参与者更严格。这个行业的道德准则不是单有诚信就可以，还包括最敏感的诚信细节。"㊀

金融市场遵循市场经济的一般规律和原则，是市场经济高度发展的体现。与其他领域相比，金融市场的创新又常常超前于监管，也带有一定试错的成分，人们对其伦理问题和道德风险往往后知后觉，这本身也会带来新的伦理问题。

另外，金融市场受到非道德行为的冲击而产生动荡或危机，不但会造成金融机构及其客户的利益损失，也会引发社会信用危机，激化社会矛盾，威胁社会稳定。

所以，金融市场伦理在金融从业者需要理解和把握的伦理知识和原则中具有基础性地位。本章第一节总体概述市场经济的伦理原则；第二节从内幕交易、恶意收购、高频交易等方面阐述金融市场交易的伦理问题；第三节介绍金融市场风险管理的伦理问题；第四节是金融市场信息安全伦理。

## 第一节　市场经济的伦理原则

### 一、市场经济的进步意义

因为市场经济本质上是一种社会分工基础上的超大规模的合作机制，所以市场经济需要伦理规则、伦理规范来约束经济行为，以确保这种合作的有效性和持续性。这本身是社会进化的产物，是人类文明高度发达的重要体现。理解市场经济在人类伦理机制上的建设性和进步意义，才可能正确认识和解决市场中出现的各种伦理问题。

1. 市场崇尚自由竞争、公平交易

在市场经济发展的现代化进程中，私人产权的发展尤其是财产的可转让性极大地增进了人类的自由。传统社会里的人身依附或者配给制度中的人身禁锢逐步消散，在市场这一更公平、有效的利益机制面前，人类得到前所未有的解放。以市场来配置资源，标志着人类在摆脱等级和身份社会上迈出了一大步，完善的市场经济意味着独立人格和自由平等关系的确立。只有遵循这些基本的伦理精神，市场交易才能确保每个人的福利都得到增进。因此每一次交

---

㊀　博特赖特. 金融伦理学［M］. 王国林，译. 3 版. 北京：北京大学出版社，2018：38.

易都是经济学意义上的"帕累托改进"（即至少一方的福利改善，而没有人会因此更差）。

2. 市场推动了合作与和平

市场的理念深入人心，人们普遍接受了从市场推及至诸多领域的"主观上利己，客观上利他"。市场使人类通过分工和交易形成"利益共同体"，不再简单地按照零和博弈的思维，将利己与利他对立起来。尤其是16世纪以来，随着全球贸易体系的建立，世界各地越来越紧密地结合在一起，按照全球市场开展分工与合作。美国心理学家史蒂芬·平克（Steven Pinker）的研究表明，"自由市场最鼓励移情，一个好商人，必须要满足客户，商人才可能越富有，此即所谓'文明商业'[一]，总体而言，商业的发展大大减少了战争的威胁和暴力的灾难。"

3. 市场有利于树立和深化契约精神

市场经济是建立在社会分工和诸多契约基础上的协作性活动，契约对经济生活的全面覆盖构成了现代经济生活的一个重要特征。这种市场契约的普遍性，又进一步使契约观念泛化，进一步推动了人类整体社会生活的契约化。由于契约的公平对等、自由合意等特性，这种以利益有机结合形成社会团结的秩序，也是一种相对公正合理的秩序。

## 二、效率原则

1. 功利主义与效率

在第一章中已经介绍过伦理学的三种最重要的思想，功利主义不但是其中之一，也是现代经济学和金融学的思想基础。强调人的感性幸福和功利追求的正当性、合理性及其思想的不断成熟发展，正是现代经济思想史的发展脉络。经济学可以说是功利主义伦理学的发展和应用，也是市场经济进步意义的思想基础。

对功利主义原则的批评主要来自两个方面：一个是功利主义最明显的缺陷在于它没有尊重个体权利，认为只要"违背公平原则，即使个体甚至整体经济福利效率提高，也是违背交易伦理的，因为它侵犯了某些人的权利。"[二]；另一个是认为个人的"效用不可比"，且很难量化，由此将个人的福利看作等量的原子

---

[一] 平克. 人性中的善良天使 [M]. 安雯，译. 北京：中信出版社，2015：97.

[二] ANG J. On financial ethics [J]. Financial Management, 1993, 22 (3): 32-60.

化的内容，进而评判多数人的福利不免有失偏颇。另外，功利主义也被批评是"成者为王败者为寇"的结果论的另一种表达。

2. 效率原则及其困境

功利主义讨论的是最大多数人的最大幸福。用同样的资源创造更有价值的产品或服务，这本身就是一种价值主张，亦是一种伦理原则，是效率原则的伦理思想基础。

效率就是投入产出之比，而用最小的投入实现最大的产出就是效率原则。人们熟知的"摩尔定律""指数型增长"都是这种效率原则的一种表达。效率既是一种经济价值，也是一种道德价值。因为在同样情况下实现更多的产出比低效运营更能创造财富和繁荣，更有利于大多数人的福利改进。

然而，个人或者组织仅仅按照把追求利益最大化或者追求效率作为自己的目标，往往并不能产生最多数人的最大幸福。因为这不仅需要考虑自身的效率和直接的经济利益，如果其效率以牺牲员工、客户、中小股东、社区等利益相关者的权益为代价，就会产生利益冲突和伦理问题。在经济学的研究中，由于私人成本和社会成本不一致而导致的外部性，也被认为是导致"市场失灵"的主要原因之一。而且，即使涉及的利益相关方在当时忽视甚至放弃自己的权益，企业也不应唯利是图、乘虚而入，因为这种一味追求效率的行为，会产生社会成本，在将恶果推向社会的同时损害自身的社会资本。效率原则的滥用冲击了金融的信用体系和道德基础，最终导致了金融危机。所以说，金融危机也是道德危机。

更何况功利主义带来的社会福利最大化只存在于理想的状态下。即使每个市场的主体都遵循市场的功利主义原则，也未必会实现"帕累托最优"。按照经济学家曼瑟尔·奥尔森（Mancur Olson）提出的集体行动的逻辑，"除非存在强制或其他某些特殊手段以使个人按照他们的共同利益行事，有理性的、寻求自我利益的个人不会采取行动以实现他们共同的或集团的利益。"⊖

## 三、公正原则

1. 公正的概念

公正（类似的说法还有公平、正义）在人类的道德规范和伦理体系中处于核心地位，在市场经济的伦理机制中具有基础性和优先性。市场是一种"自发

---

⊖ 奥尔森. 集体行动的逻辑 [M]. 陈郁，等译. 上海：格致出版社，2018：3.

扩展秩序",但其良性运行也需要由包括法规在内的各种制度、秩序来保障其公平有效运行。如果市场失去公平交易的伦理原则,也就无法确保市场参与者的权益。如果有人能够通过垄断行业、操纵市场、欺诈造假等在市场中长期获利,不仅意味着其利益相关者要遭受不公正的损失,久而久之市场会在这些非道德行为上展开"道德逐底"的竞争,出现类似"劣币驱逐良币"的情况,则违反公正原则的市场参与者"赢者通吃",市场的参与者和活跃度也都会逐渐萎缩,最终无法持续。早在20世纪30年代,美国的《1934年证券交易法》赋予美国证监会(U. S. Securities and Exchange Commission,SEC)的任务就是"保持市场的公平和有序"。2014年6月4日,国务院印发《关于促进市场公平竞争维护市场正常秩序的若干意见》(国发〔2014〕20号)。

公正的核心含义至少有两个理念。首先是指根据某些规则、协议或期望,平等对待他人,即公平交易、公平竞争;其次是结果与判断规则相一致。这两个理念综合起来表述就是,"相同的情况应该被相同对待,不同的情况应该根据相关的差异来成比例区别对待。"⊖

2. 影响公正原则的问题

市场经济中的伦理问题主要来自对市场经济公正原则的偏离甚至破坏,从而使利益相关者的权益受损,使自身通过不道德的行为获得不当利益。本章导入案例中美国华尔街层出不穷的内幕交易案件正是违背市场公正原则的典型手法。

(1)公正市场的特征

公正市场具有的主要特征是:交易的信息对交易双方都透明、真实;交易双方自愿;双方都可以从交易中获利;所有的交易者被平等对待;如果对方在交易中出现过失可以得到补偿。有学者指出,市场的公平性不是一般地减少或避免伤害,而是通过整合所有人的信念和利益,搭建一个"平整的游戏广场",人人在此按同样的规则游戏。这些游戏规则主要有七个方面。

1)不强迫,要求不强迫交易,也不阻止交易。

2)不歪曲,任何人不能提供失真信息。

3)对称信息,要求人人有同样的信息和获取信息的途径,不隐瞒不利信息,也不就未公开的内幕信息进行交易以获取私利。

4)平等的信息处理能力,要求对认知有错误的弱势群体提供保护。

5)不冲动,要求为失控情形下的冲动交易提供"冷处理"的机会。

---

⊖ 博特赖特. 金融伦理学[M]. 王国林,译. 3版. 北京:北京大学出版社,2018:164.

6）有效定价，要求价格真实反映其潜在价值，任何人为的市场易变性都是不公平的。

7）平等的谈判力量。[1]

（2）影响市场公正的问题

1）虚假信息。交易信息透明、真实是公平的前提，在交易双方信息不对称和技术、法律手段不平等的情况下，这方面最难防范，伦理问题也最为突出，金融市场领域堪称重灾区。主要的方式是商业欺诈，指在商业活动中采用虚假信息、隐瞒信息或者其他不正当手段误导和欺骗利益相关者，使其合法权益受到损害的行为。[2]包括价格或产品质量欺诈、财务欺诈、契约欺诈、信用欺诈等。以理财产品为名的"庞氏骗局"是最典型的商业欺诈。虚假信息使交易的起点就已经处于不公正的状态，后面的一切行为都是这种不公正的放大。

2）不正当竞争。公平竞争是市场经济得以获得参与者信任而存在下去的基本伦理，但通过不正当竞争获取利益也是人性使然，各种各样的不正当竞争无孔不入。主要的方式有垄断、操纵、歧视、胁迫与诽谤、内幕交易、商业贿赂等。

3）公共利益冲突。有些市场交易虽然确实没有给交易双方带来利益上的损失和不公正的后果，但是却给当事人之外的公共利益带来损失和不良后果。例如，为了追求利润导致的环境污染、社会矛盾、资源浪费，甚至金融危机。也有一些机构投资者在投资决策时，忽视社会责任和公共利益，专门选择烟草、游戏等成瘾品甚至涉及"黄赌毒"类投资标的。这种投资虽然没有违反市场的游戏规则，甚至也给参与的市场主体带来了不菲的利润，但无视价值观和社会责任，也是在广义上对市场公平有负面影响。

## 四、市场的公正与效率

市场经济伦理思想的发展也是人类文明进步的体现，其中有两个最关键的里程碑：一个是功利主义伦理学的突破、亚当·斯密（Adam Smith）的《国富论》以及"看不见的手"学说，这堪称是一场伦理思想的"哥白尼革命"；另一个是约翰·罗尔斯（John Bordley Rawls）的《正义论》，使得公平正义的重要性被重新发掘和定义，成为伦理决策的基础和前提。

---

[1] SHEFRIN H, STATMAN M. Ethics, fairness, efficiency, and financial markets [M]. Research Foundation of the Institute of Chartered Financial Analysts, 1992.

[2] 于惊涛，肖贵蓉. 商业伦理：理论与案例 [M]. 2版. 北京：清华大学出版社，2016.

1. 伦理思想的变迁

亚当·斯密被公认为是现代经济学的开山宗师，但他当时的身份却是逻辑与道德哲学教授。亚当·斯密"看不见的手"的经济思想一方面突出了市场经济内在调节机制和鼓励自由放任的态度，另一方面则反映了其"自利可以转化为利他"的经济伦理思想。按照功利主义者的态度，效率有利于实现最大公平，公正也有助于提高效率，尽管两者可能存在冲突。①

而且，亚当·斯密还在他的另一本经典著作《道德情操论》里强调了道德伦理及其有品德的人对企业和市场的重要性。"在社会生活中，一个人若希望获取更多的利益，就必须在恰当的时候克制自己的私欲，甚至兼顾到别人的欲望。"②

约翰·罗尔斯认为效率原则本身不可能成为一种正义观。他在《正义论》中强调，"正义是社会制度的首要价值，正像真理是思想体系的首要价值一样。一种理论，无论它多么精致和简洁，只要它不真实，就必须加以拒绝或修正；同样，某些法律和制度，不管它们如何有效率和有条理，只要它们不正义，就必须加以改造或废除。"③

此外，还有奥肯公平与效率的观点，弗里德曼效率第一的观点。总之，伦理道德既是合理经济行为的内驱力，又是实现公平正义的重要保障。

2. 中国市场经济伦理原则的演变

1992年，中国全面建立市场经济以来，与市场经济的发展同步产生的相应的伦理机制首先要解决的就是效率和公正的关系问题。从党的十四大提出"兼顾效率与公平"、十五大强调"效率优先，兼顾公平"到十八大提出来的"初次分配和再分配都要兼顾效率和公平，再分配更加注重公平，强调的是公平"，可以看到中国对社会主义市场经济的伦理原则在始终遵循效率原则和公正原则的同时，也在不断与时俱进、调整完善。

3. 金融市场的公正与效率

金融市场作为一种要素市场和与各种行业都相关的高端服务业，本身就是因为经济不断追求效率，发展到一定阶段的产物。金融对整个社会资源配置的效率起着决定性的作用。

---

① 博特赖特. 金融伦理学 [M]. 王国林, 译. 3版. 北京: 北京大学出版社, 2018: 163.
② 万俊人. 道德之维 [M]. 广州: 广东人民出版社. 2000: 5.
③ 罗尔斯. 正义论 [M]. 何怀宏, 何包钢, 廖申白, 译. 北京: 中国社会科学出版社, 2009: 3-4.

但是金融又是高度追求公正的。金融资产、金融产品、金融交易、金融技术等在金融市场中各主体间的分布当然是不平均的，而且议价能力、获取信息的能力也相去甚远，发生道德风险的可能性、隐蔽性也远远强于一般的市场，金融市场的非伦理行为造成的恶劣影响、社会风险也非常突出。所以，金融资源配置的分配就更应该考虑公平正义。在金融成为现代经济的核心、经济社会生活逐步金融化的社会中，金融制度安排是否合理，成为影响整个经济制度正义性的重要因素。㊀

从反面来看，如果金融市场不把公正作为伦理原则前置因素，而是一味强调效率，小微企业、农村地区等最需要金融服务的地方，往往就会被遗漏。而这些企业和机构，本应是金融资源配置效率最高的地方。所以，金融体系本身就提供了一种平等性，甚至成为弱势群体化解生存压力和安全风险的重要机会。

4. 经济全球化的伦理冲突

20世纪90年代以来，随着中国加入世界贸易组织，全球在加快经济一体化，各国之间经济联系日益紧密。无论是外资企业走进来，还是中资企业走出去，都面临着经济全球化的伦理挑战。跨国公司由于跨文化差异导致的价值观、行为规范方面的不一致甚至伦理冲突是客观存在的。血汗工厂、逃避法律责任、输出污染、贿赂、逃税等问题也都比较常见。

目前世界上有200多个专门针对跨国公司经济所提出来的道德准则和行为规范。其中，高斯圆桌会议是比较有影响力和公信力的一种，该组织期望各成员在对自身行为负责的基础上，加深理解，加强合作，通过商业交往，促进国家之间关系的改善，以及所有人的繁荣与福利。

扩展阅读

**考克斯道德资本主义圆桌会议**

考克斯道德资本主义圆桌会议（The Caux Round Table for Moral Capitalism）是国际著名企业自发成立的一个连接商业领袖的国际网络，并形成了一个强调全球公司责任的企业社会责任规范。通过实施这些原则，社会责任的积极承担会成为公平、自由和全球社会透明的基础。

原则一，商业的责任：重视利益相关者甚于股东。

---

㊀ 丁瑞莲. 金融发展的伦理规制［M］. 北京：中国金融出版社，2010：29.

原则二，企业的经济和社会影响：追求创新、公平和全球社区。

原则三，企业行为：尊重法律之外更加注重诚信。

原则四，遵守规则和惯例。

原则五，支持多边贸易。

原则六，重视环境保护。

原则七，避免非法活动。

（来源：根据考克斯道德资本主义圆桌会议（Caux Round Table for Moral Capitalism）整理）

## 第二节　金融市场交易的伦理问题

通常而言，比较完善的金融市场是交易金融资产并确定金融资产价格机制的市场。金融市场出现的主要目的是提供便捷的交易，它可以将众多投资者的买卖意愿聚集起来，使单个投资者交易的成功率大增，从而使资源得以配置。由此可见，交易是金融市场的基础经济功能，是金融发挥作用的核心。

但是，在金融市场中，由于不当交易引发的风险随处可见，其中，内幕交易、金融衍生品投机、恶意收购和高频交易是主要的不公正交易行为，有时还会造成重大损失。然而，从伦理的角度去界定和约束不公正交易并非易事。例如，虽然内幕交易是违法行为并受到不断起诉，但是从伦理角度反对它却十分困难，而且一些经济学者和法律理论人士也反对那些禁止内幕交易的法律。再如，一般情况下恶意收购是合法的，即使很多人认为它并不合适，但仍然要按照防止利用不公平优势的规则来运作。

因此，在金融市场高度发展的今天，金融市场交易中的伦理问题越来越被人们所广泛关注。如何在保证效率的同时，增进金融市场的公平交易，是人们需要深思和探讨的重要伦理问题。

### 一、内幕交易

1. 内幕交易的概念

内幕交易主要是利用信息不对称带来的优势，内幕信息知情者在市场反应前进行证券买卖从而赚取收益。根据中国司法机关的权威定义，内幕交易是指上市公司高管人员、控股股东、实际控制人和行政审批部门等方面的知情人员，利用工作之便，在公司并购、业绩增长等重大信息公布之前，泄露信息或者利

用内幕信息买卖证券谋取私利的行为。㊀

内幕交易是金融市场违法违规行为的绝对"大户"。2019年4月份，中国证监会公布了对10起案件的行政处罚决定，其中，7起为内幕交易案。另外，各地证监局公布了8份行政处罚决定书，有5份与内幕交易有关。㊁

《证券法》第七十四条有明确规定，证券发行与交易活动中，涉及有关公司的经营、财务或者对该公司证券的市场价格有重大影响的、尚未公开的信息为内幕信息。任何知道上市公司内幕信息的个人，不得买卖该公司的证券，故意泄露内幕信息，或者建议他人买卖该公司证券。

2. 内幕交易的伦理问题

从伦理上支持立法禁止内幕交易的理由通常有三个。

第一是基于产权理论，认为那些根据重要的、非公开信息进行交易的内幕信息知情人本质上是在窃取公司的财产为自己谋取私利。

第二是基于市场的公正原则，认为那些使用内幕信息进行交易的人比其他投资者拥有不公平的优势，这样一来市场就缺乏公平竞争的环境了。

第三认为内幕交易者违反了信息源所承担的受托人义务。㊂

3. 应对措施

（1）通过监管确保公正优先

有些经济学家认为，如果没有禁止内幕交易的法律，股票市场将更加有效。㊃他们宣称，如果允许内幕交易，信息将更快地在股票市场上传播，并且其成本要比将此任务留给股票分析师来研究更低。而且，由于对内幕交易的防控制度和相关问题的查处，会给上市公司重组带来额外的工作量和时间成本，看起来是影响了整个过程的进度和效率。

本章第一节已经阐明，公平是个基本的道德评价范畴，公正是市场的首要道德基础。金融市场交易中的公平具有一定的平等性，即公平竞争环境。竞争

---

㊀ 中国证券监督管理委员会. 国务院办公厅转发证监会等部门关于依法打击和防控资本市场内幕交易意见的通知（国办发〔2010〕55号，2010年11月16日）[EB/OL]．（2014-09-18）[2019-08-30]. http://www.csrc.gov.cn/shenzhen/xxfw/tzzsyd/ssgs/zh/zhxx/201409/t20140918_260545.htm.

㊁ 朱宝琛. 内幕交易缘何惊人相似？原来是"圈子"在作祟[N/OL]. 证券日报，2019-05-06 [2020-04-03]. http://www.zqrb.cn/stock/gupiaoyaowen/2019-05-06/A1557080581615.html.

㊂ 博特赖特. 金融伦理学[M]. 王国林，译. 3版. 北京：北京大学出版社，2018：176.

㊃ MANNE H G. Insider trading and the stock market [M]. Free Press, 1966. 同样见于 HERRY G. MANNE, In Defense of Insider Trading [J]. Havard Business Review, 1966, 44 (6)：113-122.

环境可能出于多种原因是不平等的，但伦理上要求在信息、资源、程序方面要平等，任何人不得具有不公平的优势。

内幕交易者通过不同条件进行竞争被认为具有不公平的优势，基于非公开信息的内部交易一般被认为是不公平的。相比而言，内幕交易合法化带来的效率提升不可与之相提并论。

正是因为如此，不但各国的金融监管机构都无一例外、不计成本地对内幕交易严格防控、查处。例如，中国证监会对容易引发内幕交易的上市公司并购重组，采取了"异动即调查、立案即暂停、违规即终止"等规制措施，减少违法者的可乘之机。

金融监管机构还通过法制宣传、教育培训等多种形式，普及相关法律知识，帮助相关人员和社会公众提高对内幕交易危害性的认识，增强遵纪守法意识。媒体、社会组织也始终在发挥社会舆论监督作用，形成依法打击和防控资本市场内幕交易的社会氛围，帮助所有市场参与者都自觉抵制内幕交易等不法利益侵蚀，共同维护资本市场公开、公平、公正的良好秩序。

（2）通过企业防控坚持正确价值观

内幕交易信息主要关注的是企业的重组并购等在资本市场上重大战略举措，虽然内幕交易的主体是个人，但相关企业、金融机构对内幕交易的防控措施和职业道德养成、伦理培训也负有根本性的责任。

按照中国金融监管部门的要求，上市公司、金融机构必须明确建立内幕信息保密制度，明确范围、流转程序、保密措施和责任追究要求，并指定负责内幕信息管理的机构和人员；同时，建立内幕信息知情人登记制度，要求内幕信息知情人按规定实施登记，落实相关人员的保密责任和义务。

企业也需要从职业道德和伦理文化的角度入手，坚持正确的价值观导向，增强伦理的引导，加强内幕交易危害、责任的伦理教育和相关处理的信息披露，将内幕交易纳入伦理审计和社会责任报告的范畴，帮助内外部利益相关方在利益冲突时能够作出正确的伦理决策。

同时，也有必要将内幕交易防控工作纳入企业业绩考核评价体系，明确考核的原则、内容、标准、程序和方式，以及完善内幕交易行为认定和举证规则。只有这样，才能让企业在面对相关问题和风险时占据主动，使本能的效率原则最终服从金融市场的公正原则。

关于内幕交易，国内证券市场还有一个特殊情况。那就是，上市公司频频进行重大资产重组时，是调整基本面的最佳时机。通过并购重组进行利润合并和优质资产注入实现估值调整，而因此所带来的二级市场溢价效应，一定会吸引大量的资金去有选择性地支撑市值的扩张。换句话说，在市场结束熊市，市场参与者信心恢复过程中，内幕交易违法违规行为极易抬头。这也是上市公司需要防控内幕交易风险的重点阶段。

（3）通过技术手段加强查处力度

技术是中性的，但为监管部门和企业监察所用，有利于促进金融市场的公正。尤其在内幕交易等阻碍市场透明、公正的伦理问题中，可以大显身手。随着大数据技术在我国监管中的广泛运用，以及监管科技的进一步发展进步，识别潜在内幕交易的关联性越来越容易。技术手段不断升级使查处内幕交易更为容易、便捷，客观上促进了金融市场的公平交易。

上交所早在 2003 年就开始研究利用大数据协助市场监管。现在使用的第三代监察系统（3GSS），在建立之初就启用了"海量数据统计分析"方法识别内幕交易。中国证监会自 2013 年开发启用大数据分析系统。除了大数据挖掘之外，证监会在稽查扩编中，还增加了对手机、日常通信工具（包括微信、QQ 等社交工具）的监控等高科技手段。⊖

### 扩展阅读

**中国 A 股典型内幕交易案例**

1. 明星基金经理的陨落——李旭利案

李旭利，硕士学历，明星基金经理，具有十多年基金从业经验。先后任交银施罗德基金经理、投资总监，上海重阳投资管理有限公司合伙人、首席投资官等职。

2009 年 4 月 7 日，李旭利指令五矿证券深圳金田路营业部总经理李智君在其控制的"岳彭建""童国强"证券账户内，先于或同时于其管理的基金买入"工商银行"和"建设银行"两只股票，于 2009 年 6 月份悉数卖出。两个月时间，上述两只股票的累计买入金额约 5226.4 万元，获利总额约为 1071.6 万元。

上海市第一中级人民法院判决认定李旭利利用未公开信息交易罪名成立，判处其有期徒刑四年，追缴全部违法所得，并处罚金 1800 万人民币。二审上海市高级人民法院维持原判。

2. 大数据捕鼠第一单——马乐案

马乐，1982 年出生，硕士研究生学历，2006 年毕业后进入博时基金工作，2010 年 7 月起担任博时精选基金经理。

---

⊖ 内幕教育警示教育展. http://www.csrc.gov.cn/pub/newsite/jiancj/jywlz/zfxd.html.

2011年3月9日至2013年5月30日，马乐在担任基金经理期间，投入本金300多万元，操作"金某""严某进""严某雯"3个股票账户，通过临时购买的不记名电话卡下单，先于、同期或稍晚于其管理的"博时精选"基金账户买入相同股票76只，累计成交金额人民币10.5亿余元，从中非法获利1883万元。2013年7月11日和12日，证监会冻结涉案3个股票账户，冻结资金共计3700万元。7月17日，马乐到深圳市公安局投案。

2014年3月28日，深圳市中级人民法院判处马乐有期徒刑3年，缓刑5年，追缴违法所得1883万元，并处罚金1884万元。

3. "金牛"沦为"硕鼠"——苏竞案

苏竞，1974年出生，硕士研究生学历。曾任证券公司、基金公司高级行业研究员。2007年加入汇添富基金公司，一年后升至基金经理。

2009年3月至2012年10月，苏竞在担任汇添富均衡增长股票、汇添富蓝筹稳健混合两只基金的基金经理期间，利用工作获取的未公开信息，通过堂弟、堂弟媳的账户交易130余只股票，交易金额达到7.33亿元，非法获利3652.58万元。根据其200多万元的本金计算，苏竞在三年多的时间获利约18倍。

经过证监会和公安部立案调查，该案被移送至司法机关。2014年7月16日，上海市第一中级人民法院对苏竞案进行了开庭审理，苏竞当庭认罪。

4. 券商"老鼠仓"第一案——季敏波案

季敏波，1964年出生，博士研究生学历。2008年9月，季敏波进入西南证券，任西南证券股份有限公司副总裁、证券投资管理部总经理兼投资经理。

案发期间，季敏波有权下达西南证券自营账户的操作指令，并可依据相关软件对该部门投资经理的股票交易行为进行实时监控。2009年2月28日至2011年6月30日期间，季敏波利用职务便利掌握公司股票自营信息，通过其亲友控制的多个个人证券账户，同期于西南证券自营账户买卖相同股票40余只，成交金额5000万元，获利约2000万元。

2012年10月23日，重庆市第一中级人民法院当庭宣判季敏波利用未公开信息交易罪成立，判处有期徒刑3年，缓刑3年，追缴全部违法所得，并处罚金人民币60万元。

（来源：新华金融"中国A股史上五类典型内幕交易案例回顾"）

## 二、恶意收购

1. 恶意收购的概念

公司并购是市场经济与资本市场发展到一定程度的必然产物，它具有优胜劣汰，加速资源优化配置的强大功能。但是，市场上的并购并不都是善意的，还有频发的恶意并购。恶意收购又称敌意收购，是指收购公司在未经目标公司董事会允许，或者协议收购谈不成，在不顾及对方是否同意的情况下进行的收购活动。㊀

常见恶意收购策略可以分为四种表现形式。

（1）熊抱函，分为直接向市场公开和寄给董事会两种。一般情况下，会给出较高的股票报价。

（2）低调地在市场上吸取股票。避免让目标公司提前注意到而采取防范措施。

（3）直接避开董事会向目标公司股东发出要约。

（4）激进投资者与恶意收购者一起或者先后吸取股票。㊁

2. 并购交易中的公平性

一些经济学家认为，恶意收购是悬在管理者头上的达摩克利斯之剑，它可以潜在地约束管理层，从而保护中小投资者的利益。当公司在位管理层不能或不愿意采取能使股东价值增加的措施时，公司就成了收购的目标。或者如支持者说的那样：收购的威胁就是对公司管理层的一个重要制约——如果没有这一持续刺激，管理层就会缺乏动力来保证股东实现全部投资价值。

恶意收购的反对者则质疑其带来的好处，强调其弊端。由于信息不完全，市场上的投资者无法对公司未来作出正确的判断，只好把公司经营好坏的标准放在较为实在的近期投资盈利上，这导致有好项目的公司股价被低估。如果没有企业收购，公司股东将得到延后补偿。但由于存在并购行为，目标公司股东就不得不接受一个低于实际价值的市场价格。㊂

3. 应对措施

（1）公司章程中设置反收购条款

在公司章程中设置反收购条款，是公司对潜在收购者所采取的一种预防措施。由于反收购条款的实施，会直接或间接地提高收购成本，甚至形成"胜利

---

㊀ 法制网. 什么是敌意收购［EB/OL］. (2015-12-28)［2019-08-30］. http://www.legaldaily.com.cn/Finance_and_Economics/content/2015-12/28/content_6420486.htm.

㊁ 宋浅旻，梅天莹. 浅析恶意并购防范措施——基于宝万之争视角［J］. 时代金融，2017（15）：199，201.

㊂ 隆银创投基金. 投行并购必看：并购与反并购实战案例盘点［EB/OL］. (2016-07-31)［2019-08-30］. http://www.sohu.com/a/108453754_465202.

者的诅咒"的局面,因此在一定程度上会迫使收购方望而却步。例如董事轮换制、限制大股东表决权条款等。

(2) 提高目标公司收购的成本

这类反收购的典型策略就是"金色降落伞计划",它是通过提高企业员工的更换费用来实现的。当目标企业被并购后,如果发生管理层更换和公司裁员等情况,恶意收购方将为目标公司员工支付巨额的解聘费用,达到增加恶意收购方重组目标公司的难度。从反收购效果的角度来看,金色降落伞策略有助于防止管理者从自己的后顾之忧出发,阻碍有利于公司和股东的合理并购。

但"金色降落伞"策略也引起许多争议:其一,相对于购并的交易成本和费用,"降落伞"的支付款项所占比例较小;其二,在中国全面实施管理层收购(Management Buy-outs,MBO)不太现实的情况下,当公司被并购时,给管理层以高额的离职金并不现实。

(3) 降低目标公司对收购者的价值

这类反收购的常见策略包括毒丸计划和皇冠明珠法。

毒丸计划又称股权摊薄反并购策略,是一种提高并购成本,同时造成目标企业吸引力急速降低的反收购措施。主要分为三类:负债毒丸计划、优先股权毒丸计划和人员毒丸计划。

此外,企业最有价值的部分最具并购吸引力(如技术秘密、专利权或关键人才专利、商标、某项业务或某个子公司等),通常被誉为"皇冠上的明珠"。这些"皇冠上的明珠"非常容易诱发其他企业的并购企图。针对这种情况,目标企业可以将"皇冠上的明珠"出售或者抵押,从而降低敌意并购者的并购兴趣。

(4) 与友善的公司合作抵御恶意收购

这类反收购的常见策略是白衣骑士法,它是指目标企业在遭遇敌意并购时,主动寻找第三方即所谓的"白衣骑士"以更高的价格来对付敌意并购,造成第三方与敌意并购者竞价并购目标企业的局面。在有"白衣骑士"的情况下,敌意并购者要么提高并购价格,要么放弃并购。

### 三、金融衍生品投机

1. 金融衍生品交易的概念

金融衍生品是指一种金融产品,本身不具有内在价值,它只能随着其他证券或者商品(称为底层资产)的价值的变动,或者随着其他事件(例如债务违约)的发生才产生价值。由于其价值是衍生出来的,所以称作衍生品。可以作为衍生品底层资产的金融品类有很多,例如股票、债券、指数、货币等。国内投资者常见的金融衍生品有股指期货、期权、资产支持证券等。此外,还有大量以大宗商品为底层资产的衍生品,如大豆、石油期货等。

金融衍生品风险具有高度复杂性,又难以被理解,增大了高管层与股东、债权人之间的信息不对称。高管层往往缺乏相应衍生品交易的知识和培训,加上衍生品交易的复杂性、高杠杆性和巨额性等特征,以及计算机技术的发展,使得金融衍生品交易在缺少董事会授权的情况下持续扩张。

2. 金融衍生品交易中的伦理问题

(1) 社会风险问题

衍生品对于资本市场的发展必不可少,但是其投机性、外部性也非常强,而且多数金融衍生品都可以加杠杆操作,实现以一搏十的效果,因此受到很多短线投资者的青睐。随着衍生品交易的投机功能被放大,交易越来越偏离避险用途,走向纯粹的投机性对赌,交易模式也被人为地设计得越来越复杂。复杂的交易模式经过贪婪与欺诈的催化,加之缺乏监督,高回报诱发下的操纵和价格欺诈可能性增强,把金融衍生品变成大规模金融杀伤性武器,给企业和市场带来伤害,最终把金融衍生品带来的巨大风险推向了社会,造成经济危机甚至社会危机。

(2) 职业伦理问题

与传统金融信用不同,现代金融信用是非个人化的、非直接的、超越时空限制的制度化信用,金融衍生品交易正是这种制度化信用的产物和受益者,它的信誉度与可靠性关系到整个金融体系的可靠性与可信度。

金融衍生品出现类似于次级债 MBS(Mortgage-backed Security,不动产抵押贷款证券)的严重失信问题,会动摇人们对整个金融体系的信赖。引发 2008 年全球金融危机的美国"次贷"的发放以及对"次贷"所进行的"打包"处理与信用评级,实质上是一种背离信托责任的大面积违规作业,这既表明政府监管的缺失,同时也表明华尔街金融精英职业良知与职业操守的丧失。现代金融组织及其从业人员的道德品质,尤其是金融产品设计与发行操控者的职业美德以间接的方式支撑着金融衍生品交易的信用大厦。

3. 应对措施

投资者应该高度重视衍生品的危害性,明确仅以套期保值为目的而使用金融衍生品,加强内部控制流程和对外信息披露。同时,应遵循就简不就繁的原则,尽量使用功能明确、结构简单,而且风险可控的衍生品。

金融专业人员尤其是中高层管理人员与领导者的良好职业操守，是保障金融道德体系有效运作、防范金融风险的内部支撑力量和构成支撑现代金融信用的内在条件。[1]从伦理角度来说，既要高度重视政府和信用评级机构对金融市场的监管或监督，注意加强衍生品相关制度与机制建构，也必须高度重视金融职业人员尤其是金融产品设计与发行操控者的道德建设，注重从道德上防范金融风险的发生与恶化。

### 四、高频交易

1. 高频交易的概念

根据美国商品期货交易委员会的定义：高频交易是指一种高速度、高频次的交易方式，通过预设的计算机算法实现，指令间隔通常小于5毫秒。目前国内证券市场是毫秒级别，国内期货市场是微秒级别，而海外已经达到纳秒级，这在普通的人类投资者眼中几乎难以想象。这种交易方式还有低隔夜持仓、高报撤单频率、高建仓平仓频率、高换手率等特点。[2]同样是低买高卖，高频交易却可以利用高频技术手段，在某种证券买入价和卖出价差价的微小变化中赚钱。

截至2015年，高频交易约占美国交易所所有交易的60%以上。全球顶尖电子交易公司Virtu的招股书曾披露在4年中仅1天亏损的战绩，证明了高频交易相对投资者的人工操作可以取得巨大成功。高频交易还使经纪商和交易所获利巨大。根据纽约泛欧交易所估算，每天有46%的成交量使用的是高频交易策略，这大大推高了美国股票交易所的成交量，手续费收入也直线上升。

2. 高频交易中的伦理问题

（1）不公平交易

高频交易虽然在正常情况下有提高市场流动性和平滑价格波动的作用，但是在市场出现波动时，反而更容易引发极端价格变化的生成。高频交易使用者无论从信息获取还是公平竞争方面，都以绝对优势碾压普通投资者，导致获取不当收益和破坏市场正常交易秩序的事件频繁发生。

---

[1] 吴晓轮. 金融产品设计与发行操控者的美德建设——源于金融危机的伦理反思[J]. 道德与文明, 2010（1）：115-118.

[2] 巴曙松, 王一出. 高频交易对证券市场的影响：一个综述[J]. 证券市场导报, 2019（7）：42-51.

作为金融科技与证券市场结合的新生事物，目前对于高频交易的学术研究发展尚不足十年。而如何认识和看待高频交易对证券市场的影响，一直是全球范围内广受关注的问题。有研究指出，"一方面，高频交易一般情况下可以提升市场稳定性并提供流动性，但某些极端情况下会通过降低流动性而损害市场质量；另一方面，在分割化的市场中，高频交易会通过市场势力再分配以及逆向选择等机制破坏交易策略公平性，而与之相关的过度竞争和'军备竞赛'则会损害市场福利。"⊖

（2）引发市场崩盘

高频交易有两大特征：高换手和低延迟。高换手就是交易频繁，低延迟是指对信息的响应和传播速度极快、交易速度快。高频交易对价格变化的快速反应，容易在极短时间内发出大量同向操作指令，造成市场意外发生大幅波动，甚至引发市场崩盘事件。

2010年5月6日，美股道琼斯指数盘中瞬间下跌998.5点，重挫9.2%，事后调查显示是程序化止损指令和卖出指令集中触发所导致的大幅下挫。这一事件堪称华尔街历史上波动最为剧烈的20分钟，近1万亿美元市值蒸发。当天通用电气等知名公司的股价在混乱中惨跌至仅仅只有1美分，成千上万的交易随后被取消。

2013年，某券商自营的策略交易系统因设计缺陷，导致生成巨量市价委托订单，直接发送至上交所，实际成交72.7亿元。而巨量订单在仅仅2秒钟之内发出，且无力挽回。当日上证综指暴涨近6%，50多只权重股触及涨停。共有502宗投资者因该事件而提起民事诉讼，涉诉总金额为人民币6873万元。

（3）交易欺诈行为

幌骗是指在市场交易中虚假报价再撤单的行为。在这种情况下，下单不以成交为目的，而只是为了让市场看到，存在操纵市场的嫌疑。原始做法是人工操作的频繁下单和撤单行为，采用所谓"叠加式报价"。例如，幌骗者起初在几档价格多次下买单，同时在更高价位挂出一定量的卖单，此时市场可能误以为买入力量很强，从而跟随买入，推动价格往上，而该幌骗者则在这个过程中迅速撤走之前的买单，于是其早已挂在更高价位的卖单成交，这是"假买真卖"。幌骗也可以反向操作，即在几档卖价挂出多个卖单，而在更低价位挂好买单，引诱其他投资者卖出，在这个过程中迅速撤走买单，而他之前在低价位挂好的

---

⊖ 巴曙松，王一出. 高频交易对证券市场的影响：一个综述［J］. 证券市场导报，2019（7）：42-51.

买单很可能成交,这是故意压低价格的"假卖真买",以实现低价位收集筹码的目的。

交易中的幌骗行为过多,容易被其他投资者识破,可能导致市场上其他参与方离开,放弃参与该类证券投资,最终损害全体市场参与者的利益。

3. 应对措施

随着我国国际化程度、金融开放水平和金融市场建设水平,以及市场国际化需求的进一步提高,高频交易等科技驱动的金融模式很可能会成为我国金融市场的主流交易方式,也可能成为各大交易所竞争的主要交易量来源之一。这就更要求我们在借鉴西方经验和既有研究成果的基础之上,进一步把握好金融市场效率与公平竞争之间的关系,加强对高频交易等金融科技领域的伦理问题的解决。

国际金融市场对于高频交易的监管和伦理规制日益关注。对于投资者使用高频交易应该提高资质要求,强调机构承担的义务和风险,提高风险控制门槛,使其高收益与高风险特征相匹配。对于采用的高频交易算法和程序,有必要加强信息透明,提倡行业自律组织或监管组织对交易算法的鉴定,防范可能造成明显不公平的交易算法被采用。

## 第三节 金融市场风险管理的伦理问题

风险在金融市场中处于核心地位,加之金融中介(及其委托代理关系或信托责任)在其中起着关键作用,信息不对称现象更为突出。所以,金融市场的公正和效率关系更为特殊和难以把握。2008年金融危机就是金融市场风险管理问题长期积累下的一次集中爆发,也是金融市场风险管理失败的一个极端案例。在危机之前的"非理性繁荣"中,市场各参与方几乎都偏离了正常的轨道。他们为了追逐业务效率和高额利润,在信用风险管理、产品设计、产品销售中把不公正推向了极端,而把自身的行业规范与道德责任抛诸脑后,各种风险因素交叉作用越发难以厘清和控制,最终使金融海啸席卷全球,金融危机演变为经济危机,影响至今犹存。

从伦理角度审视金融市场风险管理,技术的变革在人们给予厚望的同时也是一把"双刃剑"。在金融科技迅速发展的当下,人工智能、大数据、云计算等与金融紧密结合将带来规模、机构种类、金融产品与服务的快速扩张,使金融市场的风险管理在伦理上迎来了新的挑战。

## 一、风险管理及其伦理原则

### 1. 风险的概念与风险管理框架

在金融市场中的风险含义相当广泛，不同组织对其亦有不同的定义和分类方法。结合分类本身的目的和金融市场特性，可以将风险分为市场风险、信用风险、操作风险、流动性风险、法律风险与策略风险等。

2008年全球金融危机之后，金融领域风险管理获得的重视程度进一步加强，也经历了从局部到整体、从片面到全面的发展历程。尤其是近年来，全面风险管理成为风险管理的主流思潮。被普遍接受的全美反舞弊性财务报告委员会发起组织（Committee of Sponsoring Organizations of the Treadway Commission，COSO）颁布的企业风险管理框架（Enterprise Risk Management，ERM）即体现了现代风险管理综合全面的特征。企业风险管理框架分为五个内在联系的要素，分别是公司治理与文化，战略与目标设置，风险管理执行，策略评估与修正，信息、沟通与报告[一]，各部分的主要内容如表4-1所示。

表4-1 企业风险管理框架

| 公司治理与文化 | 战略与目标设置 | 风险管理执行 | 策略评估与修正 | 信息、沟通与报告 |
| --- | --- | --- | --- | --- |
| 1. 董事会执行风险监督<br>2. 建立运营框架<br>3. 定义理想的企业文化<br>4. 强调对核心价值的承诺<br>5. 吸引、发展与留存人才 | 1. 分析业务环境<br>2. 定义风险偏好<br>3. 评估替代战略<br>4. 制定业务目标 | 1. 识别风险<br>2. 评估风险的严重程度<br>3. 风险排序<br>4. 实施风险应对<br>5. 发展风险组合观 | 1. 评估实质性变化<br>2. 评价风险和绩效<br>3. 持续改进企业风险管理 | 1. 利用信息系统<br>2. 沟通风险信息<br>3. 风险、文化和绩效报告 |

在具体操作中，风险管理可大致分为识别风险类型、确定企业可接受风险水平、选择适当的风险管理方法并实施、持续地对公司风险管理方法和风险管理战略的实施情况进行监督四个环节。各个环节和其他要素相互联系和制约，构成了企业风险管理框架的有机整体。而多个要素都存在因伦理冲突而诱发伦理失范现象的可能，需要加以甄别和规避。

---

[一] Enterprise Risk Management——Integrated Framework (2017). https://www.coso.org/Pages/erm.aspx.

2. 金融市场风险管理的伦理原则

（1）公正原则

金融市场的信用风险具有极强的外部性，涉及的利益相关方众多。金融市场信用风险的公正原则是金融市场参与者在伦理层面需要把握的首要原则。不能信守金融市场风险中的公正原则，而单纯追求效率的主体不是合格的金融市场参与者，也缺乏在这个市场持续获得发展的基础和空间。

在风险管理上以不公正手段将金融风险转嫁给客户、合作方、市场乃至社会的负面案例屡见不鲜，不顾风险可接受水平将金融产品出售给完全没有风险辨识能力或者抵御能力的客户的情况也很常见。

也正是由于金融风险管理的公正性要求，金融监管部门有着最为严格、细密的监管政策、法规和程序，并根据影响金融市场公正的风险管理失控行为不断完善。例如，2008年金融危机之后，奥巴马政府实施的最重要的改革措施便是《多德—弗兰克华尔街改革和消费者保护法》。该法案从保护金融消费者的权益出发，要求金融机构每年要进行压力测试，要有足够的资本充足率，并限制了大金融机构之间的投机性交易。

（2）平等原则

在金融市场中，不但作为市场主体的客户与机构的信息能力、专业能力、谈判能力、处置能力高度不平等，机构与机构之间也有较大差异。但作为利益相关者，其共同面对的金融风险是一致的，在一系列具有法律效力的契约中的责权利关系是平等的，相关金融活动中的规则和程序是平等的。应当认识到风险管理中各主体之间的平等关系，不因规模大小、业务性质、特殊关系而区别对待。

（3）信息透明原则

金融交易本身即是以信息为基础的虚拟交易，而信息不对称是资本市场的基本特征，无论是道德风险还是逆向选择，信息在参与主体之间分布的不均匀使得市场呈现出明显的脆弱性。透明、真实的信息可有效地降低金融市场的信息不对称，从而促进风险管理的有效性、公正性。信息公开原则是风险管理的基础，也可对各种投机欺诈和破坏信用的金融活动进行制约和防范。

（4）信用原则

无论在金融机构与机构之间，还是金融机构与客户之间，或者金融机构与其他中介之间，金融市场中的基本关系是信托关系。信托关系的基本原则是信任和信心。

为了在共同面对风险的利益冲突中仍然能保持这种信任，金融机构需要将信用原则作为相关伦理原则的重要内容。在金融市场的风险管理中，信用原则体现在两个方面：一方面，它要求受托人对受益人负责、对业务负责，站在受益人立场上做事，避免任何利用该关系谋取个人私利的行为，不仅要积极把握有利机会开展业务，还要在环境出现变故时实事求是，审慎处理变化；另一方面，它要求金融机构对更广泛的利益相关方负责，不仅要考虑自身可能面临的风险问题，还要考虑风险的相关性，评估风险行为的社会影响。

## 二、金融市场风险管理中的伦理问题

1. 识别风险范围不足

（1）灾难短视

正如约瑟夫·里奇（Joseph. V. Rizzi）在《金融危机的行为基础》一文中所言，"风险管理应该鼓励有理可寻的风险，同时尽量避免可能带来损失尤其是灾难的风险。我们当前的风险度量大约能解释发生概率95%，而主要的灾难性风险可能存在在那剩下的5%里面，因为行为的偏见，我们可能会低估这些风险的发生率。"⊖使用历史数据预测未来的惯常做法使得模型在极端事件预测中几乎无效，再叠加人们偏向于低估风险事件概率的灾难短视现象，风险控制措施在巨大灾难前似乎总是难以发挥有效作用。

（2）未考虑社会责任与可持续风险

在识别的范围上，企业应考虑超出自身利益的社会责任问题，考虑自身活动带来的负外部性。许多金融机构的目标可能仅仅是对股东负责，但随着金融业务的全球化程度加深，风险事件的关联性增强，社会对企业的要求逐步从单纯的盈利延伸到社会责任和声誉、品牌等领域，风险管理也随之拓展，外部利益相关者（消费者、大多数社会成员、特殊利益群体、环境组织、媒体等）的要求也应当纳入到企业风险管理的框架中，以更加宽广的视角来进行风险管理。在2014年青岛港事件中，"德正系"贸易公司涉嫌在数家中资银行、外资银行以虚假仓单进行贸易融资、重复抵押融资，涉案金额达数百亿元。贸易融资业务本身对风险管控能力要求较高，但由于商品融资业务利润丰厚，在侥幸心理作祟下，忽视社会责任与伦理道德的银行也会一损俱损。

2. 确立的可接受风险水平过于激进

风险管理措施是有成本的，因此并非所有的风险都必须严格规避，一些细微的、造成的最大损失程度预期在单位经济能力和承受最大限度之内的风险可

---

⊖ 科布尔. 金融危机的教训：成因、后果及我们经济的未来 [M]. 郭田勇，译，北京：中国金融出版社，2012：281.

以由企业自行承担。若进行评估后风险超出可接受风险水平，则该风险不可以接受或采取相应的措施使之降低达到可接受风险水平。可接受风险水平是十分重要的临界指标，决定了企业是否对识别的风险采取下一步措施，是企业风险偏好程度的体现。可接受风险水平过于激进将使金融机构自身的损失可能性增大，或将对委托人等相关方的利益造成损害。

（1）片面追求绩效

在金融行业的绩效文化和激烈的市场竞争中，业绩—报酬敏感性高的激励机制容易激发人们对效率和业绩的极致追求，从而在风险控制中倾向于更激进的可接受水平。巴林银行倒闭、法国兴业银行巨亏、瑞士联合银行巨亏等案例，均是银行的金融衍生业务部门对高收益的追求与收益激励带来的在风险管理上的扭曲和失控行为所致。

（2）自利性冲动

股东与其他群体之间存在许多利益冲突潜在发生可能。在优先偿付债权人、有限责任的设计下，项目成功时优先偿还债务，股东享有剩余价值；项目失败时破产清算，债权人承担无法求偿的损失，股东则无赔偿责任。为使自身利润最大化，股东自然偏向选择风险更高的项目以期在成功时获得更多收益，这使得公司可接受风险水平过于激进，并承担了过多不必要的风险。

（3）模型和算法的陷阱

可接受风险水平还会因过于依赖甚至"迷信"模型而偏离审慎。以在险价值模型（Value at Risk，VaR）为例，VaR模型有一系列较为理想的假设，如假设最罕见的尾部事件也是正态分布，假设所用数据为平稳时间序列等，可能会低估某些风险事件发生的概率。机构经过测算持有组合的风险和几次成功经验之后，往往会陷入"一切在掌控范围之内"的盲目之中，而忽视模型自身可能存在的偏差。并且，与识别风险的局限性一致，VaR模型只为公司自己资产组合的特定风险服务，而忽视风险事件之间内在的关联。从美国长期资本管理公司投资巨亏的个体事件到次贷危机的全球风险事件，风控模型失效都是引发事故的重要原因之一。

（4）赌博文化的盛行

以成功预测1998年东南亚金融危机而闻名的诺贝尔奖得主、经济学家保罗·克鲁格曼（Paul R. Krugman）曾表示，亚洲金融危机实际上源自人们利用潜在的政府担保进行赌博的心理。2008年美国次贷危机中，市场呈现了衍生品过度投机的特征。衍生品投资原本始于风险对冲、增强市场流动性和定价有效性等建设性、功能性因素，却不断膨胀发展，以至于越过了基于机遇的投机线，最终造成了对宏观经济的损害。如果说与内涵式增长类似的增值型赌注是一种正和博弈，那么投机驱动型打赌始终盛行于金融市场，是一种零和博弈。

这种赌博文化在国内也有过尘嚣日上的阶段，如 10 倍杠杆的"股票配资"在牛市中盛行，投资脱离了对标的基本面分析转向对国家信用的赌注等现象。近十年来中国经济保持了平稳较快增长，银行资产规模也不断增加，但大量资金涌向了地方融资平台，埋下了系统性金融风险隐患。

3. 风险转移有违伦理要求

风险转移主要指将风险通过订立保险合同等方式进行转移，或将风险的种类进行转换的风险管理方法。作为企业风险管理的方式之一，风险转移有其合理性。通过专业风险处理机构如保险集团和风控主体之间的分工，能够促进社会效率的提升，以及通过多种风险管理工具的使用进一步拓展了资本市场功能。但是许多企业出于逐利动机而放弃伦理原则，采取了不适当的风险转移，这点在系统性金融危机爆发时表现尤其明显⊖。

（1）逃避自身职责

企业在转移自身风险时可能会违反信息公开、交易公正的市场伦理准则，为了快速筹集资金、赚取利润刻意向投资者隐瞒事实，最终也无从遵守向相关方负责的基本原则。例如，一些企业出于追求利润，可能会改变年金计划以便将退休金资产组合的风险转移给雇员。

（2）风险转移工具选取失当

在选取具体的工具时，企业应对可能的市场风险、信用风险、法律风险提前推演，保证风险转移的合理、顺利进行。用难以把握的风险转移工具带来难以估计的风险损失屡见不鲜。例如，德国金属公司在石油合同套期保值中，选取石油互换、期货的衍生品组合对冲石油价格下跌风险，然而由于不同种类的衍生品交易规则不同，期货展期操作也存在交易成本，在无法预料的市场逆转走势下非但未能实现对主营业务的保值，还会因流动性紧张、外部挤兑使整个套期保值组合提前斩仓，蒙受了巨额亏损。最终，德国金属公司不得不通过救助才得以渡过难关。

（3）有毒资产

不只是风险管理工具选择应符合标准，底层资产本身就应符合伦理要求，类似有毒资产积累、购买与风险再转移的行为无疑会造成风险的叠加与扩散。

---

⊖ GARP. Foundations of Risk Management，2018 Financial Risk Manager Exam part1 ［M］. New Jersey：Pearson Education Inc，2018：4-8.

有毒资产指的是在经济良好时期，所有风险点暂时积累隐藏，在经济下行期一并爆发出来的资产，有潜在风险大、与系统性风险相关度高的特点。2008 年次贷危机爆发的主要原因即是大量有毒资产在美国银行体系中的累积。有毒资产的危害性在我国也逐步显现，A 股并购重组遭遇有毒资产案件时有发生，妨碍了资本市场健康稳定运行。一些上市公司并购资产溢价率超过十倍，甚至百倍。即便三年业绩能够达标、落实，但三年承诺期一过，标的资产经营质量便会露出本来面目。

4. 信息质量低下

（1）信息披露不真实

接受投资的一方有责任充分披露有关情况。知情权可以分为被动知情权和主动知情权两类，信息披露属于前者，被动知情权的实现，依赖于充分、公平的信息披露。接受投资的一方有责任充分披露有关情况。

信息披露失真不利于外部有效的监督，也会对投资者的利益造成损害，使其风险管理措施无从实行。例如，雷曼兄弟公司在 2007 年已经受困于次贷危机，但仍在其 2008 年第一季报中公布了 4.89 亿美元的盈利，推动股价暴涨 46%。然而此账面的盈利来自会计准则中"按模型计价"方法的估计，实为粉饰报表行为。同时，雷曼兄弟公司对持有的 65 亿美元 CDO 资产减值准备远低于真实应当水平，不但误导了投资者，也阻碍了对更严重风险的及时识别。

（2）信息披露不及时

投资者有权了解其投资标的风险和有关进展情况，根据自己的可承受风险能力选择投资项目。资本市场的一大原则为效率原则，隐瞒信息延时发布甚至不发布会对各主体造成严重影响。有的公司在风险事件发生后不及时发布信息，不仅使广大投资者的利益受损，还提供了内幕交易滋生的土壤。在中航油石油衍生品投资巨亏案例中，公司期权交易均由两位资深外籍交易员操盘，总裁陈久霖不仅对其进入期权市场一事事先不知情，而且事后也没有要求及时报告，在暂时利润的掩盖下忽视了信息的及时沟通，最终造成无法挽回的巨亏局面。

（3）信息披露不完整

在次贷危机中，金融衍生品设计十分复杂，动辄上百页的产品报告客观上增大了完整披露风险信息的难度，但这也在无形中助推了风险的堆积。此外，由于金融业务专业性较高，相关主体对外界披露信息时就有了加工的余地，有的甚至会利用人们回避难理解事务的心理故意复杂化业务信息，进一步减少有用信息的完整性，减弱外界对自身业务风险的关注和监督。

（4）诱导性信息

金融市场上的诱导性信息来自对风险避而不谈或者刻意掩盖，无疑不利于相关方的风险管理。诱导性信息对风险管理的巨大破坏还体现在信用评级机构的误导。评级机构可能由于各种利益关系给出偏高的评级以诱导投资者购买标的资产。次贷危机中，大部分银行、养老基金和保险公司等投资风格偏稳健的机构之所以大量持有 CDO 产品，很大程度上是因为受其 AAA 评级的误导。据统计，2002—2007 年美国评级机构给大约 3.2 万亿美元的不良信用房贷支持的证券池以最高信用评级，随着次贷危机的恶化才将 AAA 初始评级中的 75% 大幅度下调。

5. 金融监管中的伦理问题

从伦理角度来讲，金融监管主体主要通过对人为投机欺诈行为产生的各种金融风险进行控制来维护金融安全。但监管自身既需要受到法律制度的约束，也需要伦理道德的规范。

（1）金融监管腐败

迫于政治压力或经济诱惑，部分金融监管者以个人利益最大化取代公共利益最大化目标，把权力当成寻租和谋利的手段，导致金融监管的"缺位"或"俘获"。这会形成一系列不负责、不担当、不作为现象，扭曲金融监管的正常伦理秩序，最终造成金融风险失控。金融监管腐败与被监管对象行为存在"下游关联"效应，下游被监管机构超额利润越高，违规动机越强，相应监管部门的腐败倾向越高[一]。

监管主体的独立性是监管主体不受制于人、树立自身权威，进行有效的公平公正监管的前提。而抵御诱惑、恪守职责则需要金融监管人员提高道德自律，及时约束、纠偏与规范自身行为。

（2）权责失衡

金融监管主体是公共权力行使主体，也就必须承担维护社会利益和公共利益的一系列责任和义务。当金融监管主体在金融市场秩序、金融机构行为干预中处于垄断地位、丧失外部监督时，极易因为道德素养的缺乏滋生出违法败德的行为。1987 年英国的《银行法》即对此进行了改进尝试，规定设立一个银行监管委员会，由英格兰银行官员和外部专家就监管问题向英格兰银行提出建议。此委员会独立向财政部汇报以防范监管当局的道德风险。

（3）"大而不倒"[二]的监管困境

由于化解经济危机的经济成本与社会成本过高，最后贷款人机制、存款保

---

[一] 谢平，陆磊. 中国金融腐败的经济学分析 [M]. 北京：中信出版社，2005：74.

[二] "大而不倒"（Too Big To Fail，TBTF）的首次正式提出是在 1984 年，主要指政府对大银行（金融机构）的未保险存款人甚至债权人提供全额保护。来自：索尔金. 大而不倒 [M]. 巴曙松，陈剑，等，译. 成都：四川人民出版社，2018.

险以及资产管理公司等金融危机处理模式成为化解风险成本的政策与市场选择，使金融机构、投资者形成政府兜底的预期。

不仅是这些"不得不选择"的危机处置给市场带来"大而不倒"的预期，日常监管中对大型金融机构的过度保护行为也扭曲了信用市场的风险管理，很大程度上加大了金融机构制度性道德风险。出了问题不得不管，介入后引发道德风险，此监管主体与市场主体之间的动态博弈也成为一个伦理难题。

### 三、金融市场风险管理的伦理治理

1. 监管体系的伦理治理

金融监管不是纯粹的伦理活动，但其中无不体现一定的伦理思想和道德价值，也属于伦理治理的体系。有效的金融监管将促进市场的公正、效率等伦理原则的实现。

（1）金融监管框架的演进

历史上，金融监管理论出现过金融自由主义和政府干预主义交替占主导的局面。20 世纪 70 年代至 21 世纪初，国际监管体系以微观审慎监管为主，监管的重点在于每个金融机构自身的健康性。《巴塞尔协议Ⅱ》的思想体系、逻辑基础和风险计量标准体现了这一监管框架。随着经济全球化发展，金融风险事件越来越呈现出相互交织、波及面广的特点，建立宏观审慎监管框架成为金融危机后国际社会的重要共识。《巴塞尔协议Ⅲ》便集中体现了宏观审慎管理框架中逆周期监管的思想。我国 2012 年颁布的《商业银行资本管理办法（试行）》反映了《巴塞尔协议Ⅲ》的要求。2019 年 2 月，央行新增宏观审慎管理局，进一步明确央行牵头建立宏观审慎政策框架和基本制度，以及系统重要性金融机构评估、识别和处置机制的职责㊀。

（2）监管政策的伦理规制

弗里德里希·哈耶克（Friedrich Hayek）指出，只有在个人既作出选择，又为此承担责任之时，他才有机会肯定现存的价值并促进他们的进一步发展，才能赢得道德上的称誉。㊁金融监管制度是引导金融资源走向和解决金融市场风险伦理问题的优先力量，在设计时要充分考虑金融市场的伦理原则和社会责任，为金融活动提供强制性的伦理规制标准。

---

㊀ 参见宏观审慎管理局简介. http://www.pbc.gov.cn/huobizhengceersi/214481/214483/826675/index.html.

㊁ 哈耶克. 哈耶克文选［M］. 冯克利, 译. 南京：江苏人民出版社, 2007：56.

针对诸多风险管理问题，政府相关部门、监管机构陆续出台了《国务院关于加强地方政府性债务管理的指导意见》（简称"43号文"）和《关于规范金融机构资产管理业务的指导意见》（简称"资管新规"）等一系列文件，以及加强金控平台监管、整肃通道业务等政策措施，不但规范了金融市场中的风险管理，稳步化解了系统性金融风险，也积极引导全社会从价值观层面抵制赌博文化，抑制市场中的过度投机行为，激励和规范金融市场参与主体的正向伦理追求。

2. 信息披露的伦理治理

信息披露让投资者了解了更多关于所投资公司经营管理现状及行业发展变化的信息，为股东和其他投资者的投资决策提供了有效参考。披露信息应内容真实、准确、完整，披露时间及时，披露方式公平，不存在任何违反信息披露规定的情形。监管机构应推进自愿性信息披露，逐步从鼓励自愿性披露向半强制甚至完全强制披露过渡。

信息披露不仅要及时、准确、全面，还要便利、易懂。如何做到让投资者完全理解投资风险，一些国家的监管机构提出了"简明披露规则"，要求招股说明书编制时要使用清晰、简洁的章节来提供信息，避免使用法律或者高度技术化的商业术语。例如在行文时，要多用短句，多用肯定的、具体的日常用语；尽量使用图表方式说明复杂的内容。有些机构对复杂信息披露资料规定了篇幅限制，并且不允许使用晦涩难懂的语句，同时还有专门机构对所披露信息内容进行评估。

发达的资本市场都制定了完善的中小投资者分类标准。监管机构根据我国资本市场实际情况，也制定并公开中小投资者分类标准及依据，规范不同层次市场及交易品种的投资者适当性制度安排，明确适合投资者参与的范围和方式。有关监督、动态评估和调整将进一步落实。作为被投资方和投资中介机构，应根据监管机构的规定，科学评估和划分投资标的风险等级。只向通过评估合格的投资者推荐与其风险承受和识别能力相适应的投资品类，向投资者充分说明可能影响其权利的信息，不得误导、欺诈客户。监管机构应严格落实投资者适当性制度并强化监管，违反适当性制度规定给中小投资者造成损失的，要依法追究责任。

对于信息披露出现重大差错的，有关部门应该予以谴责，并且对当事人加以处罚，严重的取消其作为公司相关管理人员的资格。而对于故意编造虚假信息，欺骗投资者的，一旦查实，那么指使者就应该根据相应的法律移交司法，同时对相关责任人员也必须有相应的处罚。此外，法律界人士提出可以引入集体诉讼机制，鼓励受不实信息蛊惑而入市的投资者向公司提起民事赔偿诉讼，让披露不实乃至虚假信息的公司对此付出必要的代价，更让有关责任人员受到严厉的惩罚。

3. 公司层面的伦理治理

纯粹由利益驱动的公司文化会造成风险管理决策的扭曲，不仅会使金融机构自身受到损害，还会对利益相关方、社会造成伤害。从这个角度来说，塑造良好的、坚持伦理原则的企业文化本身就是公司层面伦理治理的首要目标。

人是企业管理中最富变化性的因素，一个有效的符合伦理原则的激励制度会引导人做出符合道德的行为。金融机构在与风险相关的岗位的绩效设计上，需要考虑引发风险管理道德失范的因素，将伦理绩效纳入业绩考核与评价中。例如，在设计薪酬机制时不仅要考虑新产品的绩效，也要与风险中的伦理责任挂钩，从绩效角度在公司内部建立起符合伦理要求的风险治理机制。

面对道德文化与组织发展、风险管理水平不相匹配的问题，金融机构应主动承担对利益相关者的责任，主动适应监管和管理变革，不断更新自身的企业文化和伦理治理水平。

## 第四节 金融市场信息安全伦理

随着信息化和经济全球化的发展，各国金融业对信息技术的依赖性越来越大。在很大程度上，金融信息化促进了金融市场一体化的发展。一方面，金融信息化大大提高了相关信息的收集、处理、存储和发布能力，为金融市场交易提供物质和技术基础；另一方面，互联网日益成为世界金融市场运作的中枢，低成本的网络交易将逐步替代传统的交易方式，投资者无论身处何地、在何时，都可以上网同步进行金融交易，全球金融市场被紧密地联系在一起。

同时，全球95%的金融创新都极度依赖信息技术，各类信息系统激发了金融行业的活力，金融科技成为金融业发展的新动能。

安全是金融行业的生命线，在信息化和金融科技给金融企业和社会发展带来巨大进步的同时，也带来了诸多由于信息安全引发的伦理问题。

### 一、金融信息化及其安全

1. 金融信息化的含义

金融信息化是指在金融业务与金融管理的各个方面充分应用现代信息技术，

深入开发、广泛利用金融信息资源加速金融现代化进程。

金融信息化的实质,是新兴的信息技术对传统金融业的一场变革,旨在把金融业改造成典型的基于信息技术的产业。信息系统成为金融业战略决策、经营管理和业务操作的基本方式。金融业的信息化可以概括为以大数据集中为前提,以完善的综合业务系统为基础平台,以数据仓库为工具,以信息安全为技术保障,打造现代化、网络化的金融企业。○

2. 金融信息化的发展现状

(1) 数据集中

数据集中的实质是依靠科技手段,实现数据集中与整合,并通过对数据深层次的挖掘,对金融机构客户数据、业务数据等进行系统分析和评价。对于分布在各个分支机构和营业网点的业务数据及其他一些相关的数据,金融行业已经普遍实现了集中。

(2) 智能金融

智能金融的核心是自动化和智能化,是人工智能与金融的全面融合,以人工智能、大数据、云计算、区块链等新兴信息技术为核心要素,全面赋能金融机构。尤其在个人征信、风险控制、资产管理等许多金融领域已经得到积极探索和应用。

(3) 移动金融

移动金融是指使用移动智能终端及无线互联技术处理金融企业对内管理及对外产品服务的解决方案,具体包括移动银行、移动掌上生活、移动理财投资和移动支付等。据统计,2019 年 6 月中国移动互联网活跃设备规模为 11.4 亿,人均单日时长 358.2 分钟○。移动端不再仅仅是手机银行 APP,而更多地承载着金融数据、大数据影响等为一体的移动端营销平台,将融合整合未来所有的金融业的渠道。

3. 信息安全的含义与特征

根据国际标准化委员会的定义,信息安全是"为数据处理系统而采取的技术和管理的安全保护,保护信息系统的硬件、软件及相关数据不因偶然或恶意的侵犯而遭受破坏、更改和泄露,保证信息系统能够连续、可靠、正常地运行"。信息安全关注的是信息自身的安全,其任务是保护信息财产,以防止不经意修改,或者被未授权者恶意泄露、修改和破坏,从而导致信息的不可靠或无

---

○ 徐成贤. 金融信息安全 [M]. 北京:清华大学出版社,2013:1-2.
○ 《中国移动互联网 2019 半年大报告》,QuestMobile。

法处理等现象。

信息安全主要从三个方面描述，即信息的保密性（Confidentiality）、完整性（Integrity）和可用性（Availability），也称"CIA"，它是信息安全的基本属性。[一]

CIA 的形成侧重于信息和信息系统本身的安全性，当研究通信过程中的数据安全时，通信活动参与者的可信任问题也需要讨论。此时，信息安全还有另外两个属性：可认证性（Authenticity）和不可否认性（Non-Repudiation）。可认证性，也称作可鉴别性，通过对实体身份和数据来源的确认，保证两个或多个通信实体的可信，以及数据源的可信。不可否认性，也称作不可抵赖性或抗抵赖性，主要用于网络信息的交换过程，保证信息交换的参与者都不能否认或抵赖曾发生的操作。

4. 信息安全伦理的早期探讨

20 世纪 80 年代末至 90 年代初，未经授权的计算机侵入事件引发了一场关于计算机侵入的伦理问题讨论。有些人认为，只要没有明显的危害后果，侵入行为可以促进有益的目的；反对者则认为，侵入行为总是有害且错误的。

1988 年 11 月 2 日，一种能够自我复制的程序被投放到互联网上。这个程序（蠕虫）侵袭了运行 Berkeley UNIX 版本的 VAX 和 Sun-3 计算机，并且利用这些计算机的资源去攻击更多计算机。在短短的几个小时内，该程序已经波及大部分美国，感染了成千上万台计算机。由于其活动造成的负担，很多计算机无法正常运行。当时，互联网以该种方式遭受攻击是前所未有的，也产生了诸多关于可能发起攻击的推测。大多数系统管理员对蠕虫毫无概念，他们花了很长时间才弄明白发生了什么以及应该如何去应对。[二]

该事件的整个过程促使人们开始思考有关信息安全的伦理与法律问题。很多黑客争辩说，所有的信息都应该是自由的。这种观点认为，信息属于每一个人，不应该阻止人们查阅信息的界限或限制。理查德·斯托曼（Richard Stallman）在其《GNU 宣言》中阐述了十分相似的观点，他认为，如果信息是自由的，那么自然就不应该存在知识产权，也没有保护的必要。

这引发了令人不安的隐私与数据安全问题，如果信息对于每个人都是自由

---

[一] 李改成. 金融信息安全工程 [M]. 北京：机械工业出版社，2010：14.

[二] 拜纳姆，罗杰森. 计算机伦理与专业责任 [M]. 李伦，金红，曾建平，等译，北京：北京大学出版社，2010：115.

的，那隐私便没有了可能性。再者，这便意味着任何人都可以更改信息，如银行存款余额、病例、信用历史、国防信息等都不再受到控制，这将给现实世界带来很大的混乱与危害。社会平稳运行的基础是信息的准确性必须要得到保障，包括银行及其他金融机构、信用部门、医疗机构、专业人员等政府部门、执法机关、教育机构等掌握的信息。很明显，如果将这些信息都视为"自由的"，是不合乎社会伦理的。

5. 信息安全的伦理原则

大数据日益普及和信息技术不断发展的今天，人们对于信息安全提出了越来越明确的伦理要求，具体应遵守以下几个原则。

（1）公正原则

柏拉图认为公正是所有道德价值中的最高价值，涵盖了一切美德。信息安全首先应该体现社会公正。目前信息权利在实现中是不平等的，由于过度依赖数据，生意伙伴或政府可能会利用信息权利差异来获得信息优势，使信息权利从无权者流向有权者㊀。因此必须要依靠公正原则加以规范。

（2）不作恶原则

"不作恶（Do not be evil）"曾是谷歌公司的一项非正式的公司口号。坚守"不作恶"原则意味着任何信息权利的实现应尽可能避免对他人造成不必要的伤害，这也是任何伦理体系都必须严格遵守的最低道德要求。

（3）自主原则

自主原则来源于康德伦理学。康德指出，个体的行动在任何时候都要把任何人同样看成目的而不能只看成手段。自主原则所体现的伦理态度是尊重人的自我决定权，体现在信息安全中，即个人能够自我决定如何支配其合法的信息权利，并保证它不受侵犯。

（4）知情同意原则

人们在行使自己的信息权利时，应该使受到影响的利害关系人充分知晓其信息行为及可能的后果，并自主地作出决策。知情同意原则对现代信息活动之知识权力结构中居于弱势地位的普通公众具有更为重要的意义㊁。

（5）权责一致原则

权责一致原则属于个人信息遭受侵害后的补救措施。当个人信息被不当泄露、利用、篡改、删除时，负责个人信息安全的一方或个人信息持有方需要对

---

㊀ 舍恩伯格．删除：大数据取舍之谜［M］．袁杰，译．杭州：浙江人民出版社，2013：45．

㊁ 王昆来，杜国海．企业伦理新论［M］．成都：西南财经大学出版社，2012：135．

由此造成的损失承担相应的赔偿责任。

 **扩展阅读**

### 信息伦理学的兴起与发展

信息伦理学的形成是从对信息技术的社会影响研究开始的。信息伦理的兴起与发展植根于信息技术的广泛应用所引起的利益冲突和道德困境,以及建立信息社会新的道德秩序的需要。

第二次世界大战后,电子计算机、通信技术、网络技术的应用发展,促使西方发达国家率先进入信息社会。在对信息化及信息社会理论的研究进程中,西方学界逐渐发现了一系列在新的信息技术条件下所引发的伦理问题,并为此开辟了一门新的应用伦理学——信息伦理学。

20世纪70年代,美国教授沃尔特·曼纳(Walter Maner)首先发明并使用了"计算机伦理学"这个术语,他将该研究领域定义为研究"计算机技术所引发、改变和加剧的伦理问题"的学科。

从20世纪80年代中期开始,大量信息伦理论文和专著的涌现,使信息伦理学的研究取得了突破性的发展。1985年,黛博拉·约翰逊(Deborah Johnson)指出,信息伦理学研究的是信息技术引发新型的传统道德问题和道德两难,迫使人们对这个未知的世界应用传统道德规范。同年,詹姆士·摩尔在颇具影响力的论文《何谓信息伦理学》(1985)中提出了一个关于信息伦理学更为宽泛的定义,即研究合乎社会道德地使用信息技术。

20世纪90年代,唐纳德·哥特巴恩(Donald Gotterbarn)指出,应该把信息伦理看作职业伦理学的一个分支学科,主要研究信息技术专业人员良好执业的行为标准和行为准则。

(来源:拜纳姆、罗杰森. 计算机伦理与专业责任. 李伦,金红,曾建平,等译. 北京:北京大学出版社,2010:8-10.)

## 二、金融信息安全的伦理问题

1986年,理查德·梅森(Richard Mason)发表了一篇名为《信息时代的四大伦理问题》的文章,并指出,信息时代的伦理问题纷繁多样,可以归纳成四大类——PAPA,即隐私(Privacy)、准确性(Accuracy)、所有权(Property)和可及性(Accessibility)。在PAPA的基础之上,随着互联网时代的到来,网络的知识产权问题引发了人们的广泛关注。由于网络具有与其他网站链接的能力,网络的功能得到了极大的增强,而此时,由于"互联性(Interconnectivity)"导

致的未经授权的超链接也成为一个重要伦理问题。⊖

下文列举了金融信息安全的六大伦理问题，隐私问题之外，数据质量主要涉及准确性问题，蓄意入侵与攻击、网络诈骗主要涉及所有权问题，技术故障主要涉及可及性问题，知识产权兼有所有权与互联性问题。

1. 蓄意入侵与攻击

蓄意入侵与攻击主要指"黑客"利用自己所掌握的计算机技能，非法入侵信息系统并造成一定的破坏。从1988年的蠕虫病毒事件到现在，蓄意入侵与攻击信息安全系统的事情常有发生，仅2016年，中国国家互联网应急中心便捕获205万个恶意程序。

2017年12月，福建福州鼓楼区人民法院对林某非法入侵信息系统一案进行判决。2017年1月12日和2月20日，原国泰君安经纪人林某利用自己所掌握的计算机知识和技术，先后进入国资委、国家工商行政管理总局、阜阳市政府等多家国家事务机关网站，非法侵入相关工作人员的邮箱，并修改密码。在随后半个月的时间内，他接连入侵了5家券商的计算机系统，非法下载了数百万条员工信息及客户信息。他破解密码登入某证券公司系统主页，随后冒充公司董事长、信息技术部等人身份进入该证券公司OA系统、VPN系统，获取证券交易的身份认证信息14组以上，并下载导出公司员工通讯录及个人信息数据5963组。

目前，人们已经详尽地讨论了未经授权的访问是否违反法律，对于林某攻击的信息系统的行为大家也已经达成了共识：这种行为是不道德的、反伦理的、违法的。正如尤金·斯帕夫特所指出的，不论法律如何，绝大多数的信息系统侵入行为以及他们自以为是的辩解都是违背伦理的。但是，如果信息安全技术和计算机反欺诈法存在缺陷，那伦理在防止蓄意入侵与攻击方面有什么用处呢？

彼得·诺曼（Peter Norman）认为，伦理准则的宣传、同行压力的作用和法律的实施是防止损害信息安全性和完整性的主要措施。他指出，为了防止计算机的滥用，更好地教授和遵守道德规范是十分必要的。不同于法律，伦理道德在约束人们行为方面不具有强制性作用，但伦理道德的教授与培养可以影响、改变，甚至重塑人们的价值观，是根治问题的核心方法。

2. 数据质量

在当今的大数据时代，企业的数据质量与业务绩效之间存在着高度关联，高质量的数据可以使公司保持竞争力。同时，由于数据质量偏差引发的道德风

---

⊖ 斯皮内洛. 铁笼，还是乌托邦：网络空间的道德与法律［M］. 李译，译. 北京：北京大学出版社，2007：113.

险也在不断提醒着企业在数据质量控制方面负有伦理责任。

目前，众多金融机构纷纷将金融科技作为发展创新的核心竞争力，其底层技术基础根源在于云计算、大数据技术和海量数据，金融领域的数据质量问题也越来越受到人们的广泛关注。随着金融科技的发展，金融系统的数据质量问题不但可能会导致严重的经济后果，而且由于其重大的"外部性"特征对利益相关方负有的伦理责任也越来越重大。

相关金融机构有责任不断增强数据搜集、处理、加工过程中的准确性。例如，2018年，腾讯与深圳市地方金融监督管理局联合开发了基于深圳地区的灵鲲金融安全大数据监管平台，该平台的核心价值在于其预判准确率高达95%以上，并已经实现深圳当地金融机构全覆盖。

3. 隐私

詹姆士·摩尔（James Moore）曾指出，一旦个人信息被数字化，并输入到联网的计算机里，这些信息就成了"闪电数据"，就能轻而易举地在网络中穿梭滑行，进入各种各样的计算机。结果，个人信息可能不再受自己的控制，无权获得这些信息的人可能获取这些信息。①大数据时代背景下出现了一个关于隐私与数据共享使用的利益冲突的伦理新问题：一方面，个人信息的第三方共享、交易和传递在金融领域成为普遍现象；另一方面，个人隐私的泄露和信息滥用问题渐受重视。该问题在本书第二章、第五章都有详细的阐述，此处不再赘述。

4. 知识产权

知识产权是具有商业价值的人类智慧的独特产物，包括书籍、歌曲、电影、绘画、发明、化学公式和计算机程序等。但随着信息技术的发展，如今大多数知识产品都可以数字化，而所有权的数字化在一定程度上会导致支配权的丧失。

知识产权制度本身是一个众说纷纭的学术话题。例如，学者黛博拉·约翰逊认为，非法拷贝专有软件是显见错误的，因为这样剥夺了所有者的合法权利，并对他们造成了伤害。与之不同的是，理查德·斯多曼（Richard Stallman）认为法律限制和阻碍了创造发明，主张废弃法律，支持自由软件。2016年，《花花公子》杂志在荷兰的出版商萨诺玛媒体公司（Sanoma Media）请求欧盟法院禁止其他以营利为目的的新闻媒体或娱乐机构对其杂志中的图片等进行未经许可的链接。在此案件之前，欧盟法院曾经判决对于已经在网络上公开的信息进行

---

① 摩尔. 走向信息时代的隐私理论 [J]. 计算机与社会，1997（27）：27.

再度传输或传播的行为不构成侵权行为。但是,欧盟法院在审理该案时则认为,被告是想通过转发链接来牟取更多的经济利益,在这种情形下就构成侵犯公开传输权的行为。

被称之为"中国证券金融信息知识产权第一案"的诉讼历时 4 年之久才宣判,也表明我国金融领域的知识产权保护尚有缺憾。

5. 技术故障

信息安全通常依赖于信息系统足够的可靠性和有效性,也依赖于其子系统的完整性。金融行业对业务连续性有着非常严格的要求,它的实现涉及管理制度、技术方案和物理设施等多个层次,要确保这些关键职能在任何环境下都能持续发挥作用,这就使得金融机构对信息系统的稳定性、可用性、网络时延性以及数据安全性具有更高的要求。银行、券商等金融机构的关键业务在若在服务时段停机 10 分钟以上,就属于极度严重的事故,会造成巨大的经济损失。由硬件问题或软件错误引起的系统技术障碍破坏性并不亚于蓄意入侵与攻击。

2015 年 7 月 8 日,纽约证券交易所(简称"纽交所")出现系统瘫痪,逾 3 个小时都无法交易。纽交所当天午前发布公告称:"纽交所暂停了所有股票交易。所有未执行的交易委托将被取消。将尽快提供更多信息。"纽交所随后在"推特"(twitter)发文称:"我们正在经历技术性问题,我们正设法尽快让问题得到解决。我们正竭尽所能地制定一种迅捷的解决方案。已排除外部网络攻击的可能性。"据纽交所的母公司洲际交易所披露,美国证券交易监督委员会认为纽交所 2015 年 7 月 8 日交易中断三个半小时违反了法律。

既然伦理困境产生的一个主要原因是技术自身的特性,那么,对伦理困境的消除就应当首先回到关注技术本身。技术使用者首先应当注意在使用技术之前对技术的可能后果作出充分估计,并对技术使用过程中出现的问题承担责任,实现补偿正义。技术伦理的责任是要技术主体通过自觉担当来实现技术活动的趋善避恶,从后果上保证技术给人类带来的是幸福而不是痛苦。㊀

6. 网络诈骗

网络诈骗是指通过互联网、手机等骗取金钱牟利的行为。当今社会,网络诈骗犯罪率急速上升,打击难度也越来越大。

---

㊀ 肖峰. 哲学视域中的技术 [M]. 北京:人民出版社,2007:320.

2018年8月,山东烟台警方破获了一起利用虚假外汇交易平台进行诈骗的案件,犯罪分子利用该平台吸引客户投资,仅一年多时间,就有6800多人被骗,涉案金额达1.2亿元。涉案人员先是搭建了一个虚假外汇交易平台,然后安排女业务员在网上以谈恋爱的名义骗取投资人信任,或者把业务员包装成投资分析师,在论坛和微信群里骗取大家的信任。当建立起信任感后,诈骗分子就会向对方推荐他们自己一手掌握的虚假外汇交易平台,引导对方投资,然后诈骗分子操控平台,直接诱骗投资人钱财。

类似上述案例的网络诈骗在互联网时代频繁发生。犯罪嫌疑人在作案中时常用虚构事实、隐瞒身份,加上各种代理和匿名服务,使得犯罪主体的真实身份深度隐藏。

### 三、金融信息安全的保护与治理

1. 信息安全的社会治理

卢梭认为社会最需要的是一个既能够保护公民人身和财产安全,又能确保公民人身自由的组织,组织为公民制定出一定的规则,而每个人都有遵循这些规则的义务。[一]在建立个人信息安全保护的社会契约方面,欧美走在前列。1999年11月,美国国会表决通过了《Gramme-Leach Bliley(GLB)金融服务现代化法案》,该法案第五章涉及个人金融信息的保护,要求银行、信用卡公司、保险公司、抵押公司、代收借款公司和其他金融服务提供者和机构每年把机构收集、披露和保护非公开私人信息的政策内容提供给顾客。他们必须声明收集的是哪种类型的信息以及在何种情况下与第三方共享信息。

正如詹姆斯·蕾切尔(James Rachels)所指出的,"道德存在于规则之中,决定了人对待他人的方式。在大家都遵从这些规则的情况下,理性的人为了达到互惠互利的目的,也会接受这些规则。"[二]因此,要想实现金融市场的信息安全,首先要通过社会契约的建立和社会治理来规范行业和人们的行为。

2. 信息安全的技术体系

正如理查德·斯皮内洛(Richard Spinello)在《铁笼,还是乌托邦》一书中所指出的,通过法律和规范来控制技术一直是一个徒劳无益的举措,而用技

---

[一] 卢梭. 社会契约论[M]. 何兆武,译. 北京:商务印书馆,2016:2-4.
[二] 奎因. 互联网伦理[M]. 王益民,译. 北京:电子工业出版社,2016:51.

术"校正"技术一直更为有效。○因此，在信息安全的伦理治理中，信息安全技术体系的建立不可或缺。

当今社会互联网的首要规则是"交流优先"，意味着一切都可以自由地被复制、移动和改变。在这个新体系中，安全性将会设置为网络的一个重要功能。在《后谷歌时代》中，乔治·吉尔德（George Gilder）指出，大数据和机器智能为基础的谷歌时代（信息互联网时代）是一个令人敬畏的时代，但它即将终结，在我们周围有成千上万的工程师和企业家正在努力设计一个超越谷歌疆域极限和幻想的世界新体系。其最强大的体系结构将把交易安全性视作该系统的基本属性，而不仅仅是事后的考量，这便是密算体系（Cryptocosm）。密算体系的第一和第三条规则分别是"保护先行"和"安全至上"。一方面，安全不是网络层面上某种平均水平的监视，而是每个人身份、设备和财产的安全；另一方面，安全性是功能系统的重要资产，要求系统在构建过程中的每一步都注重安全性。○

目前人们的很多信息都在被互联网时代的各家信息、金融机构免费使用，而在未来，金融信息安全新体系的建立将使人们掌握自己的信息并自由决定如何计费。例如布兰登·艾克（Brendan Eich）创建的"勇敢浏览器（Brave Browser）"让人们拥有支配自己数据的权利，并收取一定费用。该体系的建立将会营造一个真实成本、真正需求且信息高效的金融信息安全氛围。

**扩展阅读**

## 密算十律

第一条规则："保护先行"。保护不是一个过程或机制，而是建筑结构本身。它的钥匙和门、墙壁和通道、屋顶和窗户在设备层之上就定义了属性和隐私的具体内容，他们决定谁可以去哪里做什么。对安全的追求不能从对顶层的改装、修补或改进开始。

第二条规则："集中化并不安全"。安全位置是分散的，因为人类的思想和DNA密码都是分散的。达尔文的错误以及今天谷歌的错误，在于认为身份是一种混合体，而不是一种代码——机器可以是一个奇点，但人类却只是随机的结果。

第三条规则："安全至上"。除非体系结构达到了预期的目标，否则安全与

---

○ 斯皮内洛. 铁笼，还是乌托邦：网络空间的道德与法律［M］. 李译，译. 北京：北京大学出版社，2007：1.

○ 吉尔德. 后谷歌时代［M］. 邹笃双，译. 北京：现代出版社，2018：51.

保护之间便没有任何关联。安全性是功能系统的重要资产。要求系统在构建过程中的每一步都安全，就会导致计算机的"杂牌化"，最终结果便是过于复杂而无法使用的机器。

第四条规则："没有什么是免费的"。这是人类尊严和价值的基础。资本主义要求公司为客户服务，金钱是公司接受员工工作的证明。抛弃金钱的公司同时也在贬损客户。

第五条规则："时间是成本的最终衡量标准"。当一切都变得丰富的时候，时间便是最稀缺的资产：光的速度和生命的跨度。时间的匮乏压倒了金钱的丰裕。

第六个规则："稳定的金钱赋予人尊严和控制权"。没有稳定的货币，经济必定会受到时间和权力的任意摆布。

第七条法则："不对称法则"。这是对生物不对称的模仿。公钥编码的信息只能由私钥（ID）解密，却不能用公钥计算私钥。不对称的代码难以被解码，却很容易证实，这便赋予了大众以力量。相比之下，对称加密则为最昂贵计算机的所有者提供了力量。

第八个规则："私钥规则"。这代表了安全保护。它们不能实现顶部混合与改变。这就像是人的 DNA 不能从其更上一层进行改变和混合是一个道理。

第九个规则："私钥由私人持有，而不是被政府或谷歌持有"。私钥强化了产权和身份。在质询—响应的交互中，挑战者使用公钥并加密消息。私人应答者通过解密、修改和返回确认身份。这就是一个数字签名的过程。通过使用公钥解密新消息，如此，信息的最终接收方能确信发送方就是信息的发出者。文件已通过数字的方式签名了。

第十条规则："每个私钥和公钥的背后都有人在作解释"。关注个人会带来有意义的安全感。

（来源：乔治·吉尔德. 后谷歌时代. 邹笃双，译. 北京：现代出版社，52-54。）

3. 专业人员伦理责任的培养

（1）建立专业人员伦理准则

在所有商业经济活动中，金融领域的法律规范、部门规章与暂行条例最为繁复。但是，再严密烦琐的法律规定都不能保证金融市场的秩序，以及对金融机构约束的有效性，而基于金融伦理的从业人员的自律是金融市场更有效治理的基础。因而可以说，专业人员的伦理责任是金融法律得以有效实施的基础。培养专业人员的伦理责任，首先应建立专业伦理准则。

专业伦理准则不是公共立法机关制定的法律，其目的不是鼓励法律诉讼或法律挑战，而是发挥激励、教育和指导的作用。因为一个组织及其成员总的来说是社会的一部分，他们和社会其他成员享有共同的人类价值和社会理想，而社会价值和理想典型地体现在专业准则中。例如，《澳大利亚计算机协会伦理准则》表达了几种基本价值和社会理想：诚实、坦率和公平，竭诚为社会服务，增进人类福祉，关心和尊重人的隐私。

此外，专业伦理准则通常不仅包括充满激情的理想，还规定了管理其成员具体专业行为的规则。例如，《信息系统管理协会伦理准则》规定其成员应该努力避免、识别并解决利益冲突，保护同事和同行的合法隐私和财产，积极反对工作中的歧视，遵守完善的组织和专业的有关政策和标准。[注]

同样，未来在金融信息保护方面，也应制定规范的伦理准则，在传达社会理想与价值观的同时，规范专业人员在金融信息保护中的行为。

(2) 设立专业人员执照制度

如今，公众已经意识到了信息安全对其生活的影响，也认识到好的信息技术不仅影响到他们的生活质量，而且影响到他们自身与财产的安全。目前，在人们的生活中大量存在信息系统设计不完善的问题，有些设计带有恶意目的，有些设计带有欺诈目的。颁发执照可作为控制这些问题的一种尝试。

建立颁发执照的标准也有助于把金融领域的信息安全建设发展成为一种专业。有些人认为，走向专业化是一种为收取更多服务费进行辩护的利己借口，这种观点忽视了专业化的职业伦理意义。例如，医学的专业化便通过伦理准则和专业标准提供了阻止恶意或欺诈性行为的力量，医生认同规定照顾病人是医生的首要责任和医疗实践目的的伦理准则。金融领域的信息安全保护也是如此。由于从事金融领域信息安全建设和维护的人员已经拥有可以直接影响公众生活质量和安全的专业技能，从事这一专业要求公众能特别信任，而颁发执照可以促使执业人员更加明白该专业的最佳行为，感觉到"做正确的事"的社会压力。

(3) 跨学科教育

美国谷歌公司前设计伦理学家特里斯坦·哈里斯（Tristan Harris）指出，在现代化的专业分工下，每个人只是从事专门工作，缺乏对整个技术系统的全面认识，包括技术系统的社会影响，他将这种状况称为"微观视野"。因此，应当

---

[注] 拜纳姆、罗杰森. 计算机伦理与专业责任 [M]. 李伦, 金红, 曾建平, 等译. 北京: 北京大学出版社, 2010: 140.

注重对信息安全系统中的每个专业人员进行跨学科的教育,其中应当包括伦理教育。哈里斯总结了美国工程专业职业伦理教育的两种方法:一种方法是开设独立的工程伦理学课程,另一种方法是交叉课程伦理学,即把职业化和伦理的讨论纳入已有的工程技术类课程之中。[注]

交叉学科伦理是将伦理与职业问题引入到技术课程的教授之中。在金融信息安全领域,可以将金融知识、信息技术与伦理道德结合在一起,通过科学技术与人文、社会之间的跨学科教育,可以使得从业者能够从跨学科的、"宏观视野"的角度来考察技术活动,并尽可能多地了解到他们所从事的专业领域对社会、公众的影响,意识到并积极承担自身的社会责任。第五章"技术伦理"就是本书对这种跨学科教育的有益探索和突破。

【复习题】

1. 市场经济的伦理的基本问题是(　　)
   A. 垄断与竞争　　B. 管制与自由　　C. 平等与歧视　　D. 公平与效率
2. 内幕交易等金融市场交易的伦理问题主要违反了哪条伦理原则(　　)
   A. 效率原则　　B. 监管原则　　C. 公正原则　　D. 自由原则
3. 以下风险管理做法中符合伦理要求的是(　　)?
   A. 识别企业面临的风险时,收集所有与企业自身相关的信息,依赖风险管理模型作为评估工具
   B. 以股东利益最大化为目标设定可接受风险水平
   C. 改变企业退休金计划,将资产组合风险转移给雇员
   D. 及时复盘风控体系的有效性,定期形成内部风险管理报告
4. 以下不属于金融信息安全伦理问题的是(　　)
   A. 隐私
   B. 知识产权
   C. 技术故障
   D. 算法与社会公平

---

[注] 杜澄,李伯聪. 工程研究·跨学科视野中的工程. 3卷. 北京:北京理工大学出版社,2007.

# 第五章
## 技术伦理

### 【本章要点】

1. 了解技术伦理的概念和原则；
2. 了解新技术与技术伦理的关系；
3. 了解新技术和金融科技中出现的伦理问题和观点；
4. 了解技术后果评价体系。

### 【导入案例】

#### 干细胞造人

英国科学家首次利用人体干细胞造出人造精子，这将为治疗男性不育症带来希望。医学专家估计这项最新科学成就可能最早在5年内就会被用于体外受精诊所，届时可以使成千上万的不育男性拥有自己的"基因"儿女。而这仅需要患者的一小点皮肤组织即可。但是这项最新成果也充满了医学和伦理学争议。理论上医生将可以利用这项成果完全依靠人造手段制造出婴儿。

据《干细胞研究及进展》介绍，英国纽卡斯尔大学的科研人员致力于人体干细胞研究，并且首次造出人造精子。生物学家卡里姆·纳耶尼亚调制出一种化学物质和维生素构成的"鸡尾酒"，在这种"鸡尾酒"培养环境下，人体干细胞转变成精子。干细胞是一类具有自我复制能力的多潜能细胞，在一定条件下，它可以分化成多种功能细胞，医学上称为"万用细胞"。干细胞的发育受多种内在机制和微环境因素的影响。人类胚胎干细胞已可成功地在体外培养。最新研究发现，成体干细胞可以横向分化为其他类型的细胞和组织，为干细胞的广泛应用提供了基础。

通过显微镜观测，科学家清晰地看到了这种人造精子有头和尾，并能像正常的精子一样游动。卡里姆教授表示相信这种人造精子能够使卵子受孕,并能制造出健康的小宝宝。卡里姆教授还将进行进一步研究,以确定该项成果的安全性,并申请监管部门许可,利用人造精子开展实验室人工受孕研究。

据悉制造出人造精子的干细胞取自于生命最初阶段的胚胎,但是科研人员希望能够利用男子的皮肤组织制造出人造精子。那就需要把皮肤组织细胞置于特定的培养环境中,让其生物钟调整到胚胎干细胞的状态,然后再转化成精子。通过体外受精技术,人造精子可以植入到卵子之中,那样不孕男子就可以拥有自己的骨肉了。医学人员相信这项最新成果也有助于人们更好地认识和研究不孕不育症。认识到精子产生过程的缺陷,可以帮助医学专家研制出能够提高怀孕概率的神奇药物。

卡里姆教授说:"这是一项重大的科学进展,因为它能使科研人员仔细研究精子的生成过程,有助于更好地了解男性不育的原因。弄清楚为什么会发生男性不育,以及致病因素。男性不育越来越普遍,没人知道具体原因。我们将会在实验室对污染和营养等方面因素展开研究。"

科研人员同时也意识到了该研究成果的道德和伦理风险,承认存在通过提取死者皮肤组织细胞,那些长眠地下的男性也可以制造出自己后代的可能性,卡里姆教授说,"这正如电影侏罗纪公园里的场景一样。理论上有这种可能性,但是人类的生殖不仅仅是生理现象。人们必须考虑心理、社会和伦理因素。"

(来源:新浪科技,"英国科学家首次利用人体干细胞造出人造精子")

案例讨论分析:

1. 你认为引例中暴露出了哪些伦理问题?
2. 医学伦理问题应该如何保证得到合适的公众监督?
3. 你认为在科技发展中,科技创新和风险控制哪个更重要?

# 第一节 技术伦理概述

科学技术是推动社会发展的第一生产力,科学技术的道德问题一直与近代科技进步形影相随。科学技术伦理和科技工作者的社会责任关系到社会发展前途。在人类科学史上,技术开发应用与伦理约束从来都是相辅相成、互相促进的。⊖发达国家在这方面的教训和经验已经证明,强调技术伦理并不会限制科学

---

⊖ 王钟的. 让伦理建设跟上科学发展的脚步 [N/OL]. 科技日报,2019-03-01 [2019-08-09]. http://digitalpaper. stdaily. com/http_www. kjrb. com/kjrb/html/2019-03/01/content_416159. htm? div = -1.

和技术创新，而是努力确保其沿着正确方向可持续发展。

面对种种新的科学技术成果时，例如人体干细胞、基因编辑、自动驾驶技术、大数据、数字货币等，不能忽略其自身涉及的种种现实及潜在的危险，必须正确地利用科技成果为人类造福，维护人类的健康和生命，最大限度地避免由于科技成果的使用不当给人类社会带来的负面影响。

在技术专业领域分工越来越细密的当下，技术伦理和技术人员群体的伦理和社会责任问题，是当今职业伦理和综合素养的重要组成部分。对于金融科技等新兴领域，尤其如此。

## 一、技术是什么

### 1. 技术的含义

"技术"（Technology）一词的最早文字记载见于荷马史诗《伊利亚特》。技术的概念可以追溯到亚里士多德关于"技艺"的说法，指的是人在制造活动中，以人工方式制作出来的东西。在现代概念里，人们通常认为技术不是同社会脱节，而是置身于社会之中。人们一方面把诸如机器、工具和基础设施等由人制造出来的产品称作"技术"；另一方面，也把诸如外科手术、数学证明或者演奏音乐、玄想思辨这类有规则的方法称作"技术"。Technology 是个集合名词，指的是与工程师有关的技术以及科学技术，区别于表示有规则的、方法上的 Techniques 一词。

技术代表的是"手段的体系"。如果为了达到目的，有多个技术可供选择的话，那么效果和效率就是理解技术手段的两个根本标准。此外，技术评价和技术后果评估将技术放在了一个更广泛的社会和伦理关联体系中，同时有将技术开发和使用中非主观意愿的后果，系统化地展示给公众。

### 2. 技术的作用

技术所起的作用是减轻人类直接的生存负担，并且将人的新的力量释放出来，技术所具有的特点在于运用具体的工具来提高人们的行为效率，以及使人们的工作变得更加简单易行等。换言之，技术的作用是弥补人类天生不完美的"基本条件"。技术是人体器官替补、器官延长和器官的超能化，是身体功能的具体化和物体化。技术补充了人类不完善的行动能力，是最广义的对世界的征服。技术是人的自由意志的表达，体现的是创造性的思想。

技术的制成品和方法，包括与之相连的人的活动方式，在很大程度上都具有规则性和可再生产的特征。规则性是技术的一个核心标志。技术的规则影响着技术的开发和制造，并且是科学技术和手工艺不断传承的核心要素。技术的这些含义，让人们能够超越"工程师技术"范畴，观察文化和社会中的技术的作用和其中引发的矛盾。

技术的规则建立在社会的关联系统之中，正因为对技术在决策和行动上的反思涉及规则的问题，这种反思就把技术的可靠性、可预见性和期待的确定性作为协调性行动的基础进行讨论。然而，规则性是一个矛盾体。对技术的反抗反映了人类社会的一个基本特征，即在安全与自由之间，自发性和规则性之间，以及行动的正确与错误规划之间的种种矛盾现象。

鉴于技术与人的行为的内在联系，人们不难发现技术所负有的责任义务。人们应当在伦理学的范畴下，理解人的技术行为的目标制定、手段选择、结果和后果，以及附带的影响。技术伦理的任务是按照理性论证的标准尺度，重建技术评估和技术决定的标准背景，以求通过此法作出经过伦理学反思和能够负起责任的决定。

## 二、技术伦理的缘起

### 1. 技术伦理兴起的背景

技术伦理是指通过对技术的行为进行伦理导向，使技术主体（包括技术设计者、技术生产者和销售者、技术消费者）在技术活动过程中，不仅考虑技术的可能性，而且还要考虑其活动的目的手段以及后果的正当性。通过对技术行为的伦理调节，协调技术发展与人以及社会之间的紧张的伦理关系。[1]

科学技术很难分开来讲，自然科学的进步越来越依赖复杂技术，而技术也越来越依赖与自然科学领域的紧密合作，特别是新兴的科学技术。因此也有科技伦理的说法，指的是科技创新活动中人与社会、人与自然和人与人关系的思想与行为准则，它规定了科技工作者及其共同体应恪守的价值观念、社会责任和行为规范。[2]本书不对这两种说法作进一步区分，而是等同使用。

美国研制原子弹的曼哈顿工程被认为是广泛探讨科技行为的伦理问题的开始。工程师职业工作的伦理问题曾经被视为技术伦理的主要关注内容。弗里德里希·德绍尔（Friedrich DesSauer）把技术定义为"服务于他人"，且工程师有责任去完成这项服务工作。自20世纪80年代以来，技术伦理学在两个方面的讨论大幅增加：一是探讨职业特点及其特殊挑战的、狭义的工程师伦理学；二是

---

[1] 张永强，姚立根. 工程伦理学 [M]. 北京：高等教育出版社，2014.

[2] 见百度百科词条"科技伦理"。科学伦理学和技术伦理学经常被人们相提并论，视为一宗（Hubig, 1993）。

新技术及其后果的伦理问题研究。

近年来，随着新能源、新材料、人工智能、基因编辑、大数据、增强现实等高技术产业迅速发展，技术应用和商业化过程中的不确定性及其带来的风险也日益凸显。科技的进步改变了人类生存条件，在这种情况下，应该创造出新的价值取向。技术伦理要解决伴随科学技术进步而必然出现的种种规范和原则性的不明确问题。

技术伦理学的任务就是依据理性论辩的原则，建立技术评价和技术决策的一套基础规范，为经过伦理思考和能够担负责任的决策提供帮助。

2. 技术发展带来的伦理挑战

爱因斯坦指出，"一切人类的价值的基础是道德。在我们这个时代，科学家和工程师担负着特别沉重的道义责任。"爱因斯坦深刻认识到了科学特别是技术的工具性，强调在科技与人的关系中人具有能动性；对于科技引起的社会责任，科学家主要负有道义上的责任⊖。

《寂静的春天》是二十世纪六七十年代西方社会"反技术主义"浪潮的一部分，这股浪潮中还包括科学家、思想家振臂高呼的作品，如罗马俱乐部的报告《增长的极限》、马尔库塞（Herbert Marcuse）的《单向度的人》、埃吕尔（Jacques Ellul）的《技术社会》等，以及一系列由技术引发的社会问题和争论，如石油涨价引起的全球连锁反应等，使得寻找替代能源、研制新型代用材料、治理公害保护生态系统等议程排到很多国家的议事日程前列。公众对技术的质疑越来越大，对技术影响的讨论也越来越多。人类科学技术、信息量呈现出爆炸式的增长，给人类带来便利的生活的同时，也带来了许多负面影响——环境污染、化学污染、食品污染、核问题、温室效应、基因变异、生态平衡、资源能源短缺等社会问题层出不穷，人类不得不对技术这把"双刃剑"进行沉重的反思。

科技进步带来的各种便捷与经济利益有目共睹，但由于技术发展带来的道德、伦理问题却往往为人忽视。现代科技发展进步的成果主要应用于商业领域，其主要载体是企业，特别是高科技企业。技术发展对企业带来的挑战也就成为一个现实问题：作为伦理实体，企业除了要承担法律责任、经济责任外，还要承担科技伦理责任、社会责任。

3. 伦理与法律、职业道德

法律与伦理都是规范人类行为、维系社会秩序的措施。法律调控的最大特

---

⊖ 杜严勇. 爱因斯坦的科技伦理思想及其现实意义［J］. 武汉科技大学学报（社会科学版），2013，15（6）：612-616.

点就是强制性与高成本，道德约束作为一种非正式制度安排，特点是持久性与广泛性。科技发展需要法律，也需要伦理，而且两者也有交叉和密切的相关性。不少科技伦理问题也违背了法律，国家法规也有科技伦理方面的条规。我国《科学技术进步法》第二十九条则规定：国家禁止危害国家安全、损害社会公共利益、危害人体健康、违反伦理道德的科学技术研究开发活动；《国家科学技术奖励条例实施细则》第九十六条则明确强调：获奖成果的应用不得损害国家利益、社会安全和人民健康。

同时，不应把技术伦理和科研工作者与技术人员的职业道德混为一谈。因为这些职业道德问题有明确的规范和行业准则，而技术伦理涉及技术发展应用中具体情境下的不确定性和伦理冲突。这也体现了职业道德和职业伦理的差异。

## 第二节 技术伦理的基本原则

"科技发展"并不总是等于"人类进步"和"人类幸福"。技术本身是中性的，技术应用中表现出的种种问题，归根结底是人的问题。技术开发和应用者的价值观决定了技术发展的界限。人们不应该沦为技术的囚徒，要始终恪守法律法规和公序良俗。

技术伦理的原则与一般伦理原则相同，仍然是以平等、自由、公正等为核心诉求，但技术因为其本身的特殊性，在不同技术领域有着更为具体的一般准则。

### 一、追求至善是科技发展的目标

提炼出具有普遍实践操作性的伦理规范并不是一个简单的问题。[一]在规范性研究中，科技伦理的一般理论框架如图5-1所示。

在当今全球化和多元化的社会中，人们需要为技术伦理确立作为理性和评判的普遍有效的参考基准。科技伦理的目标很明确，即通过有效的规范，保证研究的所有环节都处于伦理范畴，使研究的整个链条都指向追求善的目的。

追求至善是科技发展的目标。科技伦理在研究的整个链条上，由于存在诸多空白，时刻面临伦理失范的风险。作为有限理性的人类，应时刻牢记伦理规范在各个环节上的伦理边界，让科学技术研究提升社会福祉，实现人们内在的

---

[一] 弗兰克纳给功利原则下了一个明确的定义，"功利原则十分严格地指出，我们做一件事情所寻求的，总的说来，就是善（或利）超过恶（或害）的可能最大余额（或者恶超过善的最小差额）"。参见威廉·弗兰克纳. 善的求索 [M]. 黄伟合，译. 沈阳：辽宁人民出版社，1987.

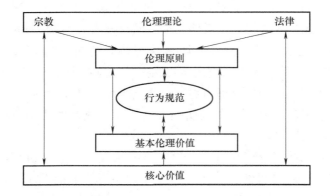

**图 5-1 规范性研究中的科技伦理理论框架**

（来源：Herman T Tavani. Ethics and Technology: Ethical Issues in an Age of Information and Communication Technology [M]. New Jersey: John Wiley and Sons. 2007: 35-37.）

幸福感。

但是对于什么是善以及如何追求善，伦理学中不同流派有不同的解释和分析方法，本书第一章的基础理论部分已有阐述。其中，义务论更关注行为主体动机，侧重于强调行动者的动机是否为善；功利主义则更倾向于根据结果来评价行为是否为善，最多数人的效用得到满足最大化就是幸福、就是善。

一些新兴科技企业的伦理文化中对此有比较明确的表述，例如，"不做恶""科技向善"<sup>○</sup>，倡导人类善用科技、避免滥用、杜绝恶用，引导技术和产品放大人性之善。

## 二、平等、自由、公正与幸福原则

1. 技术发展的基本原则

当一种新技术、新业态萌芽时，本身自然存在不完善之处，可能带来利益分配不平等问题，另一方面是与之相关的经济负担问题，以及可能出现的受众群体的选择问题。

---

○ 谷歌在1999年提出的"不作恶（Do not be evil）"经营理念，谷歌"不作恶"的理念影响了几代互联网企业，后来成为各国主流互联网企业的共识。腾讯提出的"科技向善（Tech for good）"其实包含了"不作恶"，并且在"不作恶"的基础上有所发展，即保护和发展相统一。发展建立在保护的基础上，而保护是为了更好的发展。

新技术应该保持和促进社会平等、自由和公正，而不是使其结构失衡和恶化。例如，基因技术可能改变人与人之间自然存在的伦理关系，拉大人与人之间的在体能、身体素质等方面的差距。又如，在人工智能技术的支持下，网站可以随随便便虚构出一张以假乱真的人脸照片，可能被别有用心的人利用，而造成人身侵犯。一个涉及种族歧视的例子是，《纽约时报》曾公布了一个结果，美国现在最先进的人脸识别技术对白人女性的性别识别错误率是 7%，而对深色皮肤的女性性别识别错误率高达 30%。⊖

技术伦理所说的平等、自由、公正与幸福的原则，应该体现在技术活动的各个阶段以及技术造成的结果。如果在技术选择、决策和执行过程中存在违反上述伦理原则的行为，很难保证技术结果能够符合伦理要求。但是，确实存在一些悖论，对如何在技术活动中的各利益相关方之间实现伦理标准上的均衡，仍存在着争议。例如，专利保护与利用问题，一方面是对发明者知识产权的保护，从长远来看能够确保新技术不断涌现和发展；但另一方面，如果过度保护，则不利于新技术投入使用，无法使其尽早造福社会，并促进相关技术的发展。所以，在充分保护科技专利的同时，也应从经济角度鼓励和推进专利的推广使用，使专利所有者能尽早地将其成果用于公众社会。

2. 技术发展的伦理困境

每一次技术的进步都为人类创造了更多社会财富，但也带来了烦恼。例如，随着工业机器人的发展，制造业中大规模的"机器换人"已经成为现实，这会给在这个行业的就业者带来巨大的压力和威胁。此外，技术的强大也会让人们可能感到无助和脆弱，影响人的幸福感和存在感。

信息技术的快速发展使人们生活变得更方便的同时，也产生了隐私保护方面的问题。尤其是一些新兴的网络技术项目的广泛应用，使得网络监视过度发展、网络欺诈肆意妄为、个人信息泄露随处可见。例如，摄像头织成包围犯罪分子的天罗地网，同时也使更多的普通公众生活暴露在摄像头下，无疑是对个人自由的一种严重威胁。

欧盟 2016 年针对网络隐私泄露问题通过了《通用数据保护条例》，2019 年发布了人工智能伦理准则，⊖用于指导企业和政府部门未来在人工智能领域的开

---

⊖ Pamela. 教育+科技的伦理与边界：科技技术的双面性［EB/OL］.（2018-12-05）［2019-08-09］. http://www.sohu.com/a/279727329_361784.

⊖ Bianews. 欧盟发布 AI 伦理准则［EB/OL］.（2019-04-11）［2019-08-09］. https://www.bianews.com/news/flash?id=34219.

发。这个伦理准则包含了七个方面，用于确保人工智能在未来能够值得依赖。具体来说，欧盟的人工智能伦理准则涵盖保证人类的自主性、人工智能技术的稳健性和安全性，保证隐私和数据管理，保证人工智能算法系统的透明性，要求人工智能提供多样性、无歧视、公平的服务，能够促进积极的社会变革，同时具有相应的问责制等方面的内容。因为将本应由用户自行设置的"同意"选项设定为"全局默认"，谷歌曾被处以 5000 万欧元的巨额罚款。

技术不应刻意去侵犯、剥夺人们的公平权利。约纳斯认为技术是人的权力的表现。既然技术是一种权力，那么权力的行使导致不公平的现象是有可能发生的。正如兰登·温纳所言："技术发展的过程可能全然地偏向某一方，其结果对某些社会利益群体而言，可能是突出的进展，而对另一些利益群体而言，却意味着明显的退步。"[一]技术活动的各利益相关方应该在技术行为中体现出公平、公正的价值观。

科技伦理强调和坚持的是为最大多数人服务的原则。[二]为坚持这个原则，达到人们所追求的"公正"。近年来，在欧美兴起负责任创新，追求创新成果普惠化，力求使创新更好地造福社会和服务人类。

3. 安全、可控与预防原则

（1）技术的风险

对技术的伦理价值判断往往针对其风险及技术后果。无论人们怎样合理应用科学技术，技术开发、应用中仍可能发生自发性的、不可抗的负面结果。由于人类认识能力的限制，不可能在事先就预知到一项科技活动会带来的全部效应和复杂联系，因此技术发展不可避免地存在着不确定性和风险。

技术活动的首要议题就是技术可能会带来的安全风险，并进而引出风险的可控制和预防。技术研究应当安全，并且为可持续发展做出贡献。现在和未来

---

[一] 温纳在《技术物有政治性吗?》一文中提到了这样一个事实：纽约长岛公园大道上的天桥格外低，桥洞高度只有 9 英尺。长岛天桥如此之低是为了阻止公共汽车驶上公园大道而有意设计的。拥有小汽车的"上层"白人和"舒适的中产阶级"，可以自由使用公园大道进行消遣和通勤。而通常使用公共交通的穷人和黑人却被阻挡在了公园大道之外，因为公共汽车有 12 英尺高。这样的结果限制了弱势种族和低收入群体进入琼斯海滩。这种天桥设计的本质是通过技术行为来实现特定的意图，导致技术之不公正、不公平问题由此产生。

[二] 陈瑛. 谈科技伦理［NB/OL］. 人民日报，2000-11-16［2019-08-09］. http://www.people.com.cn/digest/200011/17/kj111704.html.

都不应当给人类和自然环境带来危害，或使其在生物学、物理学上或道德伦理上受到威胁。研究人员和研究机构应该对现在和未来人类子孙后代所可能造成的社会、生态和人生健康影响负责。①

技术伦理上有避免损害原则，即技术或技术产品不能损害人的身体、精神健康，或带来不愿意得到的其他作用，不施加给对方无法承受的风险。如果发生某个事件的概率很小，但是一旦发生就会出现灾难性的后果（重大损害或波及数量足够大的人群），或者对某个事件是否会引起风险无法有结论性解释的时候，例如遗传技术的争论，就需要采取相关的预防措施。任何科技创新与科技发展，在没有确定正确的判断与共识之前，谨慎是唯一可取的立场。在有科学证据怀疑的情况下，就必须采取预防措施。在选择预防措施的时候，还应当考虑到因风险问题而被怀疑的技术领域的好处和利益，必须保证所选择的预防措施能够达到保护的目的。

（2）风险预防

强调对风险的预防与责任伦理学的主张是一致的，其主要内容是对未来人类的责任。而伦理学一般不考虑遥远未来的后代的生存，这样就会继续过度地发展技术。在技术发展过程中，人们需要同时考虑科技进步、经济价值和伦理道德价值。一些尚无法确定风险是否可控的技术，宁可采取较保守的态度，让技术的脚步不要走得太快，这从整体上是利大于弊的。

在技术伦理的安全和预防原则方面，存在不少有争议的话题。最有典型意义的是生物转基因技术，2008年，来自美国塔夫茨大学的汤光文在中国湖南衡阳组织了"黄金大米"的营养学试验。研究人员在未告知实情的情况下，让25名6~8岁的儿童食用了黄金大米。在不能确保被试者不受伤害的情况下进行人体试验，有违人类生命价值这一首要伦理原则。

转基因技术的应用及其社会作用的发挥需要从两个方面加以考量：一方面要注重分析满足经济社会发展需求的工具、手段等；同时还要注重反思主体意愿与技术目的自身的合理性。转基因食品确实可以有效解决粮食短缺问题，然而无论其预期目的多么合理，如果运用的工具、手段超越于客观规律之上，仍是不能被广泛接受的。②

---

① 欧盟委员会关于可持续性的建议书（EC，2008）。
② 疏钟．"科技伦理"不应只是"堂前燕"［NB/OL］．光明日报，2015-4-17［2019-08-09］．http://news.sciencenet.cn/htmlnews/2015/4/317130.shtm．

在这种情况下，技术伦理以预防为宗旨的保守做法是值得提倡的。新技术往往或多或少具有与转基因技术类似的风险和不确定性，预防性的、前瞻性的伦理对冲应该走在技术的前面，使技术的发展遵循一定的伦理原则、法律法规的约束，在实践层面更好地为人类服务，最大限度地发挥正面价值，抵消负面价值。○

## 三、 新兴技术对伦理的冲击

1. 新兴技术引发的伦理问题

先进的技术让人类拥有更加美好的未来，这是一个充满善意的逻辑。但是，"科技发展"并不总是等于"人类进步"和"人类幸福"。马尔库塞曾经提醒我们："必须提出一个强烈的警告：警惕一切技术崇拜","在现阶段，人对自己工具的控制较以前更加无力"。○诺贝尔物理学奖得主查德费·恩曼说，"科学是一把能够打开天堂的钥匙，但是它同样也会将地狱打开"。

目前存在两方面的问题：一方面是科技伦理的建构与科技法规的配套远远滞后于科技发展；另一方面，一部分决策者和科技工作者存在着牺牲伦理约束以赶上先进国家科技水平的错误思想。技术成为当代社会的最大变量，诸多可预见和不可预见的风险正在加速集聚，人们在日常生活中越来越多感受到科技的负外部性。例如，世界首例基因编辑婴儿在质疑声中诞生，其伦理风险可能超出人类可控的范围。国家充分重视这个问题的严重性和紧迫性，2019年7月24日，中共中央全面深化改革委员会审议通过了《国家科技伦理委员会组建方案》，指出科技伦理是科技活动必须遵守的价值准则，并将组建国家科技伦理委员会。

2. 不确定的"新兴科技"

学术界对"新兴技术"还没有一个统一明确的概念。美国学者梅尔文·梅耶斯指出，新兴技术可能是一项全新技术，也可能产生于对一项既有技术的全新应用，是具有创造一种新产业或转变原有产业潜能的科学创新。罗德·哈维

---

○ 刘晓青. 转基因技术的伦理思考［NB/OL］. 学习时报，2017-01-18 ［2019-08-09］. http：// dzb.studytimes.cn/shtml/xxsb/20170118/24421.shtml.

○ 马尔库塞. 单向度的人：发达工业社会意识形态研究［M］. 刘继，译. 上海：上海译文出版社，2016.

尔则认为新兴技术本质上是一种技术和市场的不连续创新。⊖也正是由于新兴技术同时具有技术不连续创新，包括除了渐进性创新之外的其他三类技术创新方式：模块性创新、结构性创新和根本性创新，和市场不连续创新的特点，所以它比一般技术具有更高的不确定性和复杂性。⊜

新兴技术包括例如基因技术和基因编辑、人工智能技术、机器人学、合成生物学、神经技术、微电机系统、纳米技术、增强现实技术、3D 印刷、异种移植等，这不只是指技术发展在时间上的新近性，还包括在技术领域、技术应用方面的全新性。新兴技术在技术和市场的不连续创新，突出体现在对既有技术和原有市场的冲击方面。例如纳米技术、机器人技术、信息与交流技术和应用认知科学，在复杂性、偶然性和催化革新三个维度上影响着人们对稳定性和文化框架的惯常假设。⊜科技一旦涉及生命安全和社会伦理，需要先从伦理角度厘清边界，在具体的操作和执行过程必须严格遵循学术伦理和学术规范，这是科技工作者应有的基本责任。

## 第三节　新兴技术的伦理

美国圣母大学约翰·莱利科学、技术和价值研究中心曾在《2014 年科学技术领域中将出现的伦理困境和政策问题》报告中提出，公众对未来随着新技术发展可能出现的以下问题：犯罪预测警务是否需要惩处潜在罪犯？机械化有机体是否将动物当成玩具？数据芯片植入还会有个人隐私吗？伴侣机器人会不会改变人类互动的价值观？虚拟货币是否会助长违法行为？神经增强方法会使人类在何处越过界限？气候工程如何加强环境正义？机器人执法何时需要人类的判断干预……

新涌现的技术已经不仅仅是一系列无生命的工具，也不仅仅是相互联结、辅助完成任务的系统，而是重新划分了自我与他人、自然与人工之间的界限。技术发明已经渗入了人们的身体、思想和社会交往，改变了人们与其他人和非

---

⊖ 波普尔认为科学提供给我们的一幅宇宙的图景，表明宇宙是有发明性和创造性的，在宇宙中会在新的层次突现新的事物。（详见雷瑞鹏，邱仁宗. 应对新兴技术的伦理挑战：伦理先行. 2019-05-12. https://www.toutiao.com/i6689682363405828612/，邱仁宗. 应对新兴科技带来的伦理挑战［N］. 人民日报，2019-05-27（9）.）

⊜ 吴东，张徽燕. 论新兴技术概念的商业内涵［J］. 科学学与科学技术管理，2005（7）：64-67.

⊜ 高杨帆. 技术决策者伦理责任研究［D］. 武汉：华中师范大学，2013.

人的关系。㊀新兴技术因为它的"新",给人类带来了更多的风险和新的伦理问题。新兴技术最大的特点是它们有可能对人和社会带来巨大收益,同时又有可能带来巨大风险,以至威胁到人类未来世代的健康以及人类的生存,这同时也导致新兴技术可能具有双重用途,一方面可被善意使用,为人类造福,另一方面也可被恶意使用,给人类带来灾难。想要在享受技术带来的便利的同时保有人类的基本尊严和自由,就需要让人类的伦理体系随着技术一起演化。

## 一、新兴技术提出的伦理挑战

### 1. 自由意志与知情同意

技术能否被接纳或应用,应该始终坚持尊重个人的自主选择与决定权。知情同意包括两个相互联系的过程:知情和同意。知情是指实验者应充分的向受试者提供与实验有关的信息;同意是指受试者在无任何引诱和威胁的条件下完全自愿的同意。"知情同意"是尊重人的自主性的集中体现,即要给予自主个体足够的信息去理解,使其"出于自己的自由意志",自愿作出是否"同意"的选择。

但是,由于先进技术的发展,对于使用者解释清楚技术的机理和作用变得非常困难,有些特殊领域,例如医疗行业,甚至在落实知情同意这一原则的过程中,还涉及其他伦理问题。而在数据技术领域(如大数据)很难针对具体个体做到使其"知情同意",信息资料的公开无法通知每个使用者,没有知情同意可言。互联网技术的许多应用造成了权力非对称现象,技术人员不仅应遵循设计保护隐私,而且要通过设计增加使用者的自主权,让人们在知情的情况下,自己决定愿意公开哪些个人信息资料。

### 2. 经济价值与伦理价值并重

科技创新是推动人类进步的核心驱动力,然而,在现实生活中,技术开发和应用的经济和经营考量往往是人们的优先目标,主宰着人们的价值取向。对于技术而言,功能作用和可行性是首要目标,其次是成本、经营效益、利润、销售额、市场占有率、符合市场需求等因素。这一经济逻辑唯有建立在"人文与伦理逻辑"默认前提之上,才能真正实现其推动人类进步的使命。

技术伦理提出了从社会角度看有意义的技术和经济行为的目的与价值问题。换言之,即最为重要的问题是关于通过道德的论据予以论证的行为选择。技术伦理要求科技工作者和经济界人士不能只从技术本身和经济价值角度考虑技术的发

---

㊀ 贾萨诺夫. 发明的伦理——技术与人类的未来[M]. 尚智丛,田喜腾,田甲乐,译. 北京:中国人民大学出版社,2018.

展应用，而要将经济价值与伦理价值结合起来，使技术的使用更符合人类价值。如德国工程师协会（VDI）第 3780 号指南（2002 年）列出了技术行为价值为功能性、经济性、福利、安全、健康、环境质量、个性发展和社会质量等。

在技术过程中强调设计的道德价值，辩证地考量技术设计和社会环境，并通过概念分析、实证分析和技术分析三重研究方法解决现有技术中的伦理问题，"价值敏感性设计"给我们提供了一定的借鉴。㊀该做法在信息系统的技术设计领域"嵌入"道德因子，从外部激励社会个体做出合乎伦理的行为，并引导个体在信息活动中的向善行为。"价值敏感性设计"最初用于对人机交互的研究，发展至今已经广泛应用于信息管理、人机交互、计算机安全以及计算机哲学等诸多领域。

现实中某项技术的设计受到外在化的经济、政治、年龄、文化背景等因素的影响，因而在一定程度上又体现了具有外在影响力和其他文化背景的价值。设计领域中的技术具有非常丰富的价值含义，对于技术的设计也应当考虑到更广阔范围内的人类价值，并对该项技术的未来影响进行考虑，而不仅仅是一种事后反应的状态。

3. 责任与创新的矛盾

人的行为的责任归属因技术的使用而变得更加复杂。责任与创新的矛盾在于，新兴技术的高风险性中，有很大一部分是由于技术本身的不成熟，而另一部分可能是非技术原因造成的。对于新兴技术来说，选择与后果尤为重要。

对于要首先解决的技术创新中的伦理问题，应该预先提出解决方案和备选方案，并评估解决方案的道德价值，大范围地向利益相关者中寻求建议，将可能产生的道德伦理问题转化为设计要求。㊁

根据"责任伦理"学者尤纳斯的观点，现代技术时代的伦理是以未来行为为导向的伦理，对于责任的履行应当具有预防性和前瞻性。相应的道德任务不在于实践一种最高的善，而在于阻止一种最大的恶。㊂技术专家不但有责任使技术项目的结果是为人类的福利和幸福服务，他们还有责任防止技术走向毁灭人类自身。㊃由此可见，在主体层面上，对主体行为进行伦理规约最重

---

㊀ 刘瑞琳，陈凡. 技术设计的创新方法与伦理考量——弗里德曼的价值敏感设计方法论述评［J］. 东北大学学报（社会科学版），2014，16（3）：232-237.

㊁ 中国教育网. 坚守科技发展的伦理底线［EB/OL］.（2019-04-24）［2019-08-09］. http://www.eol.cn/rencai/201904/t20190424_1656032.shtml.

㊂ 甘绍平. 应用伦理学前沿问题研究［M］. 南昌：江西人民出版社，2002.

㊃ 沈铭贤，丘祥兴，胡庆澧. 促进科技与伦理的良性互动——国家人类基因组南方研究中心伦理学部工作体会［J］. 中国医学伦理学，2011，24（6）：717-719.

要的就是培育主体的责任感。1984年在瑞典乌普萨拉制定的"科学家伦理规范"中规定：当科学家断定他们正在进行或参加的研究与伦理规范相冲突时，应该中断所进行的研究，并公开声明不利结果的可能性和严重性。因此，遵守科研的伦理规范，预测技术活动的后果是科学家与工程师的直接伦理责任。

在落实责任的过程中，新兴技术可能会导致一种责任由多元主体承担，表现为个体与社会承担责任、追溯性的责任与前瞻性责任之间发生矛盾冲突，使信息伦理与社会伦理问题进一步交织。因此，各个主体必须明确各自的伦理责任范围，对自身行为负起相应责任。对于生物系统来说，责任意味着需要澄清的、针对其可控性和可调整性的安全问题，技术人员有责任将生物技术改变后的痕迹昭示于众，并且由个人决定其取舍。

面对事关人类发展的新兴技术，要确保人类始终处于主导地位，始终将人造物置于人类的可控范围，避免人类的利益、尊严和价值主体地位受到损害。始终坚守不伤害人自身的道德底线，追求造福人类的正确价值取向。

## 二、新兴技术与人类自主发展

### 1. 新兴技术下的生命意义

以生命科技为代表的新兴技术，给人类进化过程带来了前所未有的机遇和挑战。基因编辑技术加速发展仿佛让人们看到了规避疾病、拥有健康的美好未来，但另一种威胁也正在逼近人类。在《逃出克隆岛》中，一个个活生生的克隆人被"圈养"起来，成为富豪们为了移植器官所做的备份。这些有思想、有情感的克隆人究竟是人，还是什么可供任意宰割的动物？这样的人，是机器，还是奴隶？基因编辑实验因其不可逆性而存在巨大潜在未知风险，如果缺乏严谨规范的医学伦理审查保障，实验结果将带来难以预料的风险。因此，科学技术的应用应当遵守伦理原则，应该制定并完善科技伦理规范，约束任何可能突破底线的行为。

这类技术的安全性也存在很多不可预测性和高风险性，一旦被误用或滥用，很可能酿成对社会的极大危害。很多生命科技创新需要通过动物实验来检验对人和环境的无害性，如抗衰老，疾病防治，新技术通过制造杂交生物和杂种嫁接使跨越物种的特殊界限成为可能。对生命形式的技术影响以及对生命的转换演变为一种生财之道。

### 2. 生命科技的争议地带

生命科技与道德伦理的冲突是涉及技术与人类自主性的伦理困境的典型现

象。从克隆技术的身份争议,代孕的人伦思辨,围绕技术创新与社会道德伦理的争论从未停息。○

辅助生殖技术(Assisted Reproductive Technology,ART)以解决不育问题或者防止遗传性疾病为最初目的,是实现社会公正的一种重要手段。○其中,克隆繁殖或称无性繁殖是通过无性生殖的方法,产生来源于同一个体或该机体在遗传性上完全相同后代的过程或技术。克隆技术分为两种:一种是治疗性克隆;另一种是生殖性克隆。前一种克隆作为一个有效研究手段,用来探索胚胎发生中的分化机理。而后一种克隆尚未成熟,且本身存在着缺陷,对后代、对社会甚至对整个人类可能带来不利的影响。目前生殖性克隆是被大多数国家坚决反对的。○

如何发展治疗性克隆技术,还需要制定法规,规定克隆技术的范围、条件和克隆人类胚胎的伦理和法律规范。克隆羊"多莉"出生不久就患病而亡的事实,引起了人们对该技术安全性的关注。虽然克隆技术发展迅速,但克隆动物的成功率也很低,如果贸然应用到人身上,克隆出畸形、残疾、早夭的婴儿,是对人的健康和生命的不尊重和损害。克隆技术的应用可能影响基因多样性。迄今为止,人们只是有限地用传统方式(即工程技术方式),对这些技术系统进行控制和管理。科学界普遍认为,由于对细胞核移植过程中基因的重新编程和表达知之甚少,克隆人的安全性没有保障,必须慎之又慎。

从伦理角度说,克隆人违背了不伤害、自主、公平等基本伦理原则。克隆人背离了人是目的而非工具,以及每个人都享有人权和尊严的伦理原则。克隆技术引起的争论表现出技术创新与现有的人类文明状况相对立的倾向,即技术与人性的对立。冲突的本质是生命神圣、人类尊严、自然权利等人性原则与生命质量、繁殖合理性等技术原则之间的冲突,"人"始终是伦理问题的

---

○ 和讯名家. 技术与伦理的博弈,医疗 AI 的 B 面隐忧如何解?[EB/OL]. (2019-06-09)[2019-08-09]. https://news.hexun.com/2019-06-09/197470986.html.

○ 发展这项技术既符合不育夫妇,特别是不育妇女的利益,又体现了社会公正。给不孕不育者生理上进行补偿的同时使其得到了心理和社会的满足,消除了因丧失正常生育能力而带来的负疚感和夫妻感情上的危机。同时,发展这项技术体现了医疗资源分配的公正性,使得有生育障碍的人群能够享受到获得自己生育或者生育自己健康后代的医疗卫生服务,即使这种服务并不包含在政府和保险公司的医疗保险项目之内,但他们由此体验到了一个完整人生所应得到的服务。

○ 涂玲. 辅助生殖技术从业机构伦理管理的研究[D]. 长沙:中南大学,2008.

核心。①

技术伦理学的一个核心认识，就是各种生物技术不外乎是所谓的社会等级转换的技术系统。邱仁宗说"技术上的可能并不是伦理上的应该"。②而"应该不应该"的问题正是技术伦理需要考量、解决的。人们应该在技术的早期阶段进行伦理评估，而不是技术可能明确会应用到人身上的时候才作出反应。

### 三、新兴技术与可持续发展

1. 新材料引发的可持续发展问题

人类除了坚持自主发展之外，进化进程的可持续性是另一个重要考量要素。前沿科技的研究具有高度不确定性，新兴科技的科研活动及其成果商业化在可持续发展方面的风险尤其突出，而这方面又以新材料的研究应用最为典型。石棉的应用就是一个例证。由于石棉可以广泛应用于防火、保温等领域，在没有彻底研究清楚石棉的性质之前，就过早进行了开发利用，后来石棉被证实具有致癌性，导致"石棉危机"。

在新材料引发的可持续发展问题上，纳米技术最为典型。纳米技术（Nanotechnology，纳米科学技术，有时简称为纳米技术）研究尺寸范围在一百纳米以下的物质组成，以及在这种水平上对物质和材料的处理。该技术于20世纪80年代末期诞生，在90年代初得到迅速发展。纳米技术本质上是用原子和分子创制新物质的技术。③纳米科技的最终目标是人类按照自己的意识直接操纵单个原子、分子，制造出具有特定功能的产品。纳米技术表明人类正越来越向微观世界深入，人类认识、改造微观世界的水平提高了前所未有的高度。

但是，由于量子效应、物质的局域性及巨大的表面和界面效应，这样的一

---

① 吴国盛. 现代化之忧思［M］. 北京：生活. 读书. 新知三联书店，1999. 吴国盛把新技术与伦理之间的冲突中所引发的下述问题视为非哲学的问题，包括：①技术问题是否成熟和安全；②社会问题是否合法，是否不带来政治冲突，死后受精，产前孤儿，代理母亲的权益，产前性别鉴定，被专制者利用；③心理问题是否符合心理习惯和承受力，杂种问题，代理母亲导致的代际混乱等。

② 邱仁宗. 生物医学研究伦理学［M］. 北京：中国协和医科大学出版社，2003.

③ 美国的国家纳米技术启动计划（National Nanotechnology Initiative）将纳米技术定义为"1至100纳米尺寸间的物体，其中能有重大应用的独特现象的了解与操纵。"这个极其微小的空间，正好是原子和分子的尺寸范围，也是它们相互作用的空间。纳米技术是一门交叉性很强的综合学科，研究的内容涉及现代科技的广阔领域。1993年，国际纳米技术指导委员会将纳米技术划分为纳米电子学、纳米物理学、纳米化学、纳米生物学、纳米加工学和纳米计量学等6个分支学科。其中，纳米物理学和纳米化学是纳米技术的理论基础，而纳米电子学是纳米技术最重要的内容。

个尺度空间使物质的很多性能发生质变。进入21世纪之后，纳米技术的危害逐渐显现。美国和英国政府已开始采取行动，加强对纳米技术的伦理研究。加拿大环保组织出于伦理方面的考虑，也向全世界呼吁暂停纳米技术研究与开发。欧盟委员会在可持续性方面的一项行为准则中，特别指出了纳米技术对人类社会可持续性的影响。该建议要求"从事纳米技术研究的机构和个人，应当始终为自己的研究对现在和未来人类子孙后代所可能造成的社会、生态和人生健康负责。"

新兴科技应当确保其安全并合乎伦理规范，以及在可持续性上做出符合伦理原则的考量。无论现在还是未来，都不应该给人类、动物、植物或环境带来危害，或使其在生物学、物理学或道德伦理上受到威胁。

 **扩展阅读**

### 纳米技术的潜在危害

纳米技术的潜在危害可以广义地划分为以下几个方面：

（1）纳米颗粒和纳米材料对健康的潜在危害；

（2）分子制造（或高级纳米技术）的危害；

（3）社会危害。纳米材料（包含有纳米颗粒的材料）本身的存在并不是一种危害。只有它的一些方面具有危害性，特别是他们的移动性和增强的反应性。

目前公认的观点是，虽然人们需要关注有固定纳米粒子的材料，自由纳米粒子是最紧迫关心的。纳米粒子的有害效应不能从已知毒性推演而来。

纳米颗粒进入人体有四种途径：吸入、吞咽、从皮肤吸收或在医疗过程中被有意地注入（或由植入体释放）。一旦进入人体，它们具有高度的可移动性。在一些个例中，它们甚至能穿越血脑屏障。纳米粒子在器官中的行为仍然是需要研究的一个大课题。基本上，纳米颗粒的行为取决于它们的大小、形状和同周围组织的相互作用活性。它们可能引起噬菌细胞（吞咽并消灭外来物质的细胞）的"过载"，从而引发防御性的发烧和降低机体免疫力。它们可能因为无法降解或降解缓慢，而在器官里聚集。还有一个顾虑是它们同人体中一些生物过程发生反应的潜在危险。由于极大的表面积，暴露在组织和液体中的纳米粒子会立即吸附它们遇到的大分子。这样会影响到例如酶和其他蛋白的调整机制。

（来源：欧洲纳米课程，"纳米技术介绍"）

2. 机器人对就业的冲击

纳米材料因为对传统物质的一些优势正在被开发，但是人们仍然不清楚他们相对于传统的物质对身体和环境会带来多大的危害。由于这种危害是在理论上存在的，只要采取谨慎态度，就能够较好地预防。但是，也有一些新兴技术对人类社会的影响却不是那么明显,或者虽然在理论上有可能,但是不容易权衡其利弊得失,工业机器人的应用就是这样的例子。机器人已经开始在制造业大量采用,例如在工作环境恶劣或危险的环境里,机器人正在替代一部分以前由人从事的工作。

机器人和人一起工作,也产生了一些伦理困境。全球适用机器人的数量在过去两年中增加了三倍,到 2020 年,全球可能有多达 2 000 万个制造业工作岗位被机器人取代。另一方面,机器人不仅提高了生产力,也促进了经济增长。有证据表明,平均而言,新机器人在低收入地区取代的工作岗位数几乎是同类高收入地区的两倍。⊖机器人的使用更严重打击了低收入地区。在自动化工厂发展的过程中,因为机器人(原则上来说)可以完全代替人类的工作,这会给相关工作者带来焦虑和尊严上的伤害。机器人化带来了一个困境,必须平衡长期增长的潜在收益和社会混乱的短期痛苦。

机器人不仅威胁到了大量低端产业工人的就业,甚至还被应用在比人类劳动者更高的监督岗位,监督人类工作。美国科技媒体 theVerge 公开了一份亚马逊公司的内部文件,在亚马逊的仓库里,一个工人每小时必须完成几百个包裹的包装工作,强大的 AI 机器监控系统不仅能跟踪每个人的工作进度,甚至还能精确计算工人消极怠工的时间。更可怕的是,按照生产率考核的算法,AI 系统能够自动生成警告以及发出解雇员工的指令。也就是说,亚马逊的基层员工可以因为 AI 的判断而自动被开除。著名的亚马逊批评家史黛西·米歇尔(Stacy Mitchell)表示,"这些机器人将员工视为冷冰冰的数字,而非活生生的人。"而作为活生生的人,工人们对于这套机器系统将怀有更大的敌意。智能机器的这些应用在道德价值层面有待商榷。

 扩展阅读

## 机器人技术与就业

在宝武集团湛江钢铁厂,一条全天候的智慧铁水运输系统正在运行。铁水运输是钢厂物流系统与生产联系最紧密的环节,在传统钢铁生产过程中,铁水调度、机车驾驶、摘钩、驻车、对位、路径规划、配罐等作业均需人工完成,因为高温、暴雨、台风等恶劣天气,1 500℃ 的铁水、粉尘、噪声等恶劣环境,凭借人员经验、素质和应急判断为主的操作模式,会带来高昂的人力成本投入、

---

⊖ 牛津经济研究院. 机器人如何影响世界 [EB/OL]. (2019-07-19) [2019-08-09]. https://mp.weixin.qq.com/s/iDctnbWYXw5eXlZ7rDf9pg.

效率提升瓶颈和巨大的安全隐患。

据了解，这套智慧铁水运输系统通过搭建实时自学习自适应高精度控制模型，并结合全天候环境感知、数字孪生、机器学习、机器视觉等技术，能够实现机车运输的全天候环境感知、全障碍物识别，实现机车自动摘挂钩、恶劣环境精准定位。以往机车驾驶班组需要40多人，伴随智慧铁水运输系统的上线，初期人力成本会降低70%，最终将实现无人。但是目前的工业智能大都以人的决策和反馈为核心，这就导致系统中有很大一部分的价值并没有被释放出来。

以钢铁生产为例，事实上工厂机车很早就已经实现了自动化，但仍旧难以解决"冲突"的问题。例如，五条轨道同时要过车，以往调度人员只能凭借经验进行调度，但未必是效率最大化的解决方案。伴随AI的应用，人无须作判断，机器会凭借始点和终点双方的生产计划、调度计划以及车辆铁水温度实施情况进行判断。借助AI技术，协作机器人也在推动工厂生产从标准化向柔性制造转型。通过AI算法可以让视觉系统具有更强的自主力。与协作机器人本体结合，可以实现更加智能化的工作流程。例如基于深度学习的手机机壳外观检测系统，内置神经单元具有高度的智能化，系统可以通过自我学习完成各种手机壳的检测程序。同时，机械臂作为执行终端，可将熟练工通过远程装置操作的动作切换到自动运行，包括一些精细的微调动作也可由机器人捕捉并运行。"如今机器人已经广泛部署在仓库和工厂车间，但它们只能处理特定任务，例如拾取特定物体或转动螺丝，而谷歌则在尝试让机器自主学习。"

（来源：第一财经，"人工智能走进工厂：打响降本增效攻坚战"）

案例分析讨论：
1. 在这一引例中，最主要的伦理冲突是什么？
2. 智能机器人对劳动力的主要影响是什么？
3. 你认为AI最大的应用价值是什么？

3. 新兴技术与专利保护

新兴技术或产品、服务由于先期研发成本巨大以及对专利保护等原因，在投入市场的一段时间里，由于价格昂贵，只有个别富裕个人或特殊阶层才能享受，这类不公平现象在市场经济中经常见到。托马斯·博格（Thomas Pogge）等多次指出，专利制度虽然保护发明家的利益，在一定程度上促进科学发明事业，但也有越来越多的事实揭示，专利制度阻碍了新的发明。

在专利上如何采取对专利持有人和使用者都公平的制度，最大限度发挥专利制度的积极作用，减少对技术发展的负面影响，是一个困难的制度问题。

专利对技术研发的激励和促进作用是毋庸置疑的，但是过度保护也会造成对使用者的不公平。专利分享使用的价格由市场决定，人们需要做的是通过制度设计，推动专利持有人尽快与使用者达成有偿使用协议。新技术在分享之后，能够更快推动相关技术、产品和服务的提供，从而有效降低使用者的成本，实现新兴技术的良性循环。除了科学合理界定专利保护的范围之外，对专利持有者也应该有道德要求和伦理规范，鼓励科技专家自愿分享，例如开源代码，或者建立公共分享空间，大家在其中分享各自发明的技术、工具和方法。

另外，过多的专利使得下游产品价格昂贵，需要用它们进行研究发明的科学家买不起，使本来可能有的新发明不能实现；而如果以昂贵的价格购买这些基础性技术和方法，就会使新发明的终极产品价格昂贵，唯有富人才能购买得起，大多数消费者只能望洋兴叹。○

## 第四节 技 术 评 估

乌尔里希·贝克（Ulrich Beck）在《世界风险社会》中提到，生产力的发展产生了无所不在的风险，而人类被完全暴露在了各种风险之中。○重要的社会问题需要解决，解决的关键仍要依赖科学技术，诸如环境方面的规章条例的制度、环境质量的监测、治理公害和发展无害新技术。

技术带来的意料之外的灾难，让人们迫切地希望把技术带来的风险和未来发展方向控制在人类能力的可控范围之内，因此，技术评估这一研究活动愈发得到各国的重视，这就促成了技术评估的进一步发展。

### 一、技术评估的背景

1. 技术评估的含义

"技术评估"（Technology Assessment，TA）这一专业术语在1966年由时任美国科学与宇航事业委员会顾问的菲利普·耶格（Philip Yeager）首次提出。1967年初，埃米利奥·达德里奥（Emilio Q. Daddario）提出一项有关成立"技术评估办公室"的《技术评估法案》（Technology Assessment Act），同年秋天，成立了一个专门小组探讨技术评估问题。1969年，该小组出版了三份奠基性的研究报告。次年，达德里奥又继续了第四个研究。之后，国家科学基金会、科

---

○ HOFFMAN S J, POGGE T. Revitalizing pharmaceutical innovation for global health [J]. Health affairs, 2011, 30（2）：367.

○ 贝克. 世界风险社会 [M]. 吴英姿, 孙淑敏, 译. 南京：南京大学出版社, 2004：29-30.

学技术办公室以及许多大学都展开了对技术评估的研究。技术评估的概念和方法从美国相继传到西欧、日本等世界各地区，很快引起重视。如今，技术评估已经成为一项常见的区域性和国际性研究课题。

对技术评估的学术定义中，在学界比较有影响力的观点是该领域创始人之一约瑟夫·科茨（Joseph F. Coates）提出的，"技术评估是系统的识别、分析和评估技术潜在的次生结果（无论是有益的还是有害的）及其对社会、文化、政治和环境系统及过程的影响，技术评估是为了向决策者提供中立的、以事实为依据的信息"[1]。

技术评估需要预先推定技术行为的各种风险和后果，并尽可能减少其负面影响。不过，由于技术后果的两面性和不确定性，这只能部分实现。尽管技术伦理学提出了对技术发展的评估和论证，并不能说伦理学可以"匡正技术"，技术评估与技术伦理是一种辩证的关系，对技术的伦理反思可以"给予（技术）一定的制约与引导"，或者"既可以在某种程度上防止其（技术）滥用，不让潜在的危害转变为现实；又有助于认清科学研究自身的局限或某种不足，以便及时纠偏补纳，改善其理论与技术"[2]。

2. 技术评估的指标

对技术的评估有几类指标，分别是技术的发展程度、技术的经济效益以及技术的社会后果。

（1）技术的发展程度评估

这方面的技术评估指标体系，是把被评估的技术与其他同类技术加以比较，以确定其发展水平，是否具有先进性和创新性等。主要包含以下三类评估指标：技术成果在技术体系中的地位与影响、技术成果在技术研究与开发中的地位和作用、技术的复杂性程度和获得技术成果的难度。

（2）技术的经济效益评估

技术的经济效益评估实际上就是可行性研究和技术经济分析。主要是对被评估技术的研究、开发和生产的整个过程，进行经济效益的定性研究与定量分析。其评估指标体系大致包括：研发—生产的周期、净收益、收益比、回收期、提高社会劳动生产率和节约社会劳动和提高价值量等。

---

[1] COATES, J F. A 21st Century Agenda for Technology Assessment [J]. Technological Forecasting and Social Change, 2001, 67: 303-308.

[2] 徐宗良. 科技需要伦理评价和制约吗——兼析科学研究的禁区 [J]. 武汉科技大学学报（社会科学版），2001（4）：7-10.

（3）技术的社会后果评估

技术的社会后果评估主要是通过对技术与各种社会因素相互作用的分析，考察技术的发展对社会生产、生活、经济、政治和生态环境等方面所产生的影响，包括以下五点。

1）满足人类对衣食住行等方面物质生活的需要、医疗保健的需要和精神文明发展的需要的能力等。

2）劳动条件是否安全、舒适，劳动强度如何等。

3）自然资源的利用是否合理，有无浪费或破坏生态环境等。

4）新技术的应用导致那些产业的产生和发展，对整个产业结构有何影响，引起整个社会结构那些新的变化等。

5）对国家利益、民族利益和国际重大问题的影响等。

3. 技术评估的特点

（1）客观性

技术评估的目的在于为社会和决策机构提供客观的依据，因此必须在尊重客观事实的基础上进行评价，不能带有个人偏好。技术评估相关制度中的许多规定都是为了保证技术评价的客观性而设置。

（2）社会性

技术的影响效果具有社会性，技术评估也应当有社会性。技术评估不仅评估技术的影响效果，而且有义务把评估结果公布于众，让整个社会对技术本身有更正确的认识。技术评估也可看成是公众管理技术的手段之一。

（3）综合性

技术评估要综合考虑各方面的影响因素系统地考察技术，同时也把技术放置在一个更广阔的社会生态系统中来考量。此外，技术评估通常需要多学科的专家参与，综合运用各领域的专业知识拓展技术评估报告的广度和深度。

（4）过程性

技术评估活动是一个过程，过程包括技术决策、实施、应用等程序中的众多步骤。过程性还体现在技术评估需要对技术的不同发展阶段作出相应的评价。

## 二、技术评估的制度化

1. 美国技术评估办公室的兴衰

早期的技术评估是对技术负面风险的一个预警工具，并主要以技术评估办公室（Office of Technology Assessment，OTA）模式进行。在各界人士和公众普遍提高了技术后果意识的背景下，美国于1969年颁布了《国家环境政策法》（National Environmental Policy Act)。该法责成联邦有关当局在发放资金、批准工程项目或制定规划时，必须让专家就环境对此类行为的承受能力进行审查，从而促使有关当局慎重考虑决策所造成的消极后果。1972年10月，随着《技术评估法案》（Technology Assessment Act）⊖的生效，美国国会正式成立了技术评估办公室，这是世界第一个技术评估机构，其工作任务如表5-1所示。

表5-1 美国技术评估办公室主要工作任务

| 序号 | 工 作 任 务 |
|---|---|
| 1 | 减少国会对外部专家鉴定和政府意见的依赖性 |
| 2 | 建立一个新的中心，使之在科技领域掌握权威信息并提供权威鉴定 |
| 3 | 把政治决策过程所需大量文献资料加以汇总，并按一定问题对其加以相应的筛选和集中 |
| 4 | 在技术获得应用之前分析确认其不良后果，并通过"早期报警系统"预言此类后果 |
| 5 | 对各种政治可行性及其内涵和后果进行科学的加工处理，分析、阐明和评价这类可行性的积极的和消极的、直接的和间接的、近期的和长期的社会的、经济的、生态的以及政治的后果（但国会不想以科学家们的分析和建议代替政治决策，因此它要求技术评估办公室只就国会可以采取的各种政治行动提供有根据的咨询，而不要就这类行动可能性提出确定的建议） |
| 6 | 技术评估办公室应使自己的工作具有跨学科性，并尽量广泛吸收外部专家和当事人的知识来开展自己的分析研究工作 |
| 7 | 公开发布有关政府或国会的决策的信息及其可能后果 |
| 8 | 重新赢得公众对政治机构决策合法性的信任⊖ |

技术评估办公室对美国的政治决策过程有相当大的影响，其研究报告在国会辩论、国会各委员会会议、立法草案和公众讨论中得到越来越广泛的引用。仅在1977～1978年，国会通过的近40项法律都曾明确以OTA的研究报告为参照材料，国会的立法倡议有时还直接以OTA研究报告所提供的政治行动可能性为基础。截至1995年被解散，OTA已完成700多个报告。

2. 技术评估中心向欧洲转移

受美国成立技术评估机构的影响，1983年，欧洲第一个议会性技术评估机构（Parliamentary Technology Assessment，PTA）在法国成立，随后丹麦（1983）、荷

---

⊖ US Code. Public Law 92-484-OCT [EB/OL]. [2020-02-18]. https://uscode.house.gov/statutes/pl/92/484.pdf.

⊖ Office of Technology Accessment Archire. Office of Technology Accessment Act [EB/OL]. (2020-04-03). https://ota.fas.org/technology_accessment_and_congress/otaact/.

兰(1986)、欧洲议会(1987)、英国(1989)和德国(1989)等国相继设立了此类机构,由欧洲议会发起成立的评估网络"欧洲议会技术评估组织"(European Parliamentary Technology Assessment,EPTA)应运而生,该组织通过联合工作和经验交流,为欧盟及各成员国的科技政策提供支持。EPTA 成员单位及合作伙伴单位名单详见表 5-2。

表 5-2 EPTA 成员单位及合作伙伴单位清单(TA 机构)

| 序号 | 机构名称 | 所属国家/国际组织 | 成立年份 |
| --- | --- | --- | --- |
| 1 | Scientific and Technological Options Assessment(STOA,科技选择评估委员会) | 欧盟 | 1987 年 |
| 2 | Danish Board of Technology(DBT,丹麦技术委员会) | 丹麦 | 1986 年 |
| 3 | Committee for the Future(面向未来委员会) | 芬兰 | 1993 年 |
| 4 | Institute Society and Technology(IST,社会技术研究所) | 比利时 | 2000 年 |
| 5 | Parliamentary Office for Evaluation of Scientific and Technological Options(OPECST,议会科技选择评估办公室) | 法国 | 1983 年 |
| 6 | Office of Technology Assessment at the German Bundestag(TAB,德意志联邦技术评估办公室) | 德国 | 1989 年 |
| 7 | Committee of Research and Technology Assessment(GPCTA,研究与技术评估办公室) | 希腊 | |
| 8 | Committee for Science and Technology Assessment(VAST,科技评估委员会) | 意大利 | |
| 9 | Rathenau Institute(拉特诺研究所) | 荷兰 | 1986 年 |
| 10 | Norwegian Board of Technology(NBT,挪威技术委员会) | 挪威 | 1999 年 |
| 11 | Centre for Technology Assessment at the Swiss Science and Technology Council(TA-SWISS,瑞士科技委员会技术评估中心) | 瑞士 | |
| 12 | Parliamentary Office of Science and Technology(POST,议会科技办公室) | 英国 | 1989 年 |
| 13 | The Advisory Board of the Parliament of Catalonia for Science and Technology(CAPCIT,加泰罗尼亚议会科技顾问委员会) | 西班牙 | 2008 年 |

(续)

| 序号 | 机构名称 | 所属国家/国际组织 | 成立年份 |
| --- | --- | --- | --- |
| 14 | The Parliamentary Evaluation and Research Unit（PER，议会评估与研究局） | 瑞典 | |
| 15 | Parliamentary Assembly of the Council of Europe（PACE）/欧洲理事会国会议员大会 | 斯特拉斯堡 | |
| 16 | Institut für Technikfolgenabschatzung（ITA，技术评估研究所） | 奥地利 | 1985 年 |
| 17 | Biuro Analiz Sejmowych（BAS，研究办公室） | 波兰 | 1991 年 |
| 18 | U. S. Government Accountability Office（GAO，美国政府问责局） | 美国 | 2004 年 |

（来源：此表根据 EPTA 网站及相关网站等资料整理形成）

欧洲的技术评价组织规模都较小，一般为美国 OTA 的十分之一左右，项目也较少，报告结果也多具有较强的时效性，而不像 OTA 报告那么完整和透彻。在专家构成方面，欧洲的组织中专家较少，欧洲技术评估组织同议会的关系也不如美国那么密切。

很长一段时间内，技术评估中美国模式依然占统治地位，随着技术评估中心逐步向欧洲转移，越来越多国家在实践应用中发展了技术评估理论，更多新技术评估理论和范式开始涌现，例如构建性技术评价、公共式技术评估、交互式技术评价、整合式技术评价等。这些新型技术评估范式在传统的预警性技术评估的范式基础上不断发展，技术评价开始注重技术和技术过程的预测，发展成为一个早期诊断技术变革和潜在发展的工具。

3. 发展中国家和地区以及国际合作

技术评估在许多发展中国家也有积极的反响。发展中国家普遍面临着振兴经济的紧迫任务，以求在动荡多变的世界格局中获得立足之地，把科学技术作为发展最主要的手段，是他们的共同特点，因此，发展中国家越来越重视技术评估也是必然。例如，1977 年菲律宾召开了国家技术评估会议；1978 年，印度技术研究所发起了一次国际技术评估会议，同年，在印度召开了以技术评估为主题的联合国科学与技术发展会议。我国也于 1997 年建立了技术评估中心，先后于 2003 年 5 月 15 日和 9 月 22 日颁布了《关于改进科学技术评价工作的决定》和《科学技术评价办法》（试行）两部法规。

技术评估在跨区域国际合作中也得到了较快发展，先后成立了国际技术评估协会（SSTA）、联合国工业发展组织的先进技术预警系统（ATAS）、国际应用系统分析研究所（IIASA）、欧洲共同体科技预测与评估委员会（FAST）等多个致力于技术评估整体发展的国际性技术评估组织。

## 三、如何进行技术评估

1. 技术评估的范式

技术评估在国际范围内已经发展出了不同范式，本书认为技术评估的基本范式可按其根本属性分为两大类，即以 OTA 为代表的预警性技术评估（Awareness Technology Assessment，ATA）和以欧洲各国为主要应用的建构性技术评估（Constructive Technology Assessment，CTA）。

（1）预警性技术评估

这类技术评估的共同特征是试图预测技术可能带来的社会、经济、环境等影响，使政策和决策不仅考虑近期利益，而且关心远期的后果，不但重视经济效益，而且关注难以逆转的社会、环境效应，从而使决策者将有关技术后果的信息纳入决策过程中。这是传统的技术评估的基本思想，通常被称为预警性或察觉性技术评估（Awareness/Warning TA）[一]。

预警性技术评估的局限性主要是"技术发展过程及其社会影响可预测"，这个预警性技术评估的理论预设已经被越来越多的理论和事实推翻。同时，价值判断必然会被带进据称与价值无关的评估过程中[一]，这更加限制了人们对未来技术的社会文化及环境后果的预见能力。事实上，技术评估难以真正公平无偏见地评价技术的影响，无法真正确保中立、客观。

（2）建构性技术评估

从 20 世纪 80 年代开始，出现了冠以建构性技术评估之称的理论研究和政策实践[一]。其特征是：不仅提出评估报告，更是利益相关者参与技术决策的讨论，并通过协商来建构技术的过程。技术评估所关注的不仅是技术自身，而是与之相关的社会、文化、生态等问题。1991 年，一批创新经济学家和社会学家、技术评估专家和政策制定者在荷兰屯特大学召开了一次关于建构性技术评估的国际研讨会，会议论文集《在社会中管理技术》于 1995 年结集出版，标志着建构

---

[一] 拉普. 技术哲学导论 [M]. 刘武, 译. 沈阳: 辽宁科学技术出版社, 1986.

[一] JOHAN S, RIP A. The past and future of constructive technology assessment [J]. Technological Forecasting and Social Change. 1997, 54 (2-3): 251-268.

性技术评估范式走向成熟○。

建构性技术评估超越了传统预警性技术评估的局限,将技术评估的重点从对技术后果的预测转移到技术设计与发展本身,致力于通过促进相关社会因素在技术动态成长过程中的持续参与,使社会准则嵌入技术设计中,并贯穿于技术发展始终。

2. 技术评估的过程及步骤

OTA 模式作为技术评估制度化的表率,在长期的摸索和实践过程中,确立了一套非常行之有效的工作程序。

OTA 的每个评估过程大致分为三个阶段:①选择研究课题;②进行科学分析并提出研究报告;③发布研究成果。根据美国《技术评估法案》的规定,技术评估办公室为美国国会下设的进行技术评估专门机构,包括一个技术评估理事会(TAB)、一个技术评估咨询委员会(TAAC)。技术评估理事会代表国会领导 OTA 的工作,技术评估咨询委员会由理事会任命的十名国内科技、教育、行政管理、公共活动方面的知名人士,加上总审计员、国会图书馆的国会研究部主任组成。○

评估项目一旦确定,立即由办公室有关专业人员组成项目组,负责制订具体的评估计划,招募工作人员,挑选专门问题的负责人,分析并综合研究报告,撰写最终的评估报告。OTA 有 100 名专职人员,每年完成 15～20 个项目的评估,每个项目需要一年或更长的时间。按 OTA 的惯例,开展评估的每个项目要组织一个专门顾问小组。项目顾问小组由有关专家、企业界人士和社会公民等各方面代表组成,主要职能是:向 OTA 的工作人员建议调查工作范围及可能签约人,审查和评议评估工作人员和签约人的调查结果,保证评估结果真正代表各种观点。项目顾问小组是评估工作和社会联系的渠道之一,也是评估结果全面客观的一项保证措施。

技术评估的最终结果是评估报告。报告中不仅要有结论性意见,还要有支持结论的依据。报告以国会为主要对象,既要便于国会直接使用成果,其科学依据也要得到国会科技委员会、技术专家的肯定。OTA 还应国会的要求提供大量的有关背景材料以及咨询服务,评估报告和背景材料作为政府出版物公开发行,它的分析和结论常常被报刊及学术界引用,有比较大的影响。美国 OTA 具

---

○ RIP A, MISA TJ, Schot J. Managing Technology in Society: The Approach of Constructive Technology Assessment [C]. London and New York: Pinter, 1995.

○ 《技术评估法》第三款(b)条。

体工作步骤和流程如图 5-2 所示。

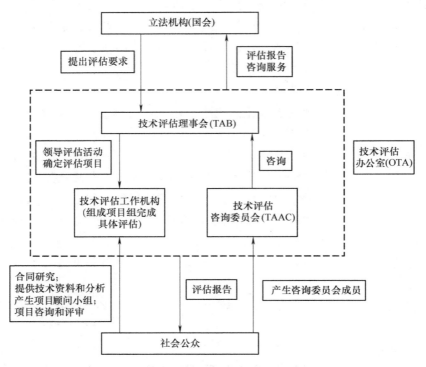

图 5-2　美国 OTA 具体工作步骤和流程

 扩展阅读

## MIT 工作流程

麻省理工学院（Massachusetts Institute of Technology，MIT）受美国总统科技政策办公室的委托研究了技术评估的方法后得出了进行技术评估最基本的流程，操作分七个阶段，基本步骤和主要内容如图 5-3 所示。

第一阶段，确定实行评估的范围：就有关的问题进行讨论，明确调查的范围（包括广度与深度），明确解决问题的准则。

第二阶段，描述有关的技术：描述被评估的技术，描述支持该技术的其他技术，描述与该技术及其支持技术相竞争的技术。

第三阶段，对社会状态进行推定并加以描述：选定影响有关技术在应用中的非技术因素，并加以明确。

第四阶段，确认影响及其范围：根据该技术的应用，明确受影响的社会

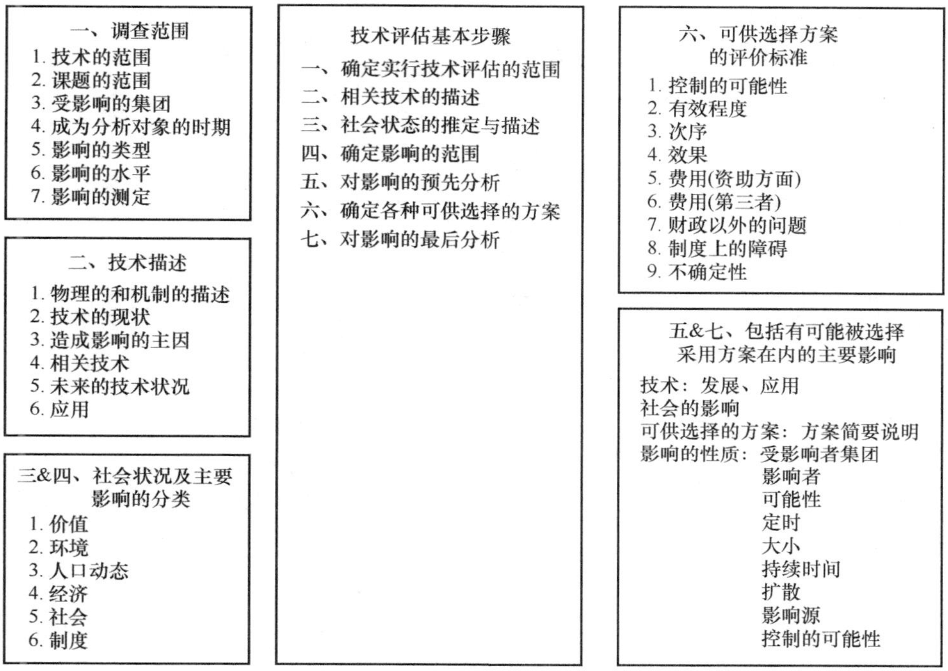

## 第五章 技术伦理

```
┌─────────────────────┐  ┌─────────────────────┐  ┌─────────────────────┐
│   一、调查范围        │  │   技术评估基本步骤    │  │  六、可供选择方案     │
│ 1. 技术的范围         │  │ 一、确定实行技术评估的范围│  │      的评价标准      │
│ 2. 课题的范围         │  │ 二、相关技术的描述     │  │ 1. 控制的可能性      │
│ 3. 受影响的集团       │  │ 三、社会状态的推定与描述 │  │ 2. 有效程度          │
│ 4. 成为分析对象的时期  │  │ 四、确定影响的范围     │  │ 3. 次序              │
│ 5. 影响的类型         │  │ 五、对影响的预先分析    │  │ 4. 效果              │
│ 6. 影响的水平         │  │ 六、确定各种可供选择的方案│  │ 5. 费用(资助方面)    │
│ 7. 影响的测定         │  │ 七、对影响的最后分析    │  │ 6. 费用(第三者)      │
└─────────────────────┘  │                     │  │ 7. 财政以外的问题    │
                          │                     │  │ 8. 制度上的障碍      │
┌─────────────────────┐  │                     │  │ 9. 不确定性          │
│     二、技术描述      │  └─────────────────────┘  └─────────────────────┘
│ 1. 物理的和机制的描述  │
│ 2. 技术的现状         │                          ┌─────────────────────┐
│ 3. 造成影响的主因     │                          │ 五&七、包括有可能被选择│
│ 4. 相关技术           │                          │   采用方案在内的主要影响│
│ 5. 未来的技术状况     │                          │ 技术：发展、应用      │
│ 6. 应用               │                          │ 社会的影响            │
└─────────────────────┘                          │ 可供选择的方案：方案简要说明│
                                                   │ 影响的性质：受影响者集团│
┌─────────────────────┐                          │           影响者      │
│  三&四、社会状况及主要 │                          │           可能性      │
│       影响的分类      │                          │           定时        │
│ 1. 价值               │                          │           大小        │
│ 2. 环境               │                          │           持续时间    │
│ 3. 人口动态           │                          │           扩散        │
│ 4. 经济               │                          │           影响源      │
│ 5. 社会               │                          │           控制的可能性│
│ 6. 制度               │                          └─────────────────────┘
└─────────────────────┘
```

**图 5-3　MIT 总结的技术评估基本步骤和主要内容**

领域。

第五阶段，分析可能出现的影响：追踪该技术的社会影响过程，并加以综合。

第六阶段，明确各种备选择的方案：研究从该技术中可以得到较大公益的各种方案和计划，并加以分析。

第七阶段，对最终的影响加以分析。

3. 技术评估的方法

技术评估是一个过程，然而，迄今为止，还没有一个通用的方法能贯穿技术评估的整个过程。在一项综合技术评估中通常在过程的不同阶段使用不同方法来解决不同问题。因此，技术评估方法与技术评估过程是紧密相连的。

技术评估中使用的方法不下几十种，但基本上可以分成几个大类。表 5-3 和表 5-4 分别以技术评估方法性质和技术评估阶段为标准，列举其中使用的各种具体方法。

表 5-3　技术评估方法分类

| 技术评估方法 | 定性和偏定性方法 | Delphi 法、头脑风暴法、专家会议法、KJ 法、表格调查法、趋势外推法、相关树法、评分法、层次分析法…… |
|---|---|---|
| | 数学方法 | 投入—产出法、对策论、图论、其他 OR 方法、系统方法、费用—效益分析…… |
| | 模拟仿真方法 | 系统动态法、KSIM 法、结构模拟法…… |

表 5-4　技术评估过程与技术评估方法

| 技术评估的阶段 | 问题识别步骤 | 影响定义 | 影响分析与评价 | 政策分析 |
|---|---|---|---|---|
| 所用方法 | 表格调查法<br>Delphi 法<br>趋势外推法<br>KJ 法<br>头脑风暴法 | Delphi 法<br>专家会议<br>KJ 法<br>相关树法<br>表格调查法 | KSIM 法<br>系统动态法<br>结构模拟法<br>多级过滤法<br>层次分析法<br>费用—效益分析法<br>脚本法<br>对策论评分法 | KSIM 法<br>系统动态法<br>费用—效益分析法<br>层次分析法<br>多级过滤法<br>结构模拟法 |

以 EPTA 成员单位为例，其工作模式与 OTA 有所不同，更注重区域性的协同工作，开展跨欧洲的技术评估活动。EPTA 成员单位开展评估活动时，往往也采用政策分析的方法。从具体评估方法及所采用工具看，主要有三类：一是科学、系统的方法，如专家研讨、面访、德尔菲法、物质流分析、全生命周期评估等；二是互动式的方法，如共识会议、专家听证会、焦点小组、公民陪审团等；三是沟通式的方法，如时事通讯、社论、政策简报、科幻剧场（科幻片）、互动网站、社交媒体等。

在具体评估实践过程中，各评估主体往往根据评估目标及现有条件，采用上述方法中几种工具的组合，即混合方法（Mixed Method），如图 5-4 所示。

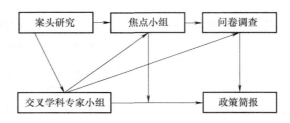

图 5-4　技术评估的混合方法组合示意

## 第五节　金融科技主要技术应用伦理

金融科技来自英文 Fintech，是 Financial Technology 的缩写，指通过利用各类科技手段创新传统金融行业所提供的产品和服务，提升效率并有效降低运营成本。金融科技的概念其实已经超过了仅服务于金融业的范畴，是一个新兴信息技术集合，目前主要应用的技术以人工智能、区块链、云计算、大数据和物联网等最引人关注。㊀ 金融科技涉及的技术具有更新迭代快、跨界、混业等特点，彻底冲击着传统金融行业，给整个金融业带来了生机。金融科技的长尾价值得到凸显。中国是一个金融科技发展较快、较为聚集的区域，金融科技在这里找到了丰富的应用场景和丰厚的利润，也激活了金融业活跃的创新基因。

随着技术应用不断显露出来的问题，金融科技的发展对制度、监管、商业模式、数据真实性、信息安全等各方面都提出了挑战，也倍受社会各界广泛关注。例如，诺贝尔经济学奖得住迈克尔·斯宾塞教授提出的"数字经济十问"。㊁

（1）福利和挑战的平衡（我们是应该先控制风险，还是先迎接数字技术？）；

（2）普惠和可持续增长（数字技术会扩大鸿沟，还是会让世界变平？）；

（3）岗位、工作和收入分配（数据是谁的？谁是真正的受益者？）；

（4）数据、隐私和安全（数字技术会让更多人失业，还是会让工作时间更短？）；

（5）协同和组织（谁是平台经济的受益者，是所有参与者，还是少数平台

---

㊀ 对于 Fintech 的中文翻译主要有两种：金融科技，科技金融。前者强调其高新技术属性，后者强调应用于金融领域的特点。为了明确所指，国内金融科技领军专家曹彤博士用 ABCDE 说明其内核技术组成，即人工智能、区块链、云计算、大数据、娱乐这五个英文词的首字母缩写。全球金融科技实验室专家顾问郑磊博士将其归纳为 ABCDI，前四个相同，I 指物联网（郑磊，等. 区块链+时代：从区块链 1.0 到 3.0 [M]. 北京：机械工业出版社，2018.）。金融稳定理事会（FSB）定义的金融科技，主要是指由大数据、区块链、云计算、人工智能、物联网等新兴前沿技术带动，对金融市场以及金融服务业务供给产生重大影响的新兴业务模式、新技术应用、新产品服务等。

㊁ 2019 年 6 月下旬，迈克尔·斯宾塞教授在阿里巴巴倡议发起的 2019 罗汉堂数字经济年会上提出这些问题。

公司?);

（6）治理和监管（治理机制要如何改变，才能适应数字时代?）；

（7）数字普惠金融（金融服务在越来越平民化的同时，会不会引发更多的风险?）；

（8）国际数字合作（数字时代全球化会走回头路吗?）；

（9）认知和学习（人工智能该不该有道德观?）；

（10）技术的伦理和责任（大算力和大数据，一定会让我们离真相更近吗?）。

我们需要处理好人与产品服务、人与机器算法、人与科技环境间的伦理关系，这属于金融科技的伦理考量范围。本节将对其主要技术应用中的伦理困境、伦理问题进行探讨和分析。

## 一、机器伦理与道德算法

1. 人工智能在金融领域中的应用

"人工智能"（Artificial Intelligence，AI）一词是在 20 世纪 50 年代末创造的,⊖指的是在软件和硬件上实现具有人类智能水平的实体这样一个令人兴奋的愿望。⊜近十年来，人工智能技术的发展突飞猛进，"深蓝""Alpha GO"等智能机器人在棋类比赛等领域战胜了人类顶级选手，给人们留下了深刻印象。人工智能的发展带来了知识生产和利用方式的深刻变革，从消除贫

---

⊖ 1956 年，在达特茅斯学院召开了一次特殊的研讨会，会议的组织者约翰·麦卡锡为这次会议起了一个特殊的名字：人工智能夏季研讨会。这是第一次在学术范围内使用"人工智能"的名称，而参与达特茅斯会议的麦卡锡和明斯基等人直接将这个名词作为一个新的研究方向的名称。当时，麦卡锡和明斯基思考的是，如何将我们人类的各种感觉，包括视觉、听觉、触觉，甚至大脑的思考都变成称作"信息论之父"的香农意义上的信息，并加以控制和应用。在人工智能的发展这个早期阶段，很大程度上还是对人类行为的模拟，其理论基础来自德国哲学家莱布尼茨的设想，即将人类的各种感觉可以转化为量化的信息数据，也就是说，我们可以将人类的各种感觉经验和思维经验看成是一个复杂的形式符号系统，如果具有强大的信息采集能力和数据分析能力，就能完整地模拟出人类的感觉和思维。麦卡锡和明斯基不仅成功地模拟出视觉和听觉经验，后来，特里·谢伊诺斯基和杰弗里·辛顿根据对认知科学和脑科学的最新进展，发明了一个"NETtalk"的程序，模拟了类似于人的"神经元"的网络，让网络可以像人脑一样学习，并能够做出简单思考。

⊜ JORDAN M I. Artificial Intelligence—The Revolution Hasn't Happened Yet［EB/OL］.（2019-06-23）[2019-08-09]. https://hdsr.mitpress.mit.edu/pub/wot7mkc1.

困到改善教育，从提供医疗到促进可持续发展，人工智能都大有用武之地。

人工智能在金融行业的应用已经相当广泛。人工智能金融，简单来说就是"人工智能+金融"，即利用人工智能技术，在各种金融环境中模拟人的功能，达到提高效率、节省成本和改善客户服务能力等目的。

目前，人工智能技术广泛应用于银行、证券、保险等传统金融机构以及互联网金融平台的产品营销、身份核验、客户沟通、信用评估、反欺诈等多个环节，衍生出互联网银行、直销银行、智能投顾、互联网证券、互联网保险等一系列新兴金融业务领域。通过智能客服、智能投顾、智能风控、智能投研、智能营销等手段，避免人力密集，大幅提升工序的效率，不断挖掘创新的商业应用场景。

例如，在保险行业，蚂蚁金服推出"车险分"，帮助保险公司进一步识别客户风险、合理定价。"车险分"可根据车主的职业特性、信用历史、消费习惯、驾驶习惯等信息，对车主进行精准画像和风险分析，得出300~700不等的分数。车主得分越高，通常可能意味着发生事故的风险较低。车险的风险管理也走向智能化道路。

2. 人工智能的伦理问题

（1）人工智能与"人"的关系

1）人与"人"：弥补还是取代？随着大数据技术、人工智能以及其他新的信息技术的不断深入，信息技术已经内化为人的一部分，无论是人的内在精神世界还是外在物质世界都无法脱离信息技术的建构，由此引发了一系列社会变革，需要人们在伦理学视域内探讨关于信息的技术限度和人文限度，并对信息技术与人的关系进行反思。

控制论之父诺伯特·维纳（Norbert Wiener）在其名著《人有人的用处》中曾给出了一个令人恐惧的结论："这些机器的趋势是要在所有层面上取代人类，而非只是用机器能源和力量取代人类的能源和力量。很显然，这种新的取代将对我们的生活产生深远影响。"人工智能与人类的关系问题不再是人与人之间的关系，而是人类与自己所发明的一种产品（可以称之为智能机器）构成的关联，这是传统伦理学从未遭遇到的新问题。

现代人工智能技术更关注人与智能机器之间的互补性，如何利用智能机器来弥补人类思维上的不足。例如自动驾驶技术就是一种典型的智能增强技术，自动驾驶技术的实现，不仅是在汽车上安装了自动驾驶的程序，更关键地还需要采集大量的地图地貌信息，还需要自动驾驶的程序能够在影像资料上判断一些移动的偶然性因素，如突然穿过马路的人。自动驾驶技术能够取代容易疲劳和分心的驾驶员，让人类从繁重的驾驶任务中解放出来。○1

人工智能不仅仅创造出了技术工具，而且越来越具有类似于人类思维的能力，甚至在某些方面具有超越人类思维的能力，人和人工智能机器之间将是一种主体与类主体之间的关系。○2 智能机器通过深度学习，可以识别、模仿人的情绪，能独立应对问题等。○3 那么，智能机器能否算作"人"？人们该如何对待机器和自身的关系？人和机器应该整合吗？如果人对快乐和痛苦的感受可以通过其他物理和化学手段来满足，那么，人还有参与社会互动的需要和动力吗？

2）伦理困境与责任认定。随着人工智能的不断发展，人们对于"人"的理解越来越物化和去意义化，人和机器的边界越来越模糊，而人们需要思考这种边界模糊的后果。人工智能技术的应用范围应该确保安全、可靠、可控，如果可能危及人的价值主体地位，那么无论它具有多大的功用性价值，都应果断叫停，应当进行严谨审慎的权衡与取舍。

但是，智能机器应当为其行为承担怎样的责任？智能机器的设计者、制造者、所有者和使用者又应当为其行为承担怎样的责任？人们会不会设计、制造并使用旨在控制他人的智能机器？例如，无人驾驶汽车一旦出现事故，究竟该归因于开发产品的企业、产品拥有者还是人工智能产品本身？

尤其是在金融科技领域，由于金融本身具有的信息的不对称性和外部性特征，人工智能的应用加大了在过度获取用户信息、增强偏见等方面的道德风险。借助人工智能，企业可以赋予每个用户大量的数据标签，并基于这些标签了解人的偏好和行为，甚至超过用户对自己的了解，这是巨大的权利不对称。此外，人工智能可能会造成偏见强化。在社交媒体中，人工智能相互推荐观点相近的人，新闻推送也常常存在路径依赖。

---

○1 蓝江. 人工智能的伦理挑战［N］. 光明日报, 2019-04-01（15）.
○2 曾建平. 信息时代的伦理审视（人民观察）［N］. 人民日报, 2019-07-12（9）.
○3 机器学习是指通过海量信息和数据收集，让机器从中提出自己的抽象观念，例如，在给机器浏览了上万张猫的图片之后，让机器从这些图片信息中自己提炼出关于猫的概念。一旦机器提炼出属于自己的概念和观念之后，这些抽象的概念和观念将会成为机器自身的思考方式的基础，这些机器自己抽象出来的概念就会形成一种不依赖于人的思考模式网络。阿尔法狗就是通过机器学习打败了习惯于人类思维的棋手。

## 自动驾驶事故的伦理困境与责任认定

"电车问题"是伦理学上著名的"两难"思想实验，1967年由哲学家菲利帕·福特首次提出。无人驾驶汽车上路试验使得这个思想实验成为现实。想象一下，有一辆失控的电车正沿着轨道横冲向前，轨道的前方站着5个人。此时作为旁观者的你可以拉动一个拉杆，将电车转向另一条轨道——这条轨道上只站了一个人。那么我们的选择应该是什么？是什么都不做，让那5个人被撞死？还是拉动开关，牺牲另一个人从而拯救5个人？这就是著名的"电车问题"。

在设计无人驾驶汽车程序时，人们不得不考虑它在现实中发生的可能性。其实，无人驾驶汽车版的"电车问题"要比原来更复杂，它所涉及的伦理关系是多层面多角度的。如何实现符合一定"标准"的"伦理代码"？什么样的"伦理代码"是"合适的"？谁又该为必然会出现的无人驾驶汽车事故负责任？进而，谁要为这样的"伦理代码"负责？是车主、制造商还是程序员？㊀

在人工智能机器可否成为道德主体的问题上，有三个关键性的特征：相互作用，即对事物变化引起的刺激能够作出回应。自主权，指在没有外界刺激的情况下也可适时而动。适应性是能够根据环境的改变而随时调整适应规则。智能机器的任何操作都可能与目标体之间出现冲突，不论任何时候，一旦冲突发生，就有可能危害到人类。通常最基本的伦理原则是保障人类生命安全。从现在智能机器的发展趋势来看，技术进步所带来的利益与相关风险所引起的灾难有待评估。

"当车祸无法避免时，自动驾驶汽车该如何取舍，是优先保护马路上的行人，还是优先保护车内人员？"耶鲁大学技术与伦理研究中心主任温德尔·瓦拉赫（Wendell Wallach）提出这个问题。一辆无人车如果被黑客攻击了，它有可能变成一个杀人武器，这是绝对不允许的，我们一定要让它是安全的，是可控的。"技术进入驾驶座，成为人类命运的决定因素，如果系统失灵，谁将承担责任？自动驾驶只是触及技术伦理与道德的冰山一角。"瓦拉赫说，家庭机器人、自动金融系统等已经能够影响人类的生活，并将产生难以预料的伦理后果，人类应该尽快有所行动，让伦理和科技的发展同时进行。他反复提及隐私、责任、偏见、公平和透明度等词语，认为提高人工智能的透明度应当摆在第一位，而

---

㊀ 技术之上的伦理困境［NB/OL］. 人民日报，2015-12-15［2019-08-09］. http://www.xinhuanet.com/world/2015-12/15/c_128530697.htm.

随着机器习得类人的语言能力，它们也容易习得某些人类的偏见，这种偏见若被放大，后果不堪设想。他还提出用一种审慎监管的方式——设置一条"红线"，在保障大众利益的前提下，为科技留出发展空间，并用这种方式使公众了解人工智能伦理的边界。

（来源：新华日报，"AI人机交互：技术、应用与伦理"）

（2）算法与社会公平

算法社会（Algorithmic Society）是杰克·巴尔金（Jack M. Balkin）提出的概念，其意指算法（人工智能或机器人）不仅制定与社会经济相关的决定，而且该决策的落实也是由算法完成，机器人与人工智能的使用只是算法社会的一个实例而已。⊖大数据通过数字画像使算法能根据个人职业、收入、喜好等精准定制信息、推送服务，或提供基于算法的社会决策或商业服务。算法的快速与高效使算法得以广泛使用，逐渐形成算法接管社会的现象并决定着社会的诸多事务。⊜

算法带来便利的同时，也易引发突出的社会问题。"算法通过分类和风险评估来构建身份和声誉，因缺乏透明度、问责机制、监测制度以及正当程序约束，为歧视、归一化和操纵创造机会。"诸如算法偏见或算法歧视、算法操控等社会问题已频频出现。⊜人工智能算法带来的歧视隐蔽而又影响深远。信息的不对称、不透明以及信息技术不可避免的知识技术门槛，客观上会导致并加剧信息壁垒、数字鸿沟等违背社会公平原则的现象与趋势。

---

⊖ BALKIN J M. 2016 Sidley Austin Distinguished Lecture on Big Data Law and Policy: The Three Laws of Robotics in the Age of Big Data [J]. Ohio St. L. J, 2017, 78: 1217.

⊜ CITRON D K, PASQUALE F. The scored society: Due process for automated predictions [J]. Wash. L. Rev. 2014, 89: 1. 及 LEHR D, OHM P. Playing with the data: what legal scholars should learn about machine learning [J]. UCDL Rev. 2017, 51: 653. 及 ZARSKY T Z. Understanding discrimination in the scored society [J]. Wash. L. Rev. 2014, 89: 1375.

⊜ 因算法自身的因素或突发性错误等瑕疵使算法运行过程中会出现偏差，即算法偏见，也被称为算法歧视，是指那些可以造成不公平、不合理结果的系统性可重复出现的错误，其最常见的是对不同人有不同的结果，或者是给两个相同或相似条件的人不同结果。如果算法设计者刻意编写带有主观性的程序，这种情况被称作算法操纵。算法偏见的规制要从数据和人为两方面，以公平原则和技术伦理原则为指导，基于透明和可问责性，建立公平有效、程序完善的规则。Batya Friedman 和 Helen Nissenbaum 将计算机系统偏见按照来源的不同分为先行存在偏见、技术性偏见和突发性偏差。参见 FRIEDMAN B, NISSENBAUM H. Bias in Computer Systems [J]. ACM Transactions on Information Systems, 1996, 14 (3): 330-347.

算法公平理论上是可以实现的,但是公平是一个相对概念,当公平被量化、算法化后,可能生成不公平的结果而不被察觉。虽然算法代码可以打开和检查,但这并非一般人能单独完成的。而且算法不一定何时何地都完全对和完全可控,当环境有新变化,算法的准确度就可能降低甚至失效。

(3) 人工智能伦理规范的进展

任何技术都必须为广大人民群众带来福祉、便利和享受,而不能为少数人所专享。所有企业、所有人都应该能够平等地获取人工智能的技术和能力,防止在人工智能时代因为技术的不平等导致人们在生活、工作各个方面变得越来越不平等、不安全。人工智能算法、参数、设计目的、性能、限制等相关信息,都应当是公开透明的,不应当在开发、设计过程中给智能机器提供过时、不准确、不完整或带有偏见的数据,以避免人工智能机器对特定人群产生偏见和歧视。人工智能的终极理想是为人类带来更多自由和可能。

近年来,多国科学家一直呼吁通过新的管理和监管手段,为人工智能、机器人和"自主"系统的设计、生产、使用和治理,建立一个通用的、国际公认的道德和法律框架。⊖ 国际社会在这方面正在作出努力。加拿大与日本等国已经发布过包含道德伦理原则的人工智能战略,经合组织也正立足这一领域广泛收集建议。

目前,大多数高科技巨头都已经制定出自己的原则,民间社会也在快速消化各类指导性文件。由欧盟委员会任命的、拥有 52 名技术人员的专家组正式发布了一份普适性的《人工智能伦理指南》,旨在促进开发"值得信赖的人工智能"成果。欧盟方面主要关注四大伦理原则,即尊重人的自主权、防止伤害、公平性以及可解释性。但除此之外,指南提到可信赖的人工智能还意味着应遵守欧盟的法律与基本权利(包括隐私权),以及高水平的社会技术稳健性。任何希望设计、训练以及营销可信赖人工智能系统的组织或个人,都必须认真考虑相关系统可能引发的风险,并对为减轻这些风险而采取的具体措施负责。

**扩展阅读**

**部分科技公司人工智能伦理原则**

1. 微软公司六项道德基本准则:公平、包容、透明、负责、可靠与安全、隐私与保密。

---

⊖ 袁勇. 人工智能伦理三问 [EB/OL]. (2019-04-05) [2019-08-14]. http://guancha.gmw.cn/2019-04/05/content_32719012.htm.

2. 谷歌公司人工智能开发应用准则：坚持包括公平、安全、透明、隐私保护，明确"不会追求的人工智能应用"。

3. 腾讯研究院提出要探索技术、个人、社会三者之间的平衡：新技术需要价值引导，做到可用、可靠、可知、可控；个体幸福，确保人人都有追求数字福祉、幸福工作的权利，在人机共生的智能社会实现个体更自由、智慧、幸福的发展；社会可持续，践行"科技向善"，发挥好人工智能等新技术的巨大"向善"潜力，善用技术塑造健康包容可持续的智慧社会。

4. 百度人工智能四项伦理原则：最高原则是安全可控；人工智能的创新愿景是促进人类更平等地获取技术和能力；人工智能存在的价值是教人学习，让人成长，而非超越人、替代人；人工智能的终极理想是为人类带来更多的自由与可能。

（来源：根据公开资料整理）

## 二、隐私的数据边界

1. 大数据在金融领域中的应用

（1）大数据服务的应用

大数据服务广泛应用于金融机构、电商平台。金融大数据是指集合海量非结构化数据，通过对其进行实时分析，可以为互联网金融机构提供客户全方位信息，通过分析和挖掘客户的交易和消费信息掌握客户的消费习惯，并准确预测客户行为，使金融机构和金融服务平台在营销和风控方面有的放矢。

例如，部分银行采用大数据信贷风险评估模式，通过既往资金流水、信用卡使用情况等作为判断依据，对不同授信额度的人群进行纯信用贷资金发放；以小额信贷为代表的平台模式，对平台用户进行贷款融资，从中获得贷款利息和促进消费所带来的企业收益。大数据技术对金融行业的影响巨大，其积累了大量的客户交易和资金往来数据，实际应用前景非常多样。

（2）大数据保护的伦理原则

针对大数据技术引发的伦理问题，应该确立相应的伦理原则。一是无害性原则，即大数据技术发展应坚持以人为本，服务于人类社会健康发展和人民生活质量提高；二是权责统一原则，即谁搜集谁负责、谁使用谁负责；三是尊重自主原则，即数据的存储、删除、使用、知情等权利应充分赋予数据产生者。现实生活中，除了遵循这些伦理原则，还应采取必要措施，消除大数据异化引起的伦理风险。

在提高个人隐私保护方面，个人需要强化具有明晰边界的个人信息保护意识。随着大数据时代的发展，人们可以自由选择使用技术的行为，但一个重要的问题是，人们需要清楚地知道隐私信息的范围、隐私信息的条件以及可能获取这些隐私信息的人或者社会机构，需要清楚地知道个人隐私的权利边界，这样才能根据这些条件合理地保护社会个体的隐私权利不受或少受侵犯。

### 扩展阅读

#### 若干涉及信息隐私安全的伦理议题、原则

学术界普遍认为，应针对大数据技术引发的伦理问题，确立相应的伦理原则。美国的信息管理科学家梅森针对当下的信息伦理问题提出了四个伦理议题[一]：一是信息隐私权（Privacy），即处于信息社会中个体具有隐私权，并不得侵犯他人的隐私；二是信息准确性（Accuracy），即处于信息社会中个体享有使用正确信息的权利；三是信息产权（Property），即处于信息社会中个体有权利享有自己生产和开发信息产品的产权；四是信息资源存取权（Accessibility），即处于信息社会中个体享有应得的信息权利。

拉里·贾德教授（Larry R. Judd）针对计算机技术和信息技术的主体行为提出了相应的三个指导准则[二]：一是技术主体要承担自身范围内的责任；二是在承担责任的基础上能够预料在使用计算机技术和信息技术中所产生的消极影响；三是以正义原则为指导，确保技术主体在从事与信息有关的技术活动时享有平等的待遇。

理查德·塞文森（Richard W. Severson）也对技术主体的伦理责任进行分析，认为在信息社会中应该遵守以下四个伦理准则：一是尊重知识产权，包括社会个体本身的知识产权和他人的知识产权；二是尊重隐私，做到在保护自身隐私的同时也不侵犯他人的隐私；三是公平参与，保证在信息获取、传播和使用过程中的公平公正；四是无害原则，即社会个体自身的信息行为应当不构成对他人的妨害。

亚当·穆尔（Adam Moore）也在《信息伦理：隐私权、产权和权力》一书中指出应给对信息伦理包含"应用性伦理、知识产权、隐私权"等一系列内容提出了相应的解决方法。摩尔提出了关于隐私政策制定的指导原则：一是公开原则，要求明确关于自然隐私和规范性隐私的相关条件，并且让利益相关者知晓。

---

[一] MASON R O. Four ethical issues of the information age [J]. MIS Quarterly, 1986, 10 (1): 5-12.

[二] JUDD L R. An Approach to Ethics in the Information Age [J]. Public Relation Review, 1995, 21 (1): 35-44.

如果社会个体清楚地知道隐私信息的范围有多大、隐私信息的条件是什么，以及谁最可能获取到这些隐私信息，那么他们就可以依据这些隐私信息的限定条件更好地保护隐私。二是关于例外原则的论证，主要是指在极其个别的情况下，如果透露信息的危害远远小于不公开信息所造成的负面影响，那么这种情况在道德范围内也会允许的。三是修正原则，主要是对以上原则的自我调整。如果具体的情形可以证明，对衡量隐私状态指标作出调整和修改的行为是有其合理性的，那么这种调整和修改的行为也应被视作一种公开的内容。

2. 大数据的信息伦理

（1）数据产权及不平等问题

大数据本身就意味着共享，众多领域的数据共享是大数据时代的前提和关键特征之一，也是隐私失控的开始。[1]数据的开放共享只是大数据技术得以实现的一个方面。除此之外，它还包括通过数字化技术获取和存储数据，通过大数据平台对海量数据进行深度挖掘、预测以及反馈等更为深度和实质性的数据占有与使用。

数据利用和数据保护之间的矛盾是数据产权及不平等问题的重点内容。个人所产生的大量数据本属于个人可以自主的权利，但其安全在很多情况下难以保障。况且，一些信息技术本身就存在安全漏洞，可能导致数据泄露、伪造、失真等问题。此外，高科技犯罪活动、大数据使用的权责问题，以及相关信息产品的社会责任问题等，也是信息安全问题衍生的伦理问题。

如果过度保护数据，会导致用户体验的受损，而过度强调算法、过度强调个性化，有可能会造成个人隐私受到侵犯。机构收集个人和公司数据有不同的目的，其中有很多是商业的需求。从商业机构的角度，通常做法是收集比较多的数据，但是这些数据是否必要收集，以及这些数据收集之后的归属，也比较模糊。例如，为了确保社会系统信息资源和设施建设的有效运行，政府（或社会机构）需要持续不断地收集个体的大量数据，这就与个体倾向于保留自主的空间的偏好相冲突。

信息的访问和获取也提出了一系列涉及公正性的问题。总是有一部分人能够较好地占有并利用大数据资源，而另一部分人则正好相反，造成数据鸿沟。这种现象不仅在一个国家里，而且在国家之间也存在。数据鸿沟会产生信息红利分配不公问题，加剧群体差异和社会矛盾。

---

[1] 薛孚，陈红兵. 大数据隐私伦理问题探究［J］. 自然辩证法研究，2015，31（02）：44-48.

(2) 数据隐私受到的挑战

个人隐私是一种不受侵犯和干扰的权力,[一]信息采集和使用本来需要经过当事人的知情同意才可以进行。但是在大数据技术下,由于信息之间的共享机制变得透明化,侵权主体变得具有隐匿性,人们不知道自己的隐私在何时被泄露、泄露者是何人、以何种方式被泄露,这大大增加了保护隐私的难度。将这些零碎的、不起眼的个人信息,通过数据挖掘整合技术能够实现对数据的多维度、全方位利用。[二]但人们越来越难以分清的个人隐私抑或是个人信息不可避免地被"数字化",并不断汇聚,最终成为大数据的一部分。[三]

在知情同意机制不再有效的情况下,个人隐私风险也随之加剧。隐私权遭受的挑战在信息处理的各个环节都存在,例如以下情境中。

1) 在信息采集过程中对隐私的侵犯。通过连接到互联网和物联网,各种以传感器为代表的感知设备在数量上呈现爆发式增长,并以更为隐匿的方式嵌入信息社会环境中,每时每刻都在采集大量数据。这些信息共享功能为隐私的传播提供了新的途径,其背后真正的目的就是厂商或者组织机构对使用者数据的收集。

2) 在信息储存过程中对隐私的侵犯。云计算等技术的应用降低了信息的储存成本,随着存储成本不断下降,大量信息被采集后有可能成为永久的记录。而信息再利用也会对隐私安全带来威胁。

3) 信息使用过程中对隐私的侵犯。互联网、大数据、云计算等技术手段大大降低了获取信息和传播信息的成本,使得监视无处不在。同时,一般的信息与涉及个人隐私的关键信息、敏感信息的界限也越来越难以界定。

(3) 金融领域数据的伦理风险

1) 金融业信贷风险评估。在金融业信贷风险评估方面,评价金融风险可以使用很多数据来源,例如,客户经理、手机银行、电话银行、网络信息、电子商务信息等,也可以包括信用评级部门或者机构的数据。在风险分析模型下,大数据分析可以帮助金融机构预测金融风险。

---

[一] 1890 年塞缪尔·沃伦和路易斯·布兰迪斯发表论文"隐私权",参见格伦瓦尔德. 技术伦理学手册 [M]. 北京: 社会科学文献出版社, 2017.

[二] 数据挖掘加剧隐私泄露风险,正如信息技术专家亨特(Hunter)所说: 我们的革新将不会是在收集数据方面,而是在分析已被同意共享的信息方面。我们每一个人都是自身数据的合法拥有者,来自于我们的各种数据必须进行整合,才能看到价值。

[三] 龙小农. "全视之眼"时代数字化隐私的界定与保护 [J]. 新闻记者, 2014 (8): 79-85.

Kreditech 信用评估服务是一个很好的应用例子。Kreditech 是一家德国公司，它通过使用专有的算法和技术，提供广泛的定制金融服务，尤其是该公司利用大数据分析收集和处理客户的财务数据，并为市场提供完全创新、高度定制的服务。Kreditech 使用一种创新的自学习算法来分析大型数据集。此外，在保险业、互联网金融等行业，大数据手段可以建立保险欺诈识别模型，筛选疑似诈骗索赔案例，再展开调查，提升调查效率，降低成本。它还结合内部、第三方和社交媒体等数据进行异常值检测，包括客户的健康情况、财务状况、理赔记录等，及时采取干预措施，减少赔付。

　　互联网金融平台通过对支付渠道和资金流水等行为数据的研究，对客户进行市场营销、金融的产品创新及满意度分析，还通过建立大数据自动评分模型、自动审批系统和催收系统，弥补无信用记录客户的缺失信贷数据，降低纯信用贷的逾期风险。

　　2）云计算技术。云计算技术是以数据为基础的行业，大量的交易、客户、投资等数据都为金融业大数据的应用提供了丰厚土壤，大数据和金融行业的协同发展不仅是天然结合，也是业界共识。

　　为支撑金融业务和交易快速发展和扩张，金融机构都采用全分布式金融数据基础架构。金融机构倾向使用混合云，对于非关键业务和数据更倾向于将全部系统都放在公有云上。云技术应用中的稳定性、可靠性、数据的安全性都引申出一些道德和伦理考虑。尤其是信用云、医疗云、文化云等具有公共服务性质的应用，其中的身份信息、医疗记录等数据价值很高，其用户往往是百万级乃至千万级的，这些庞大的数据库很可能是网络攻击的重点目标。

　　数字身份是金融参与者的唯一标识，具有极强的商业价值，可以说是一个人在网络空间所有可以获取的金融信息的总和。大数据平台在整合抓取个人信息、交易信息、资金流时，很容易出现信息泄露，个人数字身份被盗取等问题。恶意行为者会通过伪装成合法用户、运营人员或开发人员来读取、修改和删除数据；获取控制平台和管理功能；在传输数据的过程中进行窥探，或释放看似来源于合法来源的恶意软件。怎样确定有关机构能够从身份认证开始、职权分离、数据保护等各流程、各环节都投放资源和完善管理是一个比较艰巨的工作。

　　数据泄露的风险并不是云服务所独有，但是它的规模非常庞大，一旦出现事故，影响非常巨大。以美国征信巨头 Equifax 2017 年受到黑客攻击为例，直接导致 1.43 亿美国公民信用信息泄露，泄露信息包括姓名、住址、出生日期、社会保障号、驾照信息等个人信息，其中在声明中有确认，起码有 20.9

万人的信用卡号码被盗，18.2万人的个人识别信息被窃取。出事后的责任归属，现在更多是归咎于黑客的作为，但是企业、系统公司、安全顾问公司、云公司、操作人员等的责任，不管是道德上还是法律上，都需要有比较清晰的界定和完善。

3）"数据淘金"。海量个人数据的商业应用价值催生了"数据淘金"产业。一方面，一些收集数据的机构出售相关产品和服务；另一方面，这些机构通过数据挖掘将参与者的偏好数据出售给第三方获利。

在"数据有价"的数字化时代，需要赋予个体数据的知情权和财产权，不仅要保护其数据权利不受侵犯，更要从伦理角度进行反思，保障信息利用的公正性。技术人员负有设计使滥用可能性最小化的技术产品的道义责任。开发者不能将自己对系统安全的责任以使用者责任自负的借口一推了之。唯有如此，使用者才有可能对所产生的风险进行判断，并决定是否愿意承担此风险。

大数据完全可以通过分析你的数字身份而在现实生活中或在商业经营活动中将你定位。例如，你曾在网络理财平台作过风险测评，可能搜索过"货币型基金"的关键词，一旦再次浏览网页时，推荐各种货币型基金产品的广告可能就会接踵而来。这种利用数据的预测性行为强制性占用了消费者有限的注意力。在这种情况下，个人可以主动避开这类商业推送，但是在有些消费活动中，商业机构不仅无偿利用了属于个人的数据，而且可能用于对消费者不利的商业行为之中。大数据"杀熟"就是这样一个典型例子。

案 例

### 大数据"杀熟"

有媒体报道某网友经常通过某旅行服务网站订酒店，价格一般在380～400元，但一次使用朋友的账号预订时，发现只需300元，而这个朋友使用该网站的频率很低。大数据"杀熟"随之成为网友热议的话题。同样的商品或服务，老客户看到的价格反而比新客户要贵出许多，这在互联网行业被叫作大数据"杀熟"。调查发现，在机票、酒店、电影、电商、出行等多个价格有波动的平台都存在类似情况，且在线旅游平台较为普遍。

大数据"杀熟"现象或已经持续多年。近日有媒体对2008名受访者进行的一项调查显示，51.3%的受访者遇到过互联网企业利用大数据"杀熟"的情况。59.2%的受访者指出大数据面前信息严重不对称，消费者处于弱势；59.1%的受访者希望价格主管部门进一步立法规范互联网企业歧视性定价行为。①在一些网站，大V在客服投诉等方面甚至享有特权。同时，还存在同一位用户在不同网站的数据被共享这一问题，许多用户遇到过在一个网站搜索或浏览的内容立刻被另一网站进行广告推荐的情况。

大数据"杀熟"在经济学上属于价格歧视行为，是大数据与算法结合的结果，针对价格敏感人群，大数据分析系统会自动提供更加优惠的定价。而这类系统对于"对价格不敏感的人"则要求支付更高的价格。大数据"杀熟"，固然可以说是商家的定价策略，但最终形成的所谓"最懂你的人伤你最深"的局面，确实与人们习以为常的生活经验和固有的商业伦理形成了一种可见的冲突。

大数据"杀熟"的一个伦理问题在于其隐蔽性，这与传统的差异定价不同。例如一瓶同样品牌的矿泉水，在超市只卖5元，而在五星级酒店消费则需要支付30元，这个消费选择是由客户自己作出的，明码标价，自愿消费，在现实中已被普遍接受。而大数据"杀熟"则不同，多数消费者其实是在"不知情"的情况下"被溢价"了。还有一种情况是，被溢价的消费者虽然知道，但感到非常不公平。例如，一些在线商家和网站标明新客户享有专属优惠，用来吸引新客户，而老客户则需支付高于"优惠价格"的金额，甚至越是老客户价格越贵，这显然背离了一种朴素的诚信原则，也辜负了老客户的信赖，是对文明商业伦理的扭曲，并不值得提倡。

大数据环境下，企业掌握着消费者身份、职业、喜好、消费经历、支付能力、支付意愿等海量数据，能轻易对用户进行数字画像，精准获知每一消费者所能承受的价格，并依此对消费者"贴标签"，制定不同营销策略，进行个性化营销。算法消除了企业无法获知个体消费能力的营销障碍，改变了"同物同价"的传统定价模式，使商品价格取决于每位消费者对该商品的主观定价。正如此，经营者为实现利益最大化，针对不同消费者制定不同营销策略，算法杀熟应运而生。

"杀熟"行为归根结底是一种商业套路，是由商家采用了损害个体权益的算法而造成的，在某些国家或地区，可能会违反有关消费者权益保护、价格管理等方面的规定。对于价格歧视做法，不同国家的法规是不同的，但从伦理角度看是不足的，诚信、透明、公平的市场交易环境和对应的市场伦理（无论是线下还是线上），都应该是社会所应该追求和呵护的。

---

① 泡泡网. 大数据"杀熟"，你中招了吗？[EB/OL].（2019-03-28）[2019-08-12]. https://baijiahao.baidu.com/s? id=1629239679189502246&wfr=spider&for=pc.

案例讨论分析：

1. 大数据环境中，消费者可能碰到的消费主义陷阱是什么？
2. 你认为对消费行为大数据的积累，是否有助于消费者进行消费决策？
3. 你认为应该如何保障消费者的消费数据安全？

## 三、"去中心化"理想与"中心化"现实

1. 区块链在金融领域中的应用

（1）区块链的"去中心化"特征

区块链是一个去中心化、不可篡改、可追溯、交易透明的技术架构。以往，两个互不认识的主体达成协作的过程比较复杂，必须依靠一个值得信赖的第三方乃至多方参与，以解决协作信心问题。区块链架构的出现实现了无中介机构参与下，完成各方互信的交易行为。

在互联网时代，人们通过社区、门户、即时通信、社交媒体等工具，已经实现了相互连接。这就像一个"块状"世界，而区块链技术将会进一步做到让人与人直接实现连接，构成一个联系更为紧密，人与人之间关系更为公平的"网状"世界，引导人类进入"区块链＋"时代。

"区块链＋"的优势在于不仅能够实现点与点的互联互通，而且能够在陌生的节点之间建立信任关系，从而使得任何两个节点都能高效率完成各种交换，例如商品、资产、信息、服务等，都可以快速、安全、可靠地及时到达对方。这在以前的任何一个时代都是难以想象的。人与人之间的信任是需要时间建立的。这是人类社会在大部分时间里的常态。即便所有人和物品都通过网络联结起来，两个接入网络的陌生人之间，仍然无法快速建立了解和信任。而真正能够解决这个问题的，现在只有区块链技术。

（2）区块链的应用

近年来区块链技术逐渐成熟，大众对区块链认知程度不断提高，区块链正在逐步赋能当代金融行业，引领产业的发展与革新。例如，香港推出区块链贸易融资技术平台"贸易联动"，通过贸易文件数码化，帮助贸易参与方在该平台有效合适及传输贸易文件，并通过加密技术，确保只有贸易参与方才能共享贸易资料，参与方可利用贸易资料向银行申请融资，这个平台降低了被欺诈、虚假资料未能核准的风险，改善了中小企业贸易营运资本。

区块链作为一种强增信工具，其技术所带来的公开透明的共识机制，稳固合理的激励机制，日趋高效安全的数据存储方式，能够从底层彻底改变当前的流程和主体关系，在金融业有潜在颠覆性的影响。例如，ID Chain 提供以银行为

代表的金融领域的身份认证与征信，进行各类金融网站、在线应用场景下的安全认证与识别。在 ID Chain 上，首次使用的用户在自己的手机应用里输入个人信息，经过认证的信息存储在区块链的一个节点中得到区块链确认。此后该用户去其他银行开户，就能直接从网上提交手机应用中的信息给其他银行并授权银行以区块链认证，解决了征信数据共享问题。

区块链技术在赋能多个金融分支领域、开拓很多例如数字货币、区块链贸易融资平台、身份管理等创新应用的同时，也遇到很多风险与挑战。区块链技术在运用过程中，其去中心化、不可篡改以及匿名性的特点往往会被人利用，产生很多道德风险。

区块链的内容一旦上链，理论上不能篡改，能够保持数据的一致性。但同时，在现在的基础设施下，上链前的信息很可能没有办法通过严谨的验证。以贸易融资平台为例，平台运行之前牵涉到的众多有关的机构，例如各有关企业、各中介机构、运输公司、金融机构，都需要有一套机制和系统，保证上链信息的完整和正确。在现有条件下，可能没法完全保证资料在上链前和上链后的真伪、完整性、即时性。在区块链架构中，每一笔有关的记录都将永远储存在链上，在一些场景中造就了伦理的探讨。以征信记录为例，当个体或机构的负面事件或行为发生时，理论上将写在链上，成为永远的记录。但是人们的微小过失或者比较久远的过失，永远留在记录中，可能过于清晰，需要在信息可追溯性和保存的完整性方法做出合理平衡。

区块链技术的发展是分阶段的，目前还不够成熟。比特币是区块链技术 1.0 的一个最成功的应用。所谓区块链技术 1.0，其核心技术是实现了点对点交易。各种数字加密币都建立在这种技术之上。这类应用是否有益，尚存在很大争议，目前作出最终判定还为时过早。

 **扩展阅读**

### 数字加密币的争议

2008 年 11 月 1 日，中本聪在一个密码人聚集的论坛上发表了对一种电子货币的新设想，⊖大约是 2009 年 1 月 3 日，比特币（Bitcoin，BTC）正式诞生并完成了首笔交易。中本聪正式被认定为"比特币之父"。9 天以后，中本聪向密码学家哈尔·芬尼转账了 10 个比特币。这是人类历史上第一次摆脱受信第三方金

---

⊖ 那一天，"密码学邮件组"里出现了一个新帖子："我正在开发一种新的电子货币系统，采用完全点对点的形式，而且无须受信第三方的介入。"

融机构而完成的点对点交易。2019年1月3日是比特币诞生十周年纪念日,当天的BTC价格为3800美元。在2019年3月之后,又创造了90天暴涨200%的"奇迹"。

在这十年里,人们对比特币这种数字加密币的炒卖热情高涨,从中获得的回报率非常可观(详见表5-5)。有研究报告称,2017年比特币投资回报率达181%,所有此类数字加密币的合计回报率更高达448%。㊀

表5-5 比特币价格涨跌情况

| BTC月涨跌 | 2010年 | 2011年 | 2012年 | 2013年 | 2014年 | 2015年 | 2016年 | 2017年 | 2018年 |
|---|---|---|---|---|---|---|---|---|---|
| 1月 |  | 73% | 4% | 51% | 18% | −29% | −14% | −3% | −26% |
| 2月 |  | 65% | −11% | 64% | −43% | 14% | 18% | 23% | 1% |
| 3月 |  | −9% | −1% | 179% | −18% | −5% | −5% | −8% | −34% |
| 4月 |  | 286% | 2% | 50% | 0.2% | −3% | 9% | 23% | 36% |
| 5月 |  | 188% | 5% | −12% | 46% | −3% | 17% | 70% | −19% |
| 6月 |  | 84% | 28% | −20% | −2% | 15% | 27% | 10% | −15% |
| 7月 | 23% | −17% | 41% | 9% | −7% | 7% | −7% | 14% | 22% |
| 8月 | −2% | −39% | 9% | 37% | −18% | −18% | −8% | 64% | −6% |
| 9月 | 3% | −39% | 22% | −3% | −19% | 3% | 6% | −7% | −9% |
| 10月 | 211% | −35% | −10% | 49% | −17% | 37% | 14% | 47% | −4% |
| 11月 | 8% | −9% | 12% | 376% | 16% | 17% | 6% | 54% | −34% |
| 12月 | 44% | 77% | 8% | −20% | −15% | 14% | 34% | 39% | −10% |

(数据来源:链接点."BTC的10年涨跌分析——2019年的机会")

除了引发大量市场投机行为,比特币作为一种加密数字货币,也引发了伦理方面的争议。比特币果真能够做到"去中心化"吗?这类加密数字币可以替代法币,实现无中心化货币发行,从而实现人人平等的最高理想吗?比特币在内的加密数字币是否有价值,价值何在?加密数字币在ICO(Initial Coin Offering)乱象中到底负有什么责任?

在这个案例里,我们尝试给出解答。"去中心化"至少包含了两方面的意思。

首先,比特币从发行到使用,是否不会出现被某个机构或个人控制的情况。

---

㊀ 孔德云,36氪研究院.区块链行业报告[EB/OL].(2018-02)[2019-08-12]. http://www.199it.com/archives/701773.html.

比特币的设计是让挖币的"矿工"们来分散权力,"矿工"越多和越分散,也就越难以形成控制力。但是如果有人集中控制了大量的"矿工",这种权力分散的设计就难以发挥最大效力了。特别是当某个人或者机构掌握了全网50%以上的算力时,他能够比其他人更快地找到开采区块需要的那个随机数,因此他实际上拥有了绝对有效权力。实际上,随着"挖矿"难度升级,越来越多的"矿工"抱团,把"矿机"集中起来,因而大规模的"矿场"越来越多,相互之间的地理位置也越来越近了。根据统计,现在集中在某国的比特币"挖矿"算力甚至已经高达75%了。如果这些"矿场"被收编或者自愿联合起来,就可以控制整个比特币系统了。这是一种绝对的"中心化"而不是"去中心化"。

其次,"去中心化"的一个合乎逻辑的推论就是每个参与者之间都是平等的。实际情况是,只有参与"挖矿"的节点,才拥有参与比特币生态圈的决策权,而不是比特币的拥有者具有决策权。如果一个人持有很多比特币,但他的电脑没有参与"挖矿",那么他实际上并没有参与比特币修改算法或做法的权利。这种问题不仅在比特币上存在,其他区块链产品,如果开发人员和主要的投资者、"矿工"结成某种利益联盟,都会出现让分布式"去中心化"的投票机制失灵的风险。而且很多时候,大多数币掌握在创始团队手中。这些人明显可以形成一个权力和控制"中心"。可以肯定地说,基于"去中心化"原则设计的这类数字加密币必然或多或少具有"中心化"特征,绝对平等自由的伦理原则无法实现。

(来源:郑磊等,《区块链+时代:从区块链1.0到3.0》,机械工业出版社,2018年)

2. 万物互联与区块链构筑的信任

(1)万物互联的信任议题

传统互联网是人与人连接的电子网络,人类越来越不满足于此,万物互联成为互联网业态升级的一个重要推动力。物联网(Internet of Things)是继计算机、互联网与移动通信网之后信息产业的第三次浪潮,被视为第四次工业革命的核心支撑。物联网可以简单理解成"物物相连的互联网",因为人早已成为互联网的节点,所以说是万物相连更为准确。要达到这个理想境界,就需要用技术可靠地实现机器间的协调以及人机互动,人与人的合作。

越来越多的设备将智能化嵌入到物中,使人们获得各式各样的知识产品和互联网服务,在信息技术实践过程中,人们对于信息的获取、使用和交换则是在特定场域内由多个具有平等身份的行动者共同完成的,既包括信息道德主体,又包括计算机、物联网、微计算设备等新的构成要素。新的信息技术通过多重手段达到人与物相连、物与物相连,从而形成一个整体有机、高效智能的行动者网络。新的信息技术（特别是大数据技术和物联网技术）依托于多种信息传感设备对"物"进行智能化识别、定位、跟踪、监控和管理，通过多种技术手段和网络的转译实现人与物的"交流互动"，形成一个大范围、多关联、高效率的多元行动者网络。

（2）机器互联的困境与出路

要达到这个万物互联的理想目标，首先要突破各种机器互联、人机互联的技术障碍。不同工业设备之间的连接，是一个极其复杂的问题，各种不同时期、不同品牌、不同协议的工业设备，都有不同格式的数据通信协议。之所以没有太多企业愿意把自己的研发知识、经验技巧以及产品的数字化模型，放在"别人家"的工业互联网平台上，主要原因是缺少信任保障。小企业担心技术诀窍泄露，大企业担心知识产权不保而干脆自己开发平台。企业对于研发、生产和经营数据在工业互联网平台上的共享持相当保守的态度。[1]

机器互联的信任问题可以溯源到最原始的商品经济是物物交换，当时的交易成本非常高，同时还需要面临较高的交易风险。科斯定理有一种解释是：只要产权明确，如果交易费用为零，通过市场的交易活动和权利买卖者互定合约或"自愿协商"，都能达到资源的最佳配置。这里要讨论的是交易费用为零这个假设。解决交易（合作）双方之间缺乏了解和信任难题，可以利用区块链技术。

作为一种"制造信任的机器"，区块链技术的实质是在信息不对称的情况下，无须相互担保信任或第三方（所谓的"中心"）核发信用证书，采用基于互联网大数据的加密算法创设的节点普遍通过即为成立的节点信任机制。机器互联的关键障碍是建立上网节点之间的充分信任。区块链技术可以部分解决这个问题。任何机构和个人都可以作为节点参与，以区块为载体记录每个节点的商业活动，形成信任值。区块链中每一个交易动作都会在全网广播以供后续校验和验证。整个过程都不会涉及中心化的第三方，在某种意义上讲，区块就是每个节点从事某种商业活动的信任档案，而且这些都必须在全网公示，任何节点参与人都看得见，通过某种共识机制获得认可。理论上，当区块链的节点达到足够数量时，这种大众广泛参与的信任创设机制，就可以无须"中心"授权即可形成信任、达成和约、确立交易、自动公示、共同监督。商业的基础是交易，交易的基础是信任，区块链技术可以让人类进入一个诚信被编码的时代，这大大降低了社会建立诚信体系的难度。

---

[1] 赵敏. 工业互联网的平台江湖［EB/OL］.（2018-12-10）［2019-08-12］. http://www.ceweekly.cn/2018/1210/242867.shtml.

(3) 信息安全与区块链的加密

物联网最大的安全顾虑是非法设备侵入和隐私信息泄密。不法分子可能会攻击物联网上的薄弱环节，例如家用联网电器，侵入物联网并盗取个人数据。运营商也有可能出于商业利益的考虑，对用户的隐私数据进行分析或出售，这些行为危害了物联网设备使用者的基本权利，导致使用者不愿意主动让设备接入物联网。

随着物联网设备数量的增长，以传统的中心化模式进行管理存在安全隐患。解决物联网的信任和接入问题，可利用区块链技术建立一套可信的加密系统。物联网和区块链技术的共同点是去中心化和分布式，这决定了物联网可以利用区块链技术实现真正的去中心化。物联网通过应用智能感知、识别技术等计算机技术，实现信息交换和通信，能满足区块链系统的部署和运营要求。物联网的应用系统中，如智能家居、智慧能源等可以通过设置恰当的智能合约，实现系统智能化服务。

物联网对系统安全性要求高，区块链通过非对称加密算法实现了信息加密和数字签名，利用私钥加密信息，公钥解密验证信息来源的真实性。区块链技术可以被使用于追踪设备的使用历史，它可以协调处理设备与设备之间的交易，该技术将通过提供设备与设备之间，设备与人之间进行数据交易而使物联网设备独立。区块链技术能够提升物联网的安全性。由于物联网感知设备有限的计算、存储能力，造成感知设备上难以应用复杂度较高、对节点性能要求较高的安全措施，被仿冒的风险较高。区块链的验证和共识机制有助于识别合法的物联网节点，避免非法或恶意的物联网节点或设备的接入。区块链的分布式、无中心化结构，以及对所有传输数据进行加密处理的方式，能够有效地解决隐私信息保护问题。利用区块链技术将集中式服务改为分布式服务，能够有效防范对关键核心网络基础设施的攻击。

区块链技术与物联网的结合，收益并非是单向的。区块链上的节点和互联网节点一样，无法确保收集的数据是否真实准确，这会大大影响区块链技术的应用效果。而物联网的节点采用的是传感设备，可以提高数据的准确性，然后按区块加密存储，并向整个网络广播，从而从收集到使用环节都保护了物联网数据的完整性、可靠性、及时性和准确性。不论是生产企业、经销商、零售商，还是监管部门均能对物联网各个节点的数据共享，有效地解决了数据可能在某一环节遭到篡改而造成整体数据失真问题。㊀

---

㊀ 郑磊等. 区块链+时代：从区块链1.0到3.0 [M]. 北京：机械工业出版社，2018.

(4) 人机互联的伦理困境

人机互联是万物互联中障碍更大的方面，除了技术方面还未成熟之外，人机互动带来了很多伦理问题。脑科学自20世纪以来突飞猛进，得益于以微观物理为基础的分子细胞学，脑科学已经下沉到电流、电波、磁场在大脑思考过程中的信号作用。现在，随着人工智能、纳米技术、脑机接口、生物等技术等推进，在带来科技福利的同时，也将引发一场新的社会变革的伦理风暴。

人机互联涉及人类思维与机器之间的接口技术，以使人与智能机器的沟通成为可能。人类与智能机器的关系，既不是纯粹的利用关系，也不是对人的取代，而是一种共生性的伙伴关系。当一些国家逐渐进入老龄化社会之后，人与智能机器的接口技术可能有助于解决老年人护理难题，这将形成人与人工智能之间的新伦理。

脑机接口研究从20世纪70年代以来飞速发展，实验对象主要是哺乳动物和人，连接脑部的方式分为侵入式（有创）和非侵入式（无创）。脑机接口技术可能产生的一个主要伦理问题是如何避免拉大贫富在人体素质上的差距，不能出现富者变得更加聪明博学、更加健康，而贫者更加弱小乃至最终出现超级人类的结果。

脑机连接之间的正负反馈可能导致无法辨认谁是系统真正的主体，到底是人脑在控制机器，还是机器在控制人脑，脑机连接技术将大脑信号直接转化成机器行动，正常大脑会克制和犹豫，而机器却不会，因此可能造成冲突甚至犯罪。此时该由发出指令的人，还是机器制造商或者机器承担罪责呢？如果电信号逆向输入大脑，用于收集脑的电信号的芯片，通过柔软电路反向输出电信号给大脑各个功能区块，将会产生更多法律伦理以及社会治理问题。

3. 区块链的伦理问题

(1) "自由平等"的假象

人类渴望自由平等，这是人之本性，也是一个社会伦理原则。两个人在一起，也许可以做到相互平等对待，但仍有很多情况是两人中有主次之分、强弱之别，这就是社会层级。如果有更多人聚在一起，这种"中心化"的倾向更加明显。人数更多则无非是多了几个层级，在每个层级里仍然会有中心。

区块链所主张的"去中心化"，并不是一种极端的理念，却被某些人曲解了。如何利用区块链技术，在任何一个区块链产品中维护所有用户的利益，实现真正的去中心化，不但是个技术难题，也是社会性难题。在传统社会架构里，共识是怎样形成的呢？主要是靠权力和权威。实际上，这种共识不是自发形成的，带有强制性，依靠的是组织的中心所制定的一系列自上而下的游戏规则。而在一个区块链社会形态里，所有成员都完全自由平等，在权利方面是无差异的。这时要实现全体成员都认可的决定，依靠的不是命令或权力，因为这是一个不划分阶层的社会形态，本来就没有中心和上下尊卑之分。此时共识只能靠相互协商和认同得到确立。虽然这是一个看上去非常理想的模式，但很容易走入"死胡同"。

怎样才算达成了共识，需要一个规则或标准。例如，在中心化的组织里，共识只需要领导一句话，一切行动听指挥。而在无中心的组织里，也许就是少数服从多数。而区块链技术背景下的共识，则更具有技术含量，是通过算法和代码来确定的，也就是大家先对一套共识算法达成共识。

（2）数字货币的滥用

"去中心化"在商业应用有助于减少中间环节，提升交易方信用，显然是具有积极意义的，但是另外一些尝试，例如 Facebook 发布关于其数字稳定币 Libra 的白皮书，则引起了各国政府的警惕。所有超主权货币的尝试，从 1944 年凯恩斯提出"Bank Coin"，到国际货币组织的特别提款权（SDR）、欧元等，一直都有探索，但至今没有一个成为真正的超主权货币。哈耶克在《货币的非国家化》中畅想的货币不由政府或中央银行发行和控制，由此可以避免政府攫取诱人收益和权力。理想主义者一直也在鼓吹加密数字币就是哈耶克所说的那种竞争性货币。这是一个误会，哈耶克所说的货币具有币值与一篮子价值稳定的商品相挂钩并获得法律认可，更为重要的是，货币竞争将提供一种自发且有效的激励机制和约束作用，迫使发钞行保持其纸币价值的稳定性并致力于提高其声誉。① 由私人或私人机构发行的数字加密币依然不能克服历史上曾经存在过的私人货币的根本性缺陷，即价值不稳，公信力不强，可接受范围有限，容易产生较大负外部性。它很难得到公众和市场的检验。从这个角度看，不管采用的区块链技术有多先进，如果采用这类数字加密币作为货币，仍是走回头路，回归一种落后的货币形态。

比特币的价格波动很大，很难据此判断其价值。人们可以通过矿工挖币的成本核算其部分价值。② 另一部分来自使用场景。目前比特币并没有真正成为其

---

① 李雪婷. 比特币和 Libra 或许都不是哈耶克所设想的竞争性货币［EB/OL］．（2019-07-23）［2019-08-12］. http：//baijiahao. baidu. com/s?id＝1639814541944744102&wfr＝spider&for＝pc.

② 比特币是一种数字资产，创世区块出现之后，每一块比特币都是"挖矿"这种"劳动"的产物，每一块比特币都有明确的所有者。但是，生产比特币的这种活动是不是"有效劳动"，这是一个见仁见智的问题。如果我们从社会意义角度看，至少目前这种"挖矿"活动对于国民经济可能不仅好处不多，从耗费大量电力能源角度看，甚至可能是坏处更多。另一个负面影响是其利用现实世界的金融市场进行无止尽的炒买炒卖，引发了金融市场的动荡。

创始人当初设想的国际支付媒介,而其去中心化的特点反而被洗钱、恐怖组织融资等非法活动利用。数字货币的匿名性、交易不可逆转、跨国难以追逐的特点,很适合作为犯罪分子的工具。加密数字币如果背后没有实际商业业务支撑,这种去中心化很容易被不法之徒利用。ICO(Initial Coin Offering)①是一个典型例子。因为比特币的知识产权是公开的,任何懂得计算机编程的人只需要略作修改,就可以造出一种"新"币。而由于修改未触及比特币的基本构造原理,所以这些新币其实都是相似的,很多人用"拷贝和复制"方法制造出了大量加密数字币,而且借鉴网络众筹的方式,产生了大批量销售加密数字币的ICO。大量的项目凭着一纸白皮书、几页PPT快速发行新币,通过一番纯粹市场炒作快速套现走人,而所谓的募资开发的项目可能从此音讯皆无。这种ICO项目发行的新币被戏称为"空气币",引发了大量投资者维权。

货币交换的基础就是人们的普遍认同——包括币种和交换比例。这些问题并没有因为出现区块链数字加密技术而得到解决,因此也就没有替代法币的现实意义和社会基础。很难想象由央行发行货币以保证金融政策的连贯性和货币政策的完整性可以被私人机构取而代之。央行起到了货币总控阀门的作用,这个功能是中心化的。如果去中心化,不仅货币结构发生了不可控变化,而且很难控制经济体中流通的货币总量,货币乘数理论上可以无限放大,金融资产相互转换速度加快,货币流通速度难以测量,通货膨胀和通货紧缩可以随时发生,甚至快速交替,导致经济体系混乱甚至崩溃。

无论是个人、私人机构还是超主权组织,都无法取代货币必须由国家发行和管理这个人类社会的基本原则。这决定了货币必须是中心化的,而各国央行在采用区块链等新技术过程中,也必然会坚持这个原则。

(3)通证经济的争议

信任是比共识更古老和更基础的话题。没有信任就谈不上寻找共识,没有信任也无法建立委托和代理关系。随着去中心化程度加深,这个问题会变得越来越明显。在区块链的私有链应用中,参与者基本属于一家机构或者具有非常有约束力的紧密联系,它们之间远远超过了信任关系。在联盟链里,也是通过准入标准来确保成员间能够相互信任。而在公有链里,就必须有一个能被其他成员认可的"身份证明"以及很有威吓力的失信惩罚机制。

---

① ICO意为"首次公开募币",即用某个机构自己制造的新的数字加密币,募集比特币或以太坊、莱特币等较流行的数字加密币。

Token 可以作为一种获取共识的证件,<sup>○</sup>让持有者形成利益共同体,合作共赢,同时也作为奖惩的载体,通过奖励和扣除实现对参与者信用度的计量,从而使 Token 的内在价值不断上升。通过设计合理的 Token 机制,调动参与者的积极性,从而形成良好的区块链社会生态。这可以称之为"通证经济",它有一个特点,就是各个经济生态圈的 Token 都具有特定维度上的价值,在各自的圈子内是不可或缺的。作为一个开放的经济系统,圈内成员的进出会带来 Token 的流动和交换。这就会出现类似不同货币之间兑换的情况,各种 Token 可以用法币标价,但禁止法币直接替代各种币,在所在的 Token 经济生态圈内使用。

这种切断了法币进入 Token 经济生态圈,而 Token 作为所在经济生态圈的"圈币"的经济是一个这样的社会:法币不再是所有经济活动的货币媒介,社会经济生活分成了多样化的很多个开放的圈子,每个圈子都有自己的经济活动,在那个范围里,使用的是自己的"货币"。但也有人在这些经济活动之外,处于人们平常生活的圈子,使用的是人民币作为交易媒介。每个人每时每刻都在这些不同的圈子间流动,在不同的圈子遵循透明的规则,使用不同的"圈币",相应也留下了可追溯和不可篡改的活动记录。

这也许是一个更加有序的社会形态。有了通证,人、项目建设者、产品,这些要素在特定经济生态圈内有机地流动起来。连接进入圈子的人越多,生产活动越活跃,通证就越有价值。社会生活出现了自组织经济生态,通证还可以方便地、低成本地实现圈内的投票和表决。一个国家还从未经历过这样一个存在多种价值符号和多种价值尺度的形态,社会治理、国家管理、宏观经济等方面,都会出现前所未有的考验,很多经济和伦理规则都会逐渐发生深刻的变化。

是否有其他一些活动本身就能够为参与者带来经济价值和伦理价值的利用公有链的应用呢?不仅肯定有,而且还有不少。

 扩展阅读

### Token 用例

新出现的加密数字币都和某个经济项目结合在一起,尽管很多项目禁不起

---

○ 数字币或通证,它的英文名称是"Token"。在计算机网络术语中,Token 被译为"令牌"。由于比特币等数字加密币被炒得火热,所以 Token 最先被人们看到的是它的"货币"形态,而很少关注 Token 的其他应用特征。

推敲，但是如果数字加密币和某种更为积极正面的经济行为结合在一起，其社会经济价值会更大，也更容易被接受，在中国经济脱虚向实的大环境下更有助益。

以供应链为例。一个大型制造业企业的供应链会影响到数万家企业。在传统的供应链融资系统里，这个大企业只能对自己的一级供应商进行信用背书，信用无法延伸到二级或者多级供应商。而一级供应商只能在有限的信用额度内为相关度低一级的供应商提供信用支持，这种信贷支持很快衰减到几乎可以忽略不计，导致供应链中的绝大多数企业无法从第三方金融机构获得足够的授信额度。

但是如果引入通证，这个企业在区块链上发行自己的Token，让Token在自己的多级供应商体系里流通，Token的真实性可以通过区块链验证，Token的交易可以通过区块链自动进行。任何金融企业可以查询区块链上的交易，评估任何一级的供应商的订单状况，从而进行授信。这就形成了一个良好的信用生态圈。在这个圈内，所有企业之间的商业活动和信用都能依靠Token生成，从而自我证明自己的信用状态，以供第三方金融机构评估融资风险水平。这种基于通证的供应链和完全依赖一个中心企业（大企业）信用进行融资的情况完全不同。由于具备内嵌的信用创造和识别机制，不再依赖大企业和上层供应商承担相应的法律责任，最终会使能够获得第三方金融支持的供应商数量比之前增加数倍。这种结果无论对于大企业还是供应链的中小企业都是普惠的，也扩大了银行的可信客户群体和业务规模，最终造福于整体经济。

在上面这个供应链经济生态圈里，Token不仅承担了资产数字化载体和内部结算媒介职能，而且由于区块链技术能够保证每一次记录都是准确真实不可篡改的，因而也创造了经济活动中最为珍贵的信用。这个经济生态圈的经济规模足够大，创造的信用数倍于普通供应链，是一个典型的好的Token经济。

再如在一个知识生产和分享的场景（知识互联网）中做一个公有链，每个参与者都可以贡献知识，并且相互品评和学习。别人也会因为参与了这种知识分享而获得Token，当然，如果知识贡献者侵犯了他人的知识产权，也会扣除其部分Token甚至失去参与的权利。这就是有自我价值生成的有机系统。参与者通过贡献知识获得Token，再用Token换取和学习新知识。Token本身既可以充当知识传播的媒介，当然也可以相互转让，其价格由市场决定。这就是一个例子，它既不像慈善那样完全付出只获得精神和社会收益，也不像比特币那样是一种赤裸裸的劳动和报酬关系。

Token是一种数字资产权益证明。像股权和债权一样,Token也代表权益,区别在于后者更加明确地针对数字资产。不难推断,通证经济首先必须将资产数字化,或者经济活动中的资产本身就是数字资产。在这种情况下,Token的价值和股票、债券一样,会随着其所代表的权益价值变化而变化。具有高流动性、快速交易、快速流转,安全可靠,而这恰恰就是区块链的一个根本能力。各种权益证明,例如门票、积分、合同、证书、点卡、证券、权限、资质等理论上都可以通证化(Tokenization),即放到区块链上流转,放到市场上交易,同时在现实经济生活中可以消费、可以验证。

### 【复习题】

1. 通过对技术的行为进行伦理导向,使技术主体(包括技术设计者、技术生产者和销售者、技术消费者)在技术活动过程中,不仅考虑技术的可能性,而且还要考虑(    )。

   A. 目的和手段的正当性

   B. 后果的正当性

   C. 目的手段和后果的正当性

   D. 以上都不对

2. 技术开发和应用者的价值观决定了(    )。

   A. 技术的先进性           B. 产品的适用性

   C. 技术发展的界限         D. 以上都不是

3. 技术伦理要求科技工作者和经济界人士不能只从技术本身和经济价值角度考虑技术的发展应用,而要把(    )结合起来,使技术的使用更符合人类价值。

   A. 技术先进性与经济价值

   B. 技术价值与伦理规则

   C. 经济价值与伦理价值

   D. 以上都不是

4. 迈克尔·斯宾塞教授提出了"数字经济十问"中,治理和监管指的是什么?(    )

   A. 治理机制要如何改变,才能适应数字时代?

   B. 金融服务在越来越平民化的同时,会不会引发更多的风险?

   C. 人工智能该不该有道德观?

   D. 以上都不对。

5. Joseph F. Coates提出的技术评估定义是:技术评估是系统的识别、分析和评估技术潜在的次生结果（无论是有益的还是有害的）及其对（　　）的影响，技术评估是为了向决策者提供中立的、以事实为依据的信息。

A. 环境系统和过程
B. 社会、文化、政治
C. 社会、政治和环境
D. 社会、文化、政治、环境系统和过程

# 第六章

## 营销伦理

### 【本章要点】

1. 了解消费主义的伦理问题；
2. 掌握市场营销的四大要素（4P），以及在此基础上相关的伦理问题；
3. 熟悉欺骗性营销的定义、典型表现和应对策略；
4. 熟悉不当广告的定义、典型形式和应对策略；
5. 熟悉掠夺性放贷的特征、典型形式及应对策略。

### 【导入案例】

#### 披着各种"马甲"的虚假营销是如何欺骗消费者的？

据国家市场监管总局统计，2017年，我国广告经营额达6 896亿元、从业人员438万人，广告业规模居世界第二位。与此同时，虚假广告的问题也不容忽视。2018年上半年，我国查处违法广告1.5万余件，罚没款9.2亿元，同比分别增长36.9%和292.7%。披着各种"马甲"的虚假营销信息是如何欺骗消费者的？

保健食品广告夸大功效。"喝口神醋，一查囊肿没有了""服用减肥胶囊，30天完美变形"……在一些保健食品广告中，各种夸大功效、宣传疗效的言辞对消费者造成误导。

在国家市场监督管理总局公布的湖南长沙晟荣广告文化传播有限公司发布违法食品广告案中，当事人代理发布"祝眠晚餐"食品广告，广告含有"吃祝眠晚餐，告别失眠""调心养肝、安神助眠、安志化郁"等内容，涉及疾病治疗功能等用语。2017年7月，长沙市工商局雨花分局作出行政处罚，责令当事人改正违法行为，罚款5万元。

中国消费者协会对保健食品的消费者认知度调查显示，超过六成消费者不相信所谓的"保健食品"广告宣传，但是，有些披着"马甲"的广告经过改头换面，让消费者难以辨别。例如有的保健食品标签、外观包装图案与文字、使用说明书、宣传广告与注册或备案的内容相差甚远，将保健功能肆意夸大为具有疾病预防、治疗等功能；有的未标明适用人群与不适用人群，随意扩大至适用所有年龄段人群，未标注"本品不能代替药物"；有的仿冒知名保健食品包装进行虚假宣传，夸大保健功能与效果。

"表演"性质的医药广告。"天山雪莲""明目二十五味丸"……利用演员扮演"专家"向患者推荐，并在广告语中保证功效和安全性，这种带有表演性质的医药广告容易蒙骗一些病急乱投医的患者。

2015 年以来，全国各级工商和市场监管部门多次针对"医药广告表演者"等虚假违法广告进行查处。截至 2017 年 7 月，依法做出责令整改 136 件（次），办结案件 76 起，罚没款 283 万元，一批案件已立案调查。

国家市场监督管理总局广告监督管理司有关负责人表示，一些医药、保健品、医疗、投资、收藏等广告，往往打着讲座、访谈的幌子，误导消费者、欺骗性更强。要加强对网站等传播渠道上健康养生类节目的监管，让"医药广告表演者"等虚假广告无藏身之地。

（来源：新华网"披着各种"马甲"的虚假违法广告是如何欺骗消费者的？"）

案例讨论分析：

1. 除了违法，虚假营销信息还违背了什么伦理原则？
2. 为什么说营销伦理是市场失灵的一种调整措施？
3. 注重营销伦理有助于企业的长远发展吗？

在消费主义影响日益深远的大时代背景下，商业活动逐渐全方位渗透到人们生活的各个角落，营销的影响和伦理问题无处不在。在商业利益驱动下，企业及其营销人员在产品、定价、销售渠道、促销等营销环节中多有利益与道德的冲突，有些为了吸引和打动消费者甚至不惜突破伦理底线，加之互联网技术和社交媒体在营销中的广泛应用，营销中的伦理道德问题已经变得越来越突出，营销伦理的重要性愈益凸显。

营销活动的表现千变万化，但归根结底都是为了生存发展。与在市场上获取利润一样，营销伦理也事关企业的生存和可持续发展。而且，企业营销的不道德行为不仅会对企业本身产生极大的危害，而且从宏观层面来看，在营销中能否遵循公平交易原则和公序良俗还会影响市场经济的健康发展，从长远角度来看，对消费文化、商业氛围、社会风气乃至整个社会的可持续发展都会产生不良影响。

由于金融产品的信用、中介、虚拟等特征，其营销活动较一般的产品、服务营销更为复杂、多样、隐蔽，其道德风险更加难以辨识。金融营销活动诱使人们从事不道德行为获得大笔收益的机会也更为广泛，所以金融营销必须通过道德行为规范来引导，金融营销伦理的在金融体系稳健运行中扮演着十分重要的角色。

本章第一节介绍营销伦理的基本概念和原理；第二节重点阐释欺骗性营销、不当广告、掠夺性放贷等金融领域典型的营销伦理。产品方面的伦理问题在第二章企业伦理中已有所提及，价格方面的伦理问题主要在第四章金融市场伦理中阐述。

# 第一节　营销伦理概述

## 一、消费主义

营销的对象是消费，理解消费主义的概念和中国消费伦理在当代中国的变迁和代际差异，以及其中的伦理问题，会更清晰地把握商业机构在其中扮演的角色，以及相关产品、服务营销的伦理问题。

1. 消费主义的概念

消费者是指商品经济中使用产品和服务的人。消费主义有两重含义：它既可以指提高消费者权力和影响力的运动，也可以指追求物质享受的理念，这种理念塑造社会行为。㊀中文语境里的消费主义多指第二个含义。

西方的消费主义有一个漫长的发展历史过程。宗教文化中几乎都有关于节俭的消费理念。马克斯·韦伯的《新教伦理与资本主义精神》是关于现代消费思想的开创之作。他认为，"当消费的限制与这种获利活动的自由结合在一起的时候，这样一种不可避免的实际效果也就显而易见了：禁欲主义的节俭必然会导致资本的积累。强加在财富消费上的种种限制使资本用于生产性投资成为可能，从而也就自然而然地增加了财富。"㊁

---

㊀ 斯坦纳. 企业、政府与社会 [M]. 诸大建, 许艳芳, 吴怡, 译. 北京：人民邮电出版社, 2015：430.

㊁ 韦伯. 新教伦理与资本主义精神 [M]. 于晓, 陈维刚, 等译. 西安：陕西师范大学出版社, 2006：99.

但总体而言，在两次工业革命之后，新教伦理和清教徒精神这两种支持着美国等发达国家资产阶级社会的传统价值体系受到了消费主义的强烈冲击，禁欲式的消费观念被抛弃，享乐主义和追求物质堂而皇之成为社会主流。这种以"经济冲动"代替了"宗教冲动"的倾向，使西方主流社会的生活价值观发生了重大变化。

随着改革开放后中国经济的高速发展，消费主义乃至享乐主义、物质主义思潮也越来越流行。而且消费不仅改变了人们的日常生活，也改变了人们的社会关系和生活方式。

人们不但以购买、拥有高质量的商品或奢侈品来获得自身认同，也借助新媒体迅速扩散成为一种社会现象。许多人已习惯在微博、微信朋友圈等新媒体渠道展示自己的"炫耀性消费"，由于追逐消费产生的过于"物质化"乃至"炫富"事件也屡见不鲜。

2. 消费主义的合理性

消费主义却又有着现实性和合理性的一面，消费不仅为每个人提升生活水平所必须，也是人类经济发展的内在要求。

与消费主义相对应的是克制欲望的传统文化和人类农业社会倡导的简朴、节制。除了整体经济落后缺乏消费主义的经济基础之外，也长期存在诸多传统文化抵制消费主义。所以，即使在20世纪八九十年代，国人已经从生活和物质的艰难岁月走出来，生活水平大为改善，但仍然有着世界上最高的储蓄率。那时候，消费主义并没有多少市场，中国人这种节俭和低消费的程度在全球也不多见。消费主义有把人类从禁欲主义的苦闷和压抑中解放出来的进步意义。

经济学有"节俭悖论"的概念，即"个人越节俭，社会越贫穷"。该理论最早由英国经济学家凯恩斯提出，他的结论是，"消费的变动，会引起国民收入的同方向变动，而储蓄的变动会引起国民收入反方向变动"。扩大消费是经济增长的必然选择，消费与投资、出口共同作为经济增长的三驾马车之一，而且消费的扩张是投资、贸易的基础，如果消费占比过低，对一个国家的长期可持续增长是有害的。就中国经济的转型和可持续发展而言，"扩大内需"也是调结构、稳增长的关键。

对消费主义的进步意义和合理性应有清晰的认识和判断，才不至于简单的否定消费主义，有助于在营销、广告等商业活动中更好地把握相关的伦理原则。

3. 消费主义在中国的代际差异

随着经济增长和市场经济的发展，人们的消费观念和消费伦理发生着巨大的变化。同时，中国的独生子女政策，使中国的家庭消费结构更侧重于对下一代予以更高标准、更多资源的消费投入。父母的节俭助长了子女的不合理、过度消费。这两个因素使中国居民在代际之间的消费水平产生了巨大的差异。

可以说，在几十年间，中国的消费者高储蓄、低消费的特征，在下一代身上被迅速改变，出现大批超前消费、以消费透支未来的"新新人类"。信用卡的普及、初次使用贷款消费的年龄、分期付款的便捷，都折射了消费主义的盛行。由于迷恋某些品牌，许多没有收入来源的学生用分期付款甚至不合法的方式去购买，有的成为违法犯罪的受害者。"17岁高中生卖肾买苹果手机"就是一个非常极端的例子。⊖

这种消费主义被马克思称之为"商品拜物教"，但在社会学家的视野中，人们很大程度上是用消费来实现区分社会阶层，实现自我认同，在互联网时代，这种具有社交意义的消费又加速传播和流行，按照哲学家鲍德里亚的说法，这是一种"消费社会"。鲍德里亚认为这种消费与传统意义上的消费有着本质上的不同——"传统意义上的消费指的是功能性消费，消费的目的是获取商品的使用价值，但是身处消费社会中的人们消费的目的是获得在商品之上的符号价值，符号价值成为新时代消费文化的核心。"⊜

4. 消费主义的伦理问题

消费主义及其消费行为的伦理冲击主要来自四个方面。

（1）炫耀性消费及其引发的道德争议和精神危机

"炫耀性消费"不是一种理性的消费，不是一种功能性消费，而是典型的符号价值的消费，这种消费行为不仅是满足自己的消费欲望，更强烈的动机来自于通过占有来显示自己的社会身份，其中通过社交媒体炫耀、相互攀比和争斗将不平等的社会影响、精神危机放大，甚至误导未成年人。

国内最典型的例子是"郭美美事件"。据媒体报道，2011年6月21日，新浪微博上一个名叫"郭美美baby"的20岁女孩自称"住大别墅，开玛莎拉蒂"，其认证身份为"中国红十字会商业总经理"。后来，SCC俱乐部的富二代们和郭美美整夜对骂。郭美美晒出500万赌场筹码后，富二代回以卡里余额，该富二代挑衅郭美美："@郭美美Baby你的卡里多少钱啊？爆出来看看"，并晒出自己银行卡内余额，达37亿之多，令网友咋舌。此事件虽然以郭美美涉及赌球及非法性交易等入狱告终，但对红十字会造成有史以来最严重的信任危机，也成为

---

⊖ 人民网. 17岁高中生卖肾买苹果手机，被告获利20万受审［EB/OL］.（2012-08-10）[2019-08-29]. http://society.people.com.cn/n/2012/0810/c1008-18711762.html.

⊜ 鲍德里亚. 消费社会［M］. 刘成富，全志钢，译. 南京：南京大学出版社，2001：74.

中国消费主义泛滥的一个典型负面案例。

（2）促销和借贷推动消费过度扩张和透支未来

两种商业力量对人们消费行为习惯的改变起着重大的推动作用，其一是各种形式和无所不用其极的促销和广告，其二是各种助推消费的金融服务，如信用卡、消费贷等。从经济学来看，这两方面的商业行为，一个是各种手段调动、刺激人们对消费品的需求，另一个是以信用增加人们的预算约束。最终让消费者以借债的方式完成购买过程，释放甚至透支了其消费能力。

任何的金融危机归根结底都是债务危机，过度的消费主义最终使无数个人和家庭背上了沉重的负担，甚至扭曲了他们的生活、工作方式。促销和借贷推动的消费很容易被不良厂商利用，这也是过度放贷和掠夺式营销能够在国内如此猖獗的原因。本章后文将详细阐述其中的伦理问题和治理机制。

（3）奢侈浪费对可持续发展的负面影响

消费的正当性来自满足人类的合理需求，是人类生活水平提升、发展进步的标志。但对消费主义批评的一个重要方面也来自发展，那就是人类的可持续发展。人类过度膨胀的欲望和消费扩张不仅过多的消耗了自然资源，也带来了环境的破坏和污染。正如联合国在《21世纪议程》中明确指出的——"全球环境恶化的主要原因在于不可持续的消费和生产模式"，而且"消费问题是环境危机问题的核心"。⊖

（4）对社会关系和生活方式带来的改变和冲击

每个人能掌握的资源和财富是有限的，如果将享受、欲望作为人生的终极目标，全面投入到消费中，必然会削弱、冲击人生本应有的其他方面的满足感，例如，健康、闲暇、家庭和社会关系等。尽管消费者能够在消费主义中得到充裕的物质满足，但这并不能替代原本多元化的生活需要给自己带来的快乐。

在消费主义社会中，生活节奏随着人们的物质要求的增大而加快，人们能够享用的闲暇时光越来越少，社会关系特别是家庭和团体中的社会关系被忽略了。

## 二、营销伦理概述

1. 营销伦理的概念

根据美国市场营销协会的定义，市场营销是创造、传播、传递和交换对顾

---

⊖ 联合国网站. 二十一世纪议程［EB/OL］.（2000-01-18）［2020-02-18］. https://www.un.org/chinese/events/wssd/agenda21.htm.

客、客户、合作伙伴乃至整个社会有价值的产品和服务的一系列活动[1]。营销伦理则是将伦理标准运用于市场决策、行为与制度创立,强调透明的、可信任的、有责任感的个人及/或组织的市场营销政策和行为,以诚信公平的态度对待消费者与其他利益相关者[2]。

营销伦理对企业的生存和发展具有重要意义,其所解决的主要问题和实现的目的如下。

(1) 有助于人们在物质需求满足与精神需求满足之间实现平衡,克服消费主义、物质至上带来的弊端。

(2) 有助于塑造企业形象,为企业及营销人员的行为指明方向,通过言行传播企业精神,让顾客体验到企业存在和发展的价值。

(3) 有助于维护正常的交易秩序,减少摩擦,降低交易成本,是对市场失灵的一种调整措施,促进了市场经济的完善。

2. 营销伦理的原则

(1) 用户至上

市场营销是企业管理的重要组成部分,在市场经济中,企业的生存和发展完全依赖于向顾客或消费者出售产品和服务,没有顾客,企业便无法存在。著名的管理大师彼得·德鲁克甚至认为,企业的目的就是创造顾客,"顾客是一个企业的基础并使它能继续存在。只有顾客才能提供就业,正是为了满足顾客的要求和需要,社会才把物资生产资料托付给工商企业"。在此基础上,德鲁克又把市场推销看作是企业的中心职能,"从顾客的观点来看,市场推销就是整个企业",因为只有依靠市场推销和创新才能创造顾客,才能取得经济成就。在现代企业管理中,市场营销占有越来越重要的地位。

强生公司(Johnson & Johnson)的"我们的信条"很好地体现了"用户至上"原则。

**阅读材料**

### 我们的信条

我们相信我们首先要对医生、护士和病人,对父母亲以及所有使用我们的

---

[1] American Marketing Association. AMA's Definition of Marketing [EB/OL]. [2020-02-18]. https://www.marketingstudyguide.com/amas-definition-marketing/.

[2] MURPHY P E, LACZNIAK G R, HARRIS F. Ethics in marketing: International cases and perspectives [M]. Oxford: Taylor & Francis, 2016.

产品和接受我们服务的人负责。为了满足他们的需求，我们所做的都必须是高质量的。我们必须不断地致力于降低成本，以保持合理的价格。必须迅速而准确地供应客户的订货。我们的供应商和经销商应该有机会获得合理的利润。

我们要对世界各地和我们一起共事的男女同仁负责。每一位同仁都应视为独立的个体。我们必须维护他们的尊严，赞赏他们的优点。要使他们对工作有一种安全感。薪酬必须公平合理，工作环境必须清洁、整齐和安全。我们必须设法帮助员工履行他们对家庭的重任。必须让员工在提出建议和申诉时畅所欲言。对于合格的人必须给予平等的聘用、发展和升迁的机会。我们必须具备称职的管理人员，他们的行为必须公正并符合道德。

我们要对我们所生活和工作的社会，对整个世界负责。我们必须做好公民——支持对社会有益的活动和慈善事业，缴纳我们应付的税款。我们必须鼓励全民进步，促进健康和教育事业。我们必须很好地维护我们所使用的财产，保护环境和自然资源。

最后，我们要对全体股东负责。企业经营必须获得可靠的利润。我们必须尝试新的构想。必须坚持研究工作，开发革新项目，承担错误的代价并加以改正。必须购置新设备，提供新设施，推出新产品。必须设立储备金，以备不时之需。如果我们依照这些原则进行经营，股东们就会获得合理的回报。

（来源：Lawrence G. Foster, Robert Wood Johnson: The Gentleman Rebel, State College, PA: Lillian Press, 1999）

(2) 诚实守信

由于存在信息不对称，卖方可能会故意隐瞒某些信息。在实践中，买方总是要依靠卖方，例如卖方提供的商品说明书、售货员的介绍等，来获得足以达成交易的某些信息，尤其是关于商品质量的信息。为了满足顾客这一主要的利益相关者的需要，卖方或厂商便应当在交易中遵循诚实守信的伦理准则。但现实中的一些营销推广往往与这一原则背道而驰，例如，一些减肥产品广告声称用了该产品后，无论客户怎么吃，都可以瘦。如表6-1所示，这些广告宣传都值得怀疑。

那么，销售人员必须提供哪些信息才不至于误导和欺骗顾客？这需要根据原则具体情况具体分析。主要的原则是，必须考虑在具体情况下什么样的信息对于一种理性决策来说是必须的。具体操作时，销售人员可以运用"己所不欲，勿施于人"的黄金原则，设想一下"如果我自己要买这种商品，我想知道些什么信息?"

表 6-1 减肥产品广告中值得怀疑的宣传

| 如果产品号称具有以下功能,说明其宣传言过其实了 | 举 例 |
|---|---|
| 一个月或更长时间不节食或不运动,每周也能瘦两磅甚至更多 | 虽然继续吃各种喜爱的食物,我还是在 30 天内减掉 30 磅。不节食,不运动,一天也能瘦两磅 |
| 无论客户吃多少,也能瘦很多 | 我的生活秘诀是想吃就吃:汉堡、热狗、薯条、牛排、冰淇淋、培根、鸡蛋和奶酪。吃了依然瘦<br>吃光你爱吃的食物,你还是会瘦(药片会发挥它的功效) |
| 让客户一直瘦下去(即使不再使用该产品) | 成千上万的减肥者都在使用本产品,其效果比他们之前使用的产品更佳……而且体重一直在减<br>15 年了,Marry Yo-yo 减肥从未成功过,厌倦绝望的她发现了可以轻松、永久减肥的神奇产品 |
| 抑制脂肪或热量的吸收,使客户瘦下去 | 每天至少瘦两磅。作为一种活力酶,苹果果胶可以吸收超过自身重量 900 倍的脂肪,因为这是绝妙的脂肪阻挡器<br>抑制 76% 的脂肪,藤黄果提取物能迅速、显著地减轻重量 |
| 确保客户每周能减掉三磅以上,效果持续四周以上 | 减掉 30-40-50 磅。没错!每周减三磅。自然无副作用<br>海神魔力药水安全、有效。经客户证实,每日至少瘦身 12 磅 |
| 使所有客户都大幅减轻体重 | 减肥比增肥快。你不会失手,因为减肥不需要意志力<br>减掉 10-15-20 磅。适用于所有人,不论你之前尝试或失败了几次 |

(来源:普拉维恩·帕博迪埃,约翰·卡伦. 商务伦理学[M]. 周岩,等译. 上海:复旦大学出版社,2018:171-172.)

例如,一家汽车销售商从别处购进了一批汽车,这批汽车虽然看上去很新,几乎没有用过,其实在一次洪水中被水淹过,因此进价很便宜。汽车销售商当然知道这一点,却从不告诉顾客。

汽车销售商故意隐瞒汽车曾被水淹过对事实,这是否一种欺骗行为,需要按照上述原则具体分析。问题的关键是,被水淹过是否确实影响了汽车的质量?被水淹过这样的信息对顾客对购买决策来说,是否为必须信息?一般来说,汽车被水淹过会在某种程度上影响汽车的质量,绝大多数有理性的顾客会认为,这种信息对于他们的购买决策来说是十分重要的,所以,本例中的汽车销售商的行为是一种欺骗行为。

### （3）自由平等

自由交易指交易对任何一方来说都不是被迫的。在实践中，较为常见的破坏非强制条件的推销活动大致有三种：第一种方式是形成市场垄断；第二种方式是利用顾客的信息不全，以误导或欺骗的手法人为限制顾客的选择范围；第三种掩盖推销商品的目的，例如，在手机 APP 中以抽奖、调查等方式，让用户在不知不觉中买下了本来不会购买的东西。

平等意味着公平交易、公平竞争和公平对待投资者等。在营销伦理的语境中，平等原则要求商家在定价、推广等过程中平等对待每个消费者，尊重每个人的尊严。

表 6-2 摘选了美国市场营销协会的营销伦理观，从中可以看出美国市场营销协会对诚实、公平等营销伦理原则的重视。

**表 6-2　美国市场营销协会的营销伦理观**

诚实——能够坦诚地处理与客户和利益相关方的关系。为此，我们应该：
- 在任何时候、任何情况下尽可能保持真诚
- 提供与宣传相符的有价值的产品
- 如果产品与所宣传的功效不符，要对产品负责
- 兑现明确或暗示的承诺

责任——能够承担营销决策和策略所带来的后果。为此，我们应该：
- 努力满足客户需求
- 避免强迫任何利益相关方
- 承认在营销及经济能力不断增强的同时，承担对利益相关方的社会责任
- 重视对市场中弱势群体的承诺，例如，儿童、老人、穷人、对市场一窍不通的人以及其他可能处境极度恶劣的人士
- 决策时考虑环境管理

公平——公正地权衡买方的需求和卖方的利益。为此，我们应该：
- 无论是销售、打广告还是开展其他形式的宣传，都要清晰地描述产品，避免虚假的、误导性及欺骗性宣传
- 反对破坏客户信任的市场操纵和销售策略
- 拒绝参与价格垄断、掠夺性定价、哄抬物价或诱导转向策略
- 避免故意参与利益冲突
- 尽力保护客户、雇员和合作伙伴的隐私

(续)

敬重——承认所有利益相关方的人格尊严。为此，我们应该：
- 尊重个体差异，避免对客户产生思维定式或通过消极、不够人性的方式描述特殊群体（例如，特殊性别、种族或性取向群体）
- 倾听客户需求，尽可能密切关注并不断提高他们的满意度
- 尽全力理解、尊敬买方、供应商、中间商以及来自不同国家的经销商
- 对营销工作作出贡献的咨询顾问、雇员和同事给予认可与肯定
- 以我们期望别人对待我们的方式来对待包括竞争对手在内的所有人

透明度——在市场营销中塑造开放的理念。为此，我们应该：
- 努力与所有支持者沟通
- 接受客户和利益相关方有建设性意义的批评
- 针对重大产品或服务风险、零部件替换或其他预见且能影响客户购买行为的问题作出解释，并采取适当措施
- 公开价格表、融资条款以及现有的价格协议和调价情况

公民义务——履行经济、法律、慈善及社会责任，为利益相关方服务。为此，我们应该：
- 在营销活动中努力保护生态环境
- 通过志愿者活动和慈善捐赠回馈社会
- 整体提升市场营销及其知名度
- 敦促供应链各成员，确保所有各方（包括发展中国家的生产商）公平参与交易

（来源：美国市场营销协会官网：Codes of Conduct AMA Statement of Ethics）

## 三、营销中的主要伦理问题

市场营销活动的每个方面都与营销伦理密切相关。按照经典的"4P营销理论"，市场营销的核心内容包括产品（Product）、定价（Pricing）、促销（Promotion）、渠道（Placement）四部分。基于"4P营销理论"，广义的营销中的伦理问题也可分为四个方面。

1. 产品方面的伦理问题

（1）概念

产品是用来满足人们需求和欲望的物体或无形的载体。产品不仅包括实体，还应包括产品的核心利益（即向消费者提供的基本效用和利益）。产品是"4P营销理论"的核心，关系着营销管理中其他三大策略。

（2）伦理问题

产品方面的伦理问题主要集中于与产品安全、质量相关的各类问题。包括

产品包装信息不真实；产品重量、构成成分、生产日期及产品有效期虚假；无售后服务或者虽承诺了售后服务但不兑现等。使消费者致命的假酒和假药、毁坏消费者面容的化妆品、使农民颗粒不收的假种子、冒充名牌商标销售的烟酒和冒充名牌矿泉水销售的自来水，这些都是典型的产品方面的营销伦理问题。

例如，美国曼维尔公司（Manville Corporation）为了商业利益，隐瞒了石棉对身体的危害，对已染病的员工秘而不宣，做出违背营销伦理的行为，后来法院判定该公司必须赔偿所有消费者[⊖]。类似这种行为，无论从伦理上还是从法律上看，公司都有义务提醒用户产品所存在的缺陷和潜在风险。

2. 定价方面的伦理问题

（1）概念

定价主要研究商品和服务的价格制定和变更的策略，以求得最佳营销效果和收益。

（2）伦理问题

价格方面的伦理问题主要指掠夺性定价、哄抬价格、垄断价格、价格歧视等价格形式。掠夺性定价主要是将产品价格压得比竞争者更低，甚至导致竞争者无法在市场中生存。哄抬价格指卖方利用国难或物质紧缺等特殊情况提高价格。垄断价格主要表现为，为了阻止市场价格下降而实行行业价格共谋，共同制定行业价格，要求同行业的所有企业按此协议价销售产品。价格歧视是针对不同消费群体执行不同价格。表6-3展示了常见的定价情境及导致的伦理问题。

表6-3 常见的定价情境及导致的伦理问题

| 定价情境 | 伦理问题 |
| --- | --- |
| 1. 市场生产能力过剩 | 企业会以低于产品成本的价格倾销，达到挤垮竞争对手的目的。企业还可能鼓励消费者过度消费，特别是一些会污染环境的产品 |
| 2. 企业在市场上处于垄断地位 | 企业之间的竞争会侧重于非价格竞争，导致过高的价格和虚假的产品差异 |
| 3. 产品本身没有差异 | 企业定价不同，通过价格传递虚假的质量信息 |
| 4. 同样的产品差别定价 | 不同顾客购买同样产品被要求支付的价格不同 |
| 5. 利润成为企业经营业绩唯一的考核标准 | 企业可能会忽略类似污染这样的社会成本 |

---

⊖ 吴永猛，陈松柏，林长瑞. 企业伦理精华理论及本土个案分析［M］. 台北：五南图书出版公司，2016：144.

（续）

| 定价情境 | 伦理问题 |
| --- | --- |
| 6. 最高管理层不关心定价行为中的伦理问题 | 企业中层管理人员有进行欺骗性定价的压力 |
| 7. 公司职员有机会和竞争对手频繁接触 | 公司会受到诱惑进行非正式的价格串通 |
| 8. 企业没有伦理规范和合理的程序，或者虽然存在但非常模糊 | 企业和其员工可能会欺骗顾客 |

（来源：Gene R. Laczniak, Patrick E. Murphy: Ethical Marketing Decisions: The Higher Road, Needham Heights, MA: Allyn &Bacon, 1993, p126）

3. 促销方面的伦理问题

（1）概念

促销是指企业用人员或非人员方式传递信息，引发和刺激顾客的购买欲望和兴趣，使其产生购买行为，或使顾客对卖方的企业形象产生好感的活动。

（2）伦理问题

营销学通常将产品促销策略分为人员推销和广告促销。策划并形成一个产品的促销策略，其方案不外乎是若干类型的组合。

促销方面伦理问题主要指设计与播送虚假广告、误导性广告及内容与形式不健康的广告，或操纵、强迫顾客购买，歧视顾客等。例如通过限量销售制造出一种产品紧缺感，若销售人员传递信息属实，那么这种行为不存在什么问题，若与事实不符，只是为了通过施压诱导消费者作出购买决策，这种行为就是一种非伦理行为。

再如，通过对顾客进行划分，造成顾客与顾客之间的不平等，使顾客没有享受到同等的产品优惠或服务。2009年底开始，丰田汽车因为"无意识加速"的问题在全球召回800万辆以上汽车。其中在美国召回超过50%，而在中国，则只有7.5万辆。这种跨国公司的不合理行为属于典型的顾客歧视行为，是不道德的。

4. 分销渠道方面的伦理问题

（1）概念

分销渠道是指企业产品从生产领域（厂家）转移至消费领域（消费者）所要经历的过程。企业分销渠道按照有无中间商参与这一标准，可以分为两种类型：直销和间接分销。直销强调人与人的接触，因为时间、地点的不固定性，这种销售方式会呈现一定的弹性。间接分销渠道涉及中间商的参与，是指在产品分销的过程中，把产品经中间商转移到消费者手中。

（2）伦理问题

直接分销渠道模式面临的主要伦理问题包括侵犯隐私权、骚扰、欺诈、不公平等。间接分销渠道中的中间商往往可能在交易中追求自身利益,而非消费者利益,进而产生一系列伦理问题,表现为生产者与中间商不履行双方签订的经营合同,生产者不按期供货、不如数供货给中间商,中间商不按期付款给生产者,生产者和中间商相互推诿售后服务的责任等。

## 第二节　金融领域中的营销伦理

金融产品、服务的营销是金融机构生存、发展的命脉,金融营销伦理在金融体系稳健运行中扮演着重要作用,但由于其信息不对称程度及其引发的道德风险、逆行选择行为相对更加严重,很容易直接发生与营销绩效相关的不道德行为。

与其他领域相比,金融产品的知识壁垒较高,不经过特别的系统培训很难深入掌握相关的金融知识。因此,普通的投资者和普通民众很难清楚地了解金融体系的运作模式,很容易被各种新兴金融产品广告和繁复的合同条款所误导,因而作出错误的投资决策。而基金经理、银行业务员和保险经纪人甚至可能凭借在知识和信息上的优势诱骗投资者。

这不但对金融营销职业人士的道德伦理提出了更高的要求,也需要在对营销伦理一般原理、原则探讨的基础上,进一步探讨如何回应和解决目前我国金融营销中最紧迫、最典型的伦理问题。

### 一、欺骗性营销

1. 欺骗性营销概述

(1) 定义

欺骗性营销就是带有欺骗色彩的营销,或用欺骗方式达到营销的目的。但实际上,"欺骗"是一个非常宽泛的概念,很难界定其明确的边界。一般来说,当一个人因别人所作的声明而持有一个错误的信念时,这个人就被欺骗了。这种声明可能是虚假或误导性陈述,或者是在关键问题上不完全的陈述。例如,即使某证券公司经纪人所作的各种声明从字面上都是真实的,但如果客户因为其所作的陈述或未作的陈述形成错误的信念,欺骗就可能存在。

(2) 伦理问题

虚假和误导性声明之所以违背营销伦理基本原则,根本原因在于它们是不诚实的表现形式,违背了营销伦理的诚实守信原则。相比之下,隐瞒信息则是更严重的问题,因为虚假的、误导性的信息只是事实方面的问题,而什么信息应该予以披露则涉及价值判断问题。此外，隐瞒信息还违背了营销伦理的公平原则，当营销手段严重妨碍了人们对金融产品进行理性选择时，这些手段就是不公平的，因而就具有欺骗性。

2. 欺骗性营销的典型表现

（1）虚假产品

近年来，涉及金融理财产品的投诉与争议频频曝光，投资者的投诉主要集中在误导性产品信息、信息披露不完整、投资资产去向模糊等方面。最典型的是在宣传中采取夸大收益、隐瞒风险等方式诱导客户。一些银行理财系统的内控过于松散、销售人员素质不高、产品宣传不恰当、代售与自营不分等问题也较为突出。例如，银行理财"飞单"的业务模式在私人银行以及财富管理业内叫"份额转让"，是一种比较常见的业务模式。一些客户在购买理财产品的产品说明书中也会看到合同允许到期前中途转让给他人，但有些"份额转让"产品中所包含的理财，并非银行自营或总行审批合规代销的理财产品，这就涉及了虚假营销。

2017年11月，轰动一时的银行理财"飞单"大案——民生银行航天桥支行16.5亿"假理财"案监管处罚落锤。涉案金额约16.5亿元，涉及客户约150余人，对民生银行罚款2750万，对民生银行航天桥支行原行长张某，给予取消终身的董事、高级管理人员任职资格，禁止终身从事银行业工作的行政处罚。

根据涉案投资人透露，他们在向民生银行航天桥支行理财经理购买理财产品时，营销人员告知，原投资人急于回款，所以愿意放弃利息，原本一年期年化4.2%的产品还有半年到期，相当于年化8.4%的回报。事实上，这些客户购买的根本不是民生银行理财产品。民生银行事后公开表示，根据民生银行初步掌握的线索，民生银行"假理财"案系张某通过控制他人账户作为资金归集账户，编造虚假投资理财产品和理财转让产品，其本人指使支行个别员工寻找目标客户，非法募集客户资金用于个人支配，有一部分用于投资房产、文物、珠宝等领域，所募集资金未进入民生银行账务体系。

（2）非法增信

所谓增信是指企业为减少融资成本而采取的信用增进措施。通过增信，信用等级较低的企业可以得到融资。但近年来，一些企业违规办理非法增信业务，给投资者带来损失，这种行为违背了营销伦理的诚实守信原则。2018年4月，华融资产管理公司山西省分公司未经有权审批对外办理增信业务，内部控制失效，风险控制措施未落实，导致风控措施悬空并出现风险。中国银监会山西监管局对华融资产管理公司山西省分公司责令改正，罚款70万元。

金融的核心是信用，利用投资者对知名金融机构特别是银行的消费信任关系，虚构合作关系或者伪造名人"背书"非法增信也很常见。例如，2016年3月，上海虹亿金融信息服务有限公司当事人利用其企业网站和经营场所，虚构"年放贷额超3亿元、年金融信息服务总量达5亿元、建立了350人的专业团队、成功控股内蒙白云岩矿（镁矿）有限公司、与上海浦东发展银行等众多银行机构签约了长期合作关系"等宣传内容。经查实：至案发时该企业成立仅8个月，期间的金融信息服务总量和放贷额总计不足千万，在职和办过聘用合同的工作人员仅15人，所谓"内蒙白云岩矿（镁矿）有限公司"的企业纯属虚构，与上海浦东发展银行等也无合作关系。当事人的行为构成非法增信，被依法处罚款19.5万元。

一些金融机构通过宣传与国企合作、挂牌区域股权市场、加入其他协会等打"擦边球"的方式进行另类"增信"，但其实所谓的合作往往根本不存在，有时只是在那里开了一个账户，这种宣传明显有夸大的宣传成分。这种非法增信很容易给行业带来新的问题，损害了投资者的利益，同时抬高了监管成本。

（3）隐瞒信息

在金融产品营销中，给予潜在客户和已有客户错误印象的介绍都是欺骗性的；没有把信息完全披露给潜在客户和已有客户的介绍都属于隐瞒信息，带有欺骗性；任何带有误导或者不确凿产品比较的介绍都带有欺骗性。即使这些隐瞒或欺骗不是有意的，但也会使消费者利益受到了损害。例如，把一个人的寿险保单形容成一个"避税方式"，却没有提到保费是不能从应税部分扣减的，退保的现金价值也要付税；推荐一种健康保险却不解释哪些是合同失效或保费增加的条件等。

3. 欺骗性营销的应对策略

（1）加大对金融营销主体的执法力度

政府要在信用评级、监管合规、风控等方面建立一整套完整的法律和监管体系，严格执法，对欺骗性营销的机构和个人形成威慑。此外，面对不断涌现的新金融模式，有关部门也要与时俱进，制定相关法律，让监管有法可依。

（2）加强金融机构道德自律

从金融机构的角度来看，遵循诚实守信和公平公正的原则，不仅是营销伦理的需要，对金融企业的长远发展也是有益的。同时，金融企业要强化内控，提高营销人员素质，分清代售与自营。还要强调道德自律，以构建良好的行业精神，通过自律从根源上解决代理冲突带来的欺诈风险。

（3）提高消费者甄别能力

在采取法律措施的同时，要做好对消费者的宣传教育及保护，要增强金融消费者的风险意识，提高消费者甄别虚假营销的能力，防止消费者受个别金融机构虚假营销的诱惑，购买虚假金融产品，造成财产损失。

## 二、不当广告

### 1. 不当广告的概念

广告是通过各种媒介直接向目标市场上的客户对象介绍和销售产品、提供服务的宣传活动。金融广告旨在巩固现有客户，吸引潜在客户，让客户意识到金融机构提供的某种产品或服务将有助于达到客户所期望的目标，例如，在什么地方存放资金最安全、如何通过贷款买一套新住宅、委托哪家证券公司投资证券等。

不当的金融营销广告通常通过模糊语言、隐瞒事实、夸大其词等方式，违背诚实守信的伦理原则，给消费者带来侵扰，通过诽谤等方式不正当竞争方式打击竞争对手，给社会造成恶劣影响。

在近年来我国发生的有影响力的非法金融案件中，非法金融广告在其中均起到了直接的作用。特别是通过互联网渠道发布金融广告的传播速度更加迅猛，但监管却存在很大难度。

### 2. 不当广告的典型形式

（1）不实广告

近年来，涉及金融理财产品的投诉与争议频频曝光，投资者的投诉主要集中在宣传广告具有误导性、信息披露片面不完整、风险揭示简单或有误导、投资资产去向模糊等方面。最典型的是在广告中采取夸大收益、隐瞒风险等方式诱导客户。有些金融产品的广告用上了"最高""国家级""最佳"等法律明令禁止的用语。例如，浙江瑞安农村商业银行东山支行曾经因发布的投资理财广告上，含有"以满足客户利息收益最大化""实现收益最大化"等内容，被瑞安市市场监管部门责令停止发布广告，以违反《广告法》相关规定为由处以罚款 203 000 元。

在金融领域，经纪人、保险代理人以及其他销售人员已经创造出一套使客户更迷惑的新话术或新词汇。同时，基金经理、保险代理人和客户经理等凭借知识优势，打出虚假营销广告，混淆视听，诱导消费者加入或购买相关金融产品。加之，随着科技进步和金融创新，很多金融产品直接嵌入互联网，碎片化、场景化、隐形于其他消费中，令人难以察觉。从营销伦理的角度看，金融产品销售人员有义务真实地向客户解释产品所有相关信息,并且要以通俗易懂和非误导性的方式。

(2) 侵扰广告

随着手机等移动互联终端的普及,网络广告已经成为现代营销媒体战略的一部分。网络广告受众广、成本低、交互性强、受众数量统计精确,但近年来有被滥用之势,例如手机、电脑端频繁跳出的"无抵押贷款"弹窗和条幅广告,让人不胜其扰。

垃圾邮件是侵扰广告的一个重要部分。垃圾邮件的泛滥不仅实质性地影响着个人和企业,也是对互联网营销的滥用,更是对互联网开放和自由精神的亵渎。从营销伦理的角度看,Email 营销的实质是许可营销,也就是企业在推广其产品或服务的时候,事先征得顾客的"许可"。

还有屡禁不绝的电话营销侵扰,大多推销银行贷款、售卖理财产品、承揽证券服务业务的扰民电话实际上是中介机构打着正规金融机构的名义推销,有的打着银行的旗号,但实际上很可能是与银行无关的机构。它们通常承诺可以为客户从任何一家银行贷到款,而且会比客户自行向银行贷款更容易更快,但是要收取贷款额度一定比例的手续费。这些骚扰电话具有操纵性、诱导性,违背了基本的自由交易的伦理原则,同时如果还用虚假信息引诱消费者上钩,更是违背了诚实守信的伦理原则。

相比之下,植入广告的侵扰性更隐蔽。广告主可以在一篇文章、一段音乐、一部影片之中插入某个信息,让消费者没有意识到这是个广告,或者潜移默化地接受该广告,在大多数情况下,这种行为被认为是可以接受的。但植入广告过于密集,也会引发反感和争议,有媒体就对某热播电视连续剧密集出现的多家互联网金融公司植入广告颇有微词。尤其是插广告播放过程中,虽然在屏幕上会出现"广告:市场有风险投资需谨慎、预期结算率不等于实际结算率、以实际收益为准、投资者承担相应风险"等风险提示字样,但标识并不明显,并不容易被消费者发现。○

(3) 诽谤及不正当比较广告

诽谤指用任何错误的、恶意或者贬损的批评和表达伤害他人的声誉、名望或者品质。不道德的金融营销人员或者利益相关者往往通过散布竞争代理人或金融机构财务状况的谣言来达到诽谤的目的。

---

○ 于凡. P2P 广告"攻占"《长安十二时辰》个中风险也需警惕 [N/OL]. 国际金融报,2019-07-13 [2020-04-03]. http://finance.sina.com.cn/roll/2019-07-13/doc-ihytcerm3458981.shtml.

一些金融机构在自己的广告或营销活动中，贬低其他金融机构的产品或服务，夸大自己，违反了公平竞争的基本伦理原则。2017 年 12 月，香港著名股评人胡孟青被耀才证券控告诽谤索赔。耀才证券指出，胡孟青在电台节目"开市直击"上声称当时耀才证券的网站未能正常运作，并暗示耀才证券的直接竞争对手"辉立证券"可提供更好的服务。媒体报道称，耀才证券与辉立证券是直接竞争对手，耀才证券认为胡孟青与辉立证券董事黄玮杰关系密切，才会有意图或鲁莽地发出未经求证的及虚假的消息。2018 年 8 月胡孟青登报道歉，承认自己批评耀才证券的言论属虚构⊖。

一些保险机构为了销售自己的保单，不顾保单持有人可能遭受的损失，极力通过广告影响、人员劝说，让保单持有人放弃原来的保单，这被称之为诱导转保行为。这种劝诱性广告争议已久，有人认为，由于广告的意图就是销售商品，因此所有的广告都具有诱导性。这种广告并不一定违法，但并不合伦理，因为它们会侵犯消费者自主选择的权利。同时，如果这种诱导性广告（如诱寻转保行为），采取不实告知，或者宣传的是不安全或不健康的产品和服务，就违背了营销伦理中的诚实守信原则。

（4）歧视性广告

歧视性广告是指在广告信息中表现出对某一群体的偏见或贬低。"年纪越大，越没人原谅你的穷"，这个由某理财公司联合 16 家基金公司共同推出的广告文案一面世就几乎获得了舆论的全面抵制，并被称之为"扎心文案"。该广告涉及典型的年龄歧视和对贫困群体的歧视，违反了营销伦理的用户至上、自由平等原则。尽管该公司迅速发出致歉声明并删除这一广告，但品牌和业务均受到一定影响。这也说明在金融营销中严守伦理原则的重要性。

3. 不当广告滥用的应对策略

基于对消费者权益的保护，以及对广告市场规范性的维护，我国的《广告法》《消费者权益保护法》《证券法》《证券投资基金销售管理办法》《商业银行理财业务监督管理办法》等法律法规都对金融领域广告的规范提出了要求，在法律的执行上也取得了一定效果。例如自 2016 年 4 月国家 17 个部委联合发布《开展互联网金融广告及以投资理财名义从事金融活动风险专项整治工作实施方案》以来，非法金融广告整治行动取得初步成效。事后对非法金融广告的打击处罚固然重要，更重要的是金融广告发布前的事前审查制度和自律管理制度。

---

⊖ 大公网. 耀才证券控告胡孟青诽谤［EB/OL］.（2017-12-06）［2019-08-29］. http：//www.takungpao.com.hk/hongkong/text/2017/1206/130924.html.

（1）完善金融广告事前审查的相关法律法规

随着经济社会的迅速发展，广告的形式也在发生巨大的变化，一些传统法律已经不能适应现行社会发展，金融广告行业亟需专门的法律法规。例如，为了解决垃圾邮件广告泛滥现象，美国于2003年出台了《反垃圾邮件法》，及时进行了专门立法。针对我国现行金融广告法律现状，也需要制定专门的金融广告监管的法律，明确有关金融广告的专有名词含义、禁止性内容等相关内容，建立起责任处罚机制，针对金融领域的相关人员的责任承担进行差异化规定；此外，还需在专门的法律法规下，制定金融广告的事前审查制度。

（2）鼓励成立金融广告行业自律组织

发达国家十分重视发挥广告自律组织的自我约束作用，有些国家甚至以广告自律组织自我管理为主要监督管理手段。虽然我国已经建立了互联网金融专业委员会，负责引导和规范网络金融市场中的各种行为，并起到了一定的作用，但整体而言，由于协会中市场自律规范还不够完善，导致其监管作用尚未充分发挥。因此，要鼓励金融机构联合成立金融广告行业自律组织，增加广告事前审查的人力资源，扩大广告监测的覆盖面。

（3）通过风险分配规则实现产品信息的充分披露

金融机构及其销售人员在广告或人员营销中应向购买者充分、真实地披露产品所蕴含的风险。为激励销售机构人员积极披露信息，需要从法律上明确：如果销售人员向金融消费者披露了相关风险和信息，则基于这些风险所产生的损失由金融消费者自担；相反，如果销售人员故意隐瞒应该披露的风险信息，则由此造成的风险由金融机构及其销售人员承担。这将客观上有利于解决金融机构和金融消费者信息不对称的问题，实现信息平等基础上的自由选择，保障金融产品营销中的自由交易伦理原则。

（4）开展营销伦理宣传教育

在采取法律措施的同时，要做好广告商、金融机构的营销伦理教育，让诚实守信的营销伦理准则成为金融业广告的基本遵循。同时，要做好对消费者的宣传教育及保护，一方面要增强金融消费者的风险意识，使之明确监管保护并非万能，另一方面，提高消费者自我评估的能力，防止消费者禁受不住个别金融机构广告的误导与利诱，涉足明显超出自身风险承受能力的金融产品市场。

## 三、掠夺性放贷

1. 掠夺性放贷的概念

在美国次贷危机产生之前，掠夺性放贷（Predatory Lending，也有学者译为

"猎杀放贷")对中国而言仍是一个相对陌生的词汇。次贷危机发生后,其造成的金融海啸极其惊人的破坏力引起人们的反思和讨论。近年来,在中国消费主义思潮和互联网技术被滥用的影响之下,针对大学生群体的"校园贷"等以无固定收入人群或弱势群体为直接对象的信贷问题层出不穷,掠夺性放贷问题也逐渐成为我们关注和讨论的对象。

掠夺性放贷至今在定义上仍存在争议。不少学者使用列举的方法界定掠夺性贷款,将其描述为"通常以不了解信贷市场、信用记录较低的弱势群体为对象并导致他们严重的个人损失,包括陷入破产、贫困和住房的赎回权被取消的一系列放贷行为"⊖。也有学者认为掠夺性放贷包括专门针对某一种族放贷、以不必要的家居装修为由放贷、放贷时附加高额费用、诱导借款人去借更高成本的贷款、诱导借款人去借超过自身偿还能力的贷款进而导致丧失抵押物赎回权等。

从动机来看,掠夺性放贷并非都是放贷者恶意为之的结果,有时善意的政策也往往会结出恶果。美国的次贷危机正是在小布什政府"居者有其屋"计划的推动下,将次级抵押贷款发放给了最没有风险承受能力的人,才造成了严重的后果,引发金融危机。

无论是一一列举,抑或总结基本特征,掠夺性放贷的本质体现为其"掠夺性",即把借款人的合法利益转移到贷款人手中。

2. 掠夺性放贷的特征

上述这种列举很难真正做到毫无疏漏,因此也有学者通过对比一系列放贷行为,总结了掠夺性放贷存在的五个基本特征⊖。当放贷行为体现出其中一个或多个特征时,这种放贷行为就有明显的"掠夺性"。

(1) 贷款条款导致借款人严重不合理的净损失,例如"按资产放贷"导致借款人遭受破产和失去抵押的住房。

(2) 贷款人寻求不正当的收益,包括收取较高的利息和费用。

(3) 放贷行为中涉及欺诈、欺骗。欺诈既包括对借款人的欺诈,也包括对资金提供者的欺诈,如二级市场贷款的购买方、联邦贷款保证人等。

(4) 放贷行为缺少透明度,但在法律上又不确认为欺诈,如放贷行为涉及对某些法律要求提供内容的误导性疏漏。

(5) 放贷人要求借款人在贷款合同中放弃重要的司法救济手段,如合同条

---

⊖ ENGEL K C, MCCOY P A. A tale of three markets: The law and economics of predatory lending [J]. Texas Law Review, 2001, 80: 1255.

款中包含绝对强制的仲裁条款等。

3. 掠夺性放贷的典型形式

随着各类放贷组织的大量出现，在信贷市场中，有的放贷主体为了逐利，违背服务实体经济的宗旨，披着"创新"外衣搞金融创新，由此出现一系列有失公平或带有欺骗性的贷款行为：发放大量超越借款人还款能力的贷款；部分贷款产品收费过高，信息不透明；将有失公平或带有欺骗性的放贷行为隐藏在专业合同条款中，消费者无法理解条文而导致正当权益受损。在发薪日贷款市场，尽管借款人所受损失大部分不是失去房产，但因连续贷款而产生的高额费用，也很有可能耗尽财务脆弱家庭的财富，进而给社会带来不稳定因素。

（1）校园贷

所谓"校园贷"是指在校学生向各类借贷平台举债的行为，包括一些以在校大学生为对象的分期购物平台，同时也提供较低额度的现金贷款服务，以及一些P2P贷款平台，为在校大学生提供助学贷款、创业资金贷款服务，此外还有传统电商平台提供的信贷服务。

早在2005年，早期的校园贷就已经出现在大学校园，只不过当时并不是以P2P、各类平台提供的模式经营，而是银行通过发放大学生信用卡提供信贷的形式。我国在校大学生接近3 000万人，随着消费主义盛行和网络借贷便捷的刺激，这方面需求十分旺盛，一度有大量的电商企业、消费金融公司和P2P平台等进入校园贷领域。

2016年4月，教育部与银监会联合发布了《关于加强校园不良网络借贷风险防范和教育引导工作的通知》，明确要求各高校建立校园不良网络借贷日常监测机制和实时预警机制，同时，建立校园不良网络借贷应对处置机制。2017年4月，银监会发布《关于银行业风险防控工作的指导意见》，要求重点做好校园网贷的清理整顿工作。5月，教育部会同银监会、人社部共同下发《关于进一步加强校园贷规范管理工作的通知》，要求一律暂停网贷机构开展在校大学生网贷业务。

一些借贷平台提供的"校园贷"服务受争议的原因在于其申请门槛过低、限制条件过少，收取的利息费用却可能偏高。如果放贷人信息披露不全面或风险提示不足，加上借款人无固定收入来源，自身的自控能力和金融风险意识缺乏，无妥善的财务规划、管理、投资能力，因此在诸多诱惑下，借款人很可能忽视部分贷款产品背后的高额利息带来的金融风险，对远超自己消费能力的商品进行放纵消费，最终深陷债务危机。与之相伴随的是利率过高、野蛮催收、滥用个人信息等问题。尤其是催贷公司用暴力或准暴力等手段带来一系列影响恶劣的后果,例如 2017 年在山东发生的大学生被催贷致死事件⊖。一些平台认定他们的父母会替孩子还款,所以哪怕学生没有收入来源也要继续做,这种行为突破了伦理的底线。

与此同时,也要警惕消费至上等消费主义思潮带来的不良影响,倡导大学生理性消费。理性消费是消费行为中的底线伦理⊜,也是国人需要逐渐养成的消费道德要求。

(2) 发薪日贷款的争议

发薪日贷款,即放贷人折价购买客户的支票。在一个典型的发薪日借贷交易中,客户开出一张支票给放贷人,后者同意持有支票一段时间,通常不到两周,并收取一定的费用。例如,一笔 3 000 元发薪日贷款,客户开出一张 3 500 元的支票,拿到手的是 3 000 元的现金,相当于放贷人折价购买了客户的支票。

发薪日贷款机构的经营模式并不复杂,客户主要是无法获得金融服务的中低收入者或因其他原因被主流银行忽视的人。对于这部分不能获得主流银行服务的人而言,发薪日贷款无疑更具便利性,他们很容易就能申请到一笔发薪日贷款,一般只需要提供家庭住址、支票账户、驾照、社会保险号、工资单存根、发薪日,交易过程甚至不超过一个小时。也正因此,发薪日贷款发展迅速,很快拥有了广大客户,并被赞誉为改善中低收入家庭的生活环境的"英雄"。

陈志武教授举过一个发薪日贷款的例子⊜,一位名叫斯密的年轻人拦路抢劫被抓,供认说:"我有一份工作,但要到月底才发工资。可是我这个月 18 号就没钱了,还有 12 天怎么过呢?跟朋友借钱借不到,又没有银行愿意给我贷款,我靠什么活下去呢?只好去抢了!"陈志武认为发薪日贷款可以作为"过桥贷款",让像斯密一样的人度过青黄不接的日子,让他不必去抢劫,可以继续做好人。

但也有人认为发薪日贷款具有"掠夺性",属于高利贷。发薪日贷款信息不透明,不会向借款人公布贷款需要还款总数额、期限、延期条件、追加贷款及消费者能否及时还款等信息,使得用户难以判断性价比最高的产品。如果客户不能及时还款,发薪日贷款经常滚动至下一期,尤其是在网上发薪日贷款中,网上贷款通常会被设定为自动展期,除非客户在贷款到期日来临之前联系放贷人取消,以说明其想按时全额还款。此时,客户必须再支付一次原来的费用。

---

⊖ 周小川. 信息科技与金融政策的相互作用 [J]. 中国金融, 2019, (15). 9-15
⊜ 陆爱勇. 裸贷:基于大学生消费伦理观的视角 [J]. 科教导刊 (下旬), 2017 (11):15-16.
⊜ 陈志武. 陈志武金融通识课 [M]. 长沙:湖南文艺出版社, 2018:80.

如此下去，客户不得不在一年内多次支付费用，短期贷款往往长期化，最终导致客户债台高筑。

鉴于发薪日贷款的掠夺性，美国50个州中有15个州法律禁止，很多社区也自己立规禁止这种贷款业务。即便是允许的州，也出台了相应的规范，例如要求给予消费者相对较低的贷款费率和较长的还款期限等。

 扩展阅读

### 金融道义的曲折路径

"美国梦"在物质层面的落实主要是住房，实现居者有其屋。但非洲裔、西班牙裔和低收入的人群和他们聚居的社区在传统的保守的信贷机构那里是不受待见的，因为收入低，违约率高，这些最需要帮助、最需要家的温暖和庇护的人是比较难申请到银行的按揭贷款。要实现美国梦，"大庇天下寒士"的至善目标和冰冷现实中低收入阶层手中现金不足是个棘手的矛盾。

美国金融政策的制定者和华尔街的金融家担负起行善的义举，着手解决这个难题。

首先，金融监管当局对于保护金融消费者的法规作了有倾向性的解读。《社区再投资法案》本来是为了保护消费者避免"掠夺式贷款"（变相的高利率和不公正的贷款条款）的侵害，但在执行中，次级贷款的放贷者得到了政策的支持，因为只有次贷机构才愿意为低收入阶层放贷款。金融监管者对次贷的发展提供了支持，在他们看来次贷是助力美国梦，实现更大的至善的有益力量；他们甚至在内心是同情次贷的放款机构的，觉得次贷放款机构承担了大的信用风险，变相补贴了低收入的借贷者。所以，当监管当局发现次贷中骗贷比较普遍的问题时（弱势的消费者在骗强势的机构），他们保持了相对宽容的态度。

其次，放贷机构在不情愿地为低收入阶层放贷中发现，原来次贷比优质贷款更赚钱，尤其在房地产价格上涨、利率下行和资产证券化大行其道后，连信用风险也被轻易转嫁了（这就形成一个欺骗链：弱势的消费者骗放次贷的机构，次贷机构骗下游的贷款买家和最终的证券化产品的投资人）。有了利益驱动、监管的宽容和道义的加持，次贷蓬勃发展。低收入者的美国梦似乎指日可待。

最后，大家都知道金融危机又被称作了"次贷危机"，低收入者在危机中失去的可能要远远大于次贷带给他们的好处。拔苗助长式的政策尽管一开始是瞄准至善的目标，但现实像曲面镜，政策在运行中到达了相反的方向。追求至善的人为措施导致了危机爆发的至恶结果。

（来源：财新网"道德高地上的灰犀牛：信用风险的伦理观察"）

4. 掠夺性放贷的应对策略

掠夺性贷款及贷款证券化的立法缺陷曾经使得美国贷款市场由高峰瞬间跌入低谷，甚至成为引发次贷危机的重要原因，因而美国在此之后立法对于掠夺性放贷（主要是次级房贷市场）的监管更为全面。借鉴参考美国反掠夺性贷款的经验对于我国建设良好、有序的信贷市场很有启示[一]。

（1）明确界定掠夺性放贷行为

美国反掠夺性贷款法的实施之所以取得较好成果，原因在于该法明确定义了掠夺性贷款的边界，覆盖了大多数的掠夺性贷款行为，使放贷组织难以通过所谓的"金融创新"规避法律。我国在对掠夺性放贷的行为界定上，也应该特别注意：贷款的重要条款是否对借款人有所隐瞒，是否诱使借款人重复通过不必要的新贷款重新融资，以收取额外费用；放贷者是否不根据借款人的还款能力，而是根据抵押物的价值来判断其信誉。

（2）提高信贷交易市场信息的透明度

美国研究掠夺性放贷问题的学者在思考立法缺陷时，曾提出应在次贷市场中借鉴联邦证券法上的"适当性原则"，即销售人员应该只建议客户购买适合的金融产品。根据这项义务，销售人员在推荐金融产品时就应首先考虑客户的偏好和个人风险承受能力。[二]在信息披露方面，可以借鉴美国要求的内容，由放贷人通过专门的披露文件或在贷款合同中向借款人披露贷款中的关键信息，并向借款人提示贷款中的重大风险。

（3）完善遏制掠夺性放贷的执行和救济手段

在反掠夺性贷款法的执行机制上，美国联邦及部分州采取强制仲裁、司法起诉等方式处理掠夺性贷款所涉借款双方的纠纷，遏制放贷组织和中介机构在信贷交易中心从事有损借款人权益的行为。我国在加强金融消费权益保护领域社会组织建设基础上，要完善第三方调解、仲裁和诉讼等其他手段为辅的多元化金融纠纷处理机制，畅通投诉受理和处理渠道。

### 【复习题】

1. 以下哪种情景没有违反营销伦理中的诚实守信原则（　　）。

A. "痛心！四川大凉山眼看大雪封山，50万斤脆甜丑苹果抢收不及，求你帮老人孩子渡过难关！"一则营销文字流传网络，但该文被当地政府辟谣为内容

---

[一] 宗晓. 美国掠夺性贷款法律规制的再反思[J]. 金融法苑，2012（2）：219-232.

[二] MUNDHEIM R H. Professional responsibilities of broker-dealers: the suitability doctrine [J]. Duke Law Journal, 1965, 445-480.

不实

B. 某甜品商家在包装上印"Light Classic"字样，大多消费者以为"Light"指低热量，但经检测，该产品和其他甜点所含热量相同，商家称"Light"是指口感清淡

C. 某天然气热水器商家在销售时承诺180天退换，但当消费者要求退换时，商家不予退换

D. 某家居厂家生产的橱柜被曝光有安全隐患后，在全球范围紧急召回所有已售产品

2. 以下关于掠夺性放贷的说法错误的是（　　）。

A. 许多掠夺性放贷行为可能涉及欺诈

B. 放贷人要求借款人在贷款合同中放弃重要的司法救济手段是其重要特征之一

C. 由于借款人已签字同意，所以如果还不起，带来损失是"自作自受"

D. 不仅要通过完善法律，还应在伦理上增强放贷者自律和社会治理

# 第七章

## 投资伦理

**【本章要点】**

1. 了解投资伦理的重要性；
2. 掌握投资伦理的原则；
3. 熟悉投资中的伦理问题；
4. 了解社会责任投资和环境、社会与公司治理投资的主要标准；
5. 熟悉绿色金融的主要产品类型。

**【导入案例】**

### 基金排名砸盘战

"组团进驻"是基金快速提升净值的一条捷径。基金公司旗下的几只基金都持有一只股票的情况越来越普遍。由于持股数量大，采取内部协调的方法，可以集中筹码，控制股价，对稳定基金的排名有利。

在基金净值考核日之后，为了降低来年建仓成本，一些基金公司大量抛售股票，有些是竞争对手的持股品种（砸对手的盘），有些甚至是自己持有的股票品种（砸自己的盘），这样不仅可以导致对手净值下跌，还可以拉低大盘的估值重心，从而在更低价位拿到更多的筹码。

基金相互砸对手盘的初始动机是为了通过抛售对方持有的重仓股以打压对方的排名位次。这种做法尤其在市场持续低迷时，很快就能看到效果。在基金排名战中，随着行情的低迷，基金越来越多地使用砸盘武器。

砸盘行为不仅限于发生在基金机构之间，由于排名会极大影响到基金经理的个人收益，所以为争夺"明星基金经理"，不择手段地相互砸盘时有发生。

（来源：根据公开资料综合整理）

案例讨论分析：
1. 你认为引例中暴露出问题的利益相关方有哪些？
2. 这个问题违反了什么伦理原则？
3. 这个问题需要怎样解决？

投资活动是人类现代经济生活中重要的行为，投资主体的目标是实现利益最大化，同时也要考虑自身行为对他人、对市场、对社会是否也具有正的外部性，能否在提升个体福利的同时提升市场福利或社会福利，且不影响他人的自由和权利。

投资活动中存在道德和利益的冲突，以及涉及伦理决策的投资，都会对主要利益相关者产生影响。近年来，有伦理目标的投资或者说伦理投资、绿色投资渐热。投资伦理指的是符合社会责任标准的投资，即在选择投资的企业时不仅关注其财务、业绩方面的表现，同时也要关注该投资标的是否符合既定的伦理原则、伦理目标，在传统的选股模式上增加了企业环境保护、社会道德以及公共利益等方面的考量，是一种更全面的考察企业的投资方式。社会责任投资者同时还可以用他们企业股东的身份，通过积极的股东行动，促使企业良好社会责任的履行。相对于英国、美国等社会责任投资较为成熟的国家，我国企业社会责任的开展在各方面都还处于初级甚至是尚未起步的阶段，要形成一个完整而有机的伦理投资体系，仍有很长一段路要走，需要各方面的推动和努力。

金融投资活动涉及的利益相关者包括：金融投资机构、从业人员、社区、政府等，第一节按照此分析框架介绍金融投资主体与利益相关者的伦理关系和准则。随着伦理投资理念、可持续投资的理念逐渐为人接受，其内涵也不断发展变化，从个体行为演变为有组织的、规范的社会普遍行为。第二节主要讲述有伦理目标的投资，涵盖了社会责任投资、ESG投资、绿色金融，以及具体投资方法。

## 第一节 投资的伦理问题

### 一、投资伦理的概念和原则

1. 投资伦理的概念

伦理学研究的基本问题是道德和利益的关系问题，换言之，即人们如何平衡"义"与"利"的关系。投资伦理所涉及的个体既包括个人投资者，也包括投资机构。投资活动以盈利为主要目的，但也需要遵循人类社会的基本道德要求。只有市场主体都以这样的准则在市场行动，市场才能逐渐健康。

金融投资活动中，市场主体都为实现自身利益最大化而进行各种活动，具有明显的"经济人"特征，同时，逐利活动又不可避免地要承担社会责任，应该承担作为利益关系方相应的伦理责任，践行伦理准则，维护金融投资活动的健康开展，其中最主要的是诚信准则和公平准则。在追求自身利益的同时，投资也需要考虑社会（或社区）的整体利益。

投资伦理指的是金融投资机构[一]及其从业人员必须遵循的道德规范与行为方式，是作为主体的金融投资机构、金融投资从业人员和金融投资市场所应遵循的行为规范与道德准则。我们通过研究投资中的道德现象，了解个人和机构应当遵循什么样的行为规范，履行什么样的义务。

在投资活动中，应该重点加强对投资机构和从业人员的监管，保证信息透明与信息对称，保障各方参与者利益诉求渠道的畅通，完善合理的利益分配机制、利益调节机制与利益补偿机制。从金融投资机构层面来看，应坚守正确的价值理念，自觉承担应有的社会责任。金融投资机构要牢牢把握围绕服务实体经济这一基本理念开展业务，创新服务方式，帮助实体经济培育新的增长点，促进经济结构的合理调整，确保最大多数社会成员共享经济社会发展成果。

2. 投资伦理的原则

（1）诚信原则

诚信原则是金融投资活动的基础，是现代金融产生和发展的前提。诚信的基础是信用，互信是前提，能够有效降低投资成本，提高投资效率。有国外学者指出，金融契约人的道德规范都是基于市场对伦理行为的激励，通过市场手段使金融交易的不道德行为或违背伦理的机构和个人付出巨大的代价。

理论上，金融契约人会在强大的市场外在驱动力作用下，产生更加强烈的善性道德自觉行为。当然，在强调市场激励作用的同时，不能过于依赖奖励，还应该通过行业自律组织，制定合理的行业规范程序，对业内人员的规范执行情况进行检查和监督，并对违规行为加以惩罚，使恶的道德行为得到抑制。

投资活动如何保持交易双方的诚信？这里至少存在两个值得讨论的重要问题，即信息不完全和诚信的标准。投融资双方信息不对等是投资活动中难以避免的现象，信息是否及时完全披露，对于投资行为的发生和投资活动的结果具有重大影响。需要制定出行业公认的信息披露标准，在这个基础上，才能讨论投融资双方是否达到了诚信的伦理标准。

---

[一] 机构性投资包括政策性投资和商业投资等，此处专指商业性机构投资。

(2) 公平原则

公平原则是投资活动各参与方公正平等履行权利与义务的准则与行为方式，是金融投资活动健康发展的内在要求。投资活动中时有发生种种不公平现象：欺诈与操纵、不对称信息、不平等的谈判力量以及无效定价，这些使个人投资者和社会成员在金融市场运作中处于不公平的待遇。

在各种金融契约关系中也存在因为委托与代理产生的各种不公平的交易，金融交易中经纪人应按相关的规则履行他对客户应尽的义务，而不能利用其专门的金融知识或信息为了自己的私利进行工作，以避免各种利益冲突。否则，对于委托人或被代理人来说，是不公平的。经纪人在委托或代理活动中的机会主义行为无疑增加了诸多的交易成本，影响了金融市场的效率，也增加了金融活动中的伦理风险。

对于公平原则而言，金融投资活动中的公平也是相对的。在投资活动中，存在各种悖论，例如，有些投资在形式上看是公平的，但实质上不公平；由于制定规则本身不公平，所以规则可能只是形式上是公平的；参与主体本身的身份地位导致的不公平；投资主体为了实现自身目的而进行的不公平的投资等。

(3) 公序良俗

除了这两大普适的伦理原则之外，还有一些准则来自不同的社会文化背景。社会伦理通过文化濡化和文化演进过程而变成一个社群或社会内部成员的共同知识，成为整个群体的共识和社会文化与价值观念。例如，伊斯兰文化反对囤积居奇和高利贷，中国文化也排斥损人利己，强调互利守信，合作共赢。这些也是投资者应该遵循符合社会公序良俗的伦理准则。相对于诚信与公平而言，有社会文化和传统确定的伦理准则具有更丰富的外延。

社会公序良俗方面的一些伦理规则，例如不过度投机、不投资有可能冲击道德观念的领域、不追求过高收益等，其中有些伦理标准并没有统一的规范，而且由于投资活动的多元化、复杂性，也给投资者在投资活动中的把握带来了困惑或风险。

相对于笼统定义的伦理准则而言，由于投资活动具有创新和发展迅速的特点，引发了人们对于具体投资行为是否符合伦理准则的疑惑。面对这些现实中不断涌现的伦理问题，我们也许只能基于秉持原则的角度，对每种现象进行具体的分析。

## 二、投资中的伦理问题及治理

1. 证券投资基金的非道德行为

证券投资基金是由基金管理人管理，以资产组合方式进行证券投资的一种主要形式。在欧美，一般称作"共同基金"或"互助基金"，而且主要是公开方式募集资金、发售基金份额。在中国，证券投资基金按照募集范围和方式，分为私募投资基金和公募投资基金，都需要基金管理人恪尽职守，以投资者的利益为中心，信守信托责任，为投资者争取最大的投资收益。

证券投资基金根据投资风格和投资策略的不同，可以分为一般证券投资基金、对冲基金等，这些基金根据投资标的不同，还可以细分。一般证券投资基金通常做法是基金管理机构只收取基金投资总额的一定比例作为管理费。而对冲基金则除了管理费这项基本收入之外，往往根据投资业绩确定与客户分享较高比例的超额收益。因此，由于激励机制上的差别，基金经理在操作中可能会表现出不同的行为方式。

证券投资基金的投资活动涉及的主要利益相关方包括基金投资者、基金管理机构、基金投资经理、为基金投资提供交易服务的券商、托管人，以及基金同业、监管机构等。基金经理群体和投资人群体是证券投资基金中容易发展直接利益冲突的两个群体，由于基金经理代表基金管理机构负责具体投资操作，因此产生了同业竞争，以及自身及相关服务结构接受监管的问题。

（1）"粉饰橱窗"

1）"粉饰橱窗"概念及主要形式。"粉饰橱窗"的做法最早源于欧美"圣诞节"，商家为迎接盛大节日，特意整理和修饰橱窗和展示品。在基金投资管理行业，学者发现每年12月股市往往以上升为多，而且基金经理在季度、半年甚至月底会出现倾向性明显的投资活动。"粉饰橱窗"行为主要是指在某些时点，基金管理方为了让其管理的投资组合表现更好，而特意进行一些可能对投资人产生不良影响的投资操作。

在"结账日"前拉高重仓股票以提升账面价值的做法由来已久，原因是账面上的漂亮业绩对于基金公司和基金经理而言意义重大。投资者越来越重视通过基金报告的投资组合业绩，判断基金在股票选择和选择投资时机方面的能力⊖。所以，基金经理通过期末调整投资组合，可能误导投资者作出有利于自己的有误判断。

投资基金"粉饰橱窗"的做法大致包括以下三点。⊖

---

⊖ MEIER I, SCHAUMBURG E. Do funds window dress? Evidence for U. S. mutual funds [R]. Evanston：Kellogg School of Management，2006.

⊖ 麦传球. 马来西亚橱窗粉饰或起死回"升". [EB/OL]. (2018-07-05) [2019-08-29]. https：//klse. i3investor. com/blogs/investment_advisory_mai/164126. jsp.

一是基金经理会出售亏损较大的股票,而买入最近几个月表现良好的公司股票取而代之,然后将这些股票作为基金持股来进行业绩报告。

这种做法不仅使基金经理在发送给主要客户的报告上看来更聪明,而且使得基金业绩对新客户显得更具吸引力。

二是对现有股票扶盘,以达到改善基金在年度或季度末业绩的表现。

三是基金管理人员投资某一些股票与基金公布的投资政策明显不同,这种形式不那么普遍,但更具有欺诈性。

国内有研究发现,我国基金市场确实存在显著的季末橱窗粉饰现象,且基金经理学历、工作经验、任职时间、基金历史业绩以及赎回压力这些因素对橱窗粉饰的程度影响显著;同时对基金重仓股的检验发现,拥有越高的股票持股比例的基金,季末橱窗粉饰程度越大。⊖这些发现表明一些基金管理者因为自身动机而操纵所持股票季末价格。

2)"粉饰橱窗"的危害。"粉饰橱窗"无法根本改变市场大趋势,只是增加了市场噪声和波动,也在一定程度上造成或者加剧了市场价格扭曲,损害了其他投资者的正当权益。

在 A 股市场,有一些"粉饰橱窗"的做法似乎更具危害性,甚至有操纵市场的嫌疑。每到年底,公募基金排名战便准时打响,一些基金不是为赢利,而是为排名进行操作。基金重仓股出现明显波动。基金管理机构和基金经理为排名而粉饰业绩的动机,并不是真正为了广大投资者的利益,而是为了机构来年能有更好的宣传噱头,卖出更多的基金产品,更何况基金排名直接影响到基金经理的年终奖金。

其中,砸盘是一种攻击对手为己方牟利的手段,"抬轿"是迅速拉升参战基金的重仓股,进而提高净值及名次的手段,大型基金公司由于团队力量强大,往往"轿子"也抬得更快更好。

为争取排行榜的较好名次,同一公司管理不同子基金的基金经理也可能私下联手,互相抬轿和接盘。有些基金公司则协调旗下各子基金,通过抬轿,打造所谓的"明星基金"。操作手法一般是让"明星基金"先悄悄建仓,然后其他基金再先后买入其持仓的股票品种,拉升股价,在股价达到一定高度之后,让明星基金先获利出局。这种做法后来被推广到同门的各子基金之间进行互相轮流抬轿。基金通过互相抬轿,突出了某一两只基金产品在特定时间的优异业绩,

---

⊖ 李志生,陈欣. 管理者动机、代理成本与基金的季末窗饰行为[EB/OL]. (2012-05-31) [2019-08-29] http://finance.zuel.edu.cn/2012/0514/c1093a16461/page.htm.

为后续发行新产品做广告,以募集更多资金。

无论是"砸盘"还是"抬轿"行为,都涉嫌市场操纵。不但为部分投资者带来直接损失,也违背了基金作为受托人和代理人,以投资者利益为优先的伦理准则。根据现行的《基金管理公司投资管理人员管理指导意见》,投资管理人员不得为了基金业绩排名等实施拉抬尾市、打压股价等损害证券市场秩序的行为,或者进行其他违反规定的操作。而《证券法》第七十七条规定,禁止任何人"单独或者通过合谋,集中资金优势、持股优势或者利用信息优势联合或者连续买卖,操纵证券交易价格或者证券交易量"。因此,基金"砸盘"的做法,不仅违规而且违法,是要坚决予以禁止的。另一方面,抱团相互"抬轿"带来的结局也有可能是"一损俱损"。如果拉抬的股票基本面并不值得投资,相关投资最终将遭受损失,损害跟随基金投资的中小投资者利益。

3)"粉饰橱窗"的原因及治理。投资基金"粉饰橱窗"行为的主要原因是业绩排名和考核造成的,也有一些是来自外部压力。根据"竞赛理论",相对业绩排名能够激励代理人更加努力工作[1],但也会导致代理人为了提高业绩排名而采取过度冒险的行为[2]。

一些基金公司漠视基金持有人(投资者)的利益,"粉饰橱窗"的目的终究是为了扩大资金的规模和管理费收入,这与现行"旱涝保收"的基金管理费模式密切相关。由于无论净值是增长还是下降,基金都按固定的费率提取管理费,即使公募基金巨亏仍然能够获得管理费收入,凸显出基金业现行管理费提取模式的不公平。基金管理费应该改革,将提取的管理费与基金投资业绩挂钩。

基金排名的做法也值得商榷。基金排名在国外成熟市场也许只不过是一种单纯的商业行为,根据众多实证研究结果,基金排名并不能给投资者选择基金提供有价值的信息。基金排名背后的业绩往往会出现"一年好,一年差"的波动性。基金排名榜让投资者误以为排名居前的就是好基金,这可能会误导投资者选择错误的判断标准。而监管机构根据排名而给新基金审批加分,多获批一个新基金份额就等于多增加一份计提管理费的权利,客观上也诱使基金公司积极"粉饰橱窗",而他们的行为没有成为"市场稳定器"。放任基金公司展开基

---

[1] LAZEAR E P, ROSEN S, Rank-order tournaments as optimal labor contracts [J]. Journal of Political Economy, 1981 (89): 841-864.

[2] HVIDE H K, Tournament Rewards and Risk Taking [J]. Journal of Political Economy, 2002 (4): 877-898. TAYLOR J, Risk-taking Behavior in Mutual Fund Tournaments [J]. Journal of Economic Behavior & Organization, 2003 (50): 373-383.

金排名战,不仅损害了投资基金专家理财的形象,更损害了广大投资者的利益。

基金公司服务的投资群体越来越大。面对不同类型、不同客户资金来源的投资组合,基金管理公司能否公平对待,如何杜绝基金"砸盘""抬轿子""接盘"等行为,管理层也做了不少努力。中国证监会《证券投资基金管理公司公平交易制度指导意见(修订稿)》明确了不同组合同向交易价差的控制标准和目标。某一时期内,同一公司管理的所有投资组合买卖相同证券的整体价差应趋于零。基金管理公司应严格控制不同投资组合之间的同日反向交易,严格禁止可能导致不公平交易和利益输送的同日反向交易。

(2) 利益输送

利益输送是投资活动中的一种不公平现象,例如企业向大股东进行利益输送,利用其拥有的绝对股权或控股地位,采取一些不合法的手段,转移上市公司资产或利润,甚至掏空上市公司的行为。[注]

我国法律对"利益输送"并没有明确的界定,现实中有很多表现形式,如部分内部人利用信息让相关人员获利,基金公司旗下基金相互之间的利益输送,上市公司假重组之名帮助限售解禁股高位套现,上市企业利用经营或财务手段引发股价波动或经营业绩变化,使得某些人或其他公司盈利等,这些不公平与利益输送的行为,无疑损害了投资者的利益,有违投资伦理准则。

与投资基金相关的利益输送行为很多,其中危害大且投资者反响强烈的是,基金借助信息和资金优势通过操纵市场为机构甚至个人牟取不正当利益。

例如,基金公司在券商股东席位频繁交易,创造佣金收入向券商股东输送利益;基金公司利用管理的公募基金产品向其他基金组合利益输送。基金管理公司与代销银行、托管银行,公募基金与各类型私募基金、上市公司之间不同形式的利益输送事件也时有发生。

例如,某基金高管安排专户(大客户及其利益者)资金提前买入某股,稍后指示基金经理用公募资金(散户的钱)大举拉抬该股票,待股价拉至高点,利用管理基金账户,在盘中大幅往上扫高,把大客户抛售的该股接走,使得大客户兑现收益。

还有媒体总结出利用四个阶段在债市上实现利益输送。第一阶段,简单通过设立丙类户及债券交易结算的不对等利益输送;第二阶段,设立丙类户,但

---

[注] Johnson, La Aorta, Lopde Shames 和 Shleifer (JLLS) 在 2000 年提出"利益输送",原意是指转移资产行为,企业控制者从企业转移资产和利润到自己手中的各种合法和非法行为,通常会损害中小股东的利益。

通过代持、过桥等手段匿藏交易对手，进行利益输送。第三阶段，设立分级产品，通过认购劣后级产品实现超额利益。第四阶段，大资金方的利益输送，即通过设立私募产品来最后接利。㊀

在 2015 年股灾中发生的一个舆论反响强烈的事件，是投资机构在"救市"过程中，通过旗下基金平台购买和拉抬自己基金的重仓股，甚至拉抬股价并接盘某些私募的重仓股，涉嫌利益输送。

除了上面这种以牺牲中小投资者利益而将利益输送给特定第三者的做法，还有更恶劣的情形，例如，相关基金经理或负责人私下接受委托，为了得到好处，操作公募基金在高位接盘被炒高的个股，导致基金投资者利益受损。

利益输送由于方式很多，在法律上定性较难，存在灰色区域，而且很难通过法律手段进行惩处。2011 年 8 月，修订后《证券投资基金管理公司公平交易制度指导意见》由中国证监会正式发布。该《意见》规范了基金不同投资组合的同日反向交易行为，明确了同向交易价差控制目标。确保同一基金公司管理的不同投资组合都得到公平对待，以保护投资者合法权益。此次修订后的《意见》从事前、事中和事后等多个方面对公平交易进行要求。在事前，要求投研决策过程的公平性，即基金的投研成果没有优先给一部分人分享，再给公司其他人分享，以确保基金没有从投研开始就出现不公平的现象；在事中，则主要考察基金的交易过程中有无出现不公平的现象；在事后环节上，主要考察基金公司是否建立了相关的监督机制和一旦此类情况发生的解决方法。㊁

目前有部分"老鼠仓"案件是按照"非法从事证券活动"惩处的。由于证券基金管理人员是"老鼠仓"高发群体，除了依靠法律制裁之外，还应该从机构和监管等方面加强治理。基金公司不仅自身要提高伦理道德水平，公平对待所有投资者，而且应该学习监管机构，借助高科技手段对基金经理的行为加强规范管理和监督，减少基金经理可以利用所管理的基金仓位来为个人服务的机会。另外，应该完善民事赔偿制度，为权益受损的投资者挽回损失。由于利益输送导致其他投资者损失较大，可以考虑加大经济惩罚力度，或者鼓励受损的投资者通过法律途径向当事责任人索赔。

---

㊀ 和讯网. 债市风暴又一波来袭 反腐升级 [EB/OL]. (2018-07-05) [2019-08-29]. http://bond.hexun.com/2016/zsfbsj/.

㊁ 马嫱. "基金公平法案"剑指利益输送 [EB/OL]. (2011-05-30) [2019-08-29]. http://fund.sohu.com/20110530/n308851019.shtml.

2. 股东之间的利益冲突

利益冲突在各行各业都普遍存在，对此有很多列举式的解释，有专家提出，"当个人或机构有伦理上或者法律上的义务代表另一方利益行事，但是该个人或机构的利益妨碍了其代表另一方利益行事的能力时，利益冲突就发生了。"[1] 可以将利益冲突简单理解为某个个体因为种种关系，无法站在客观立场上处理与自身利益密切相关的事情。作为独立的理性经济人，投资领域的许多利益主体难免会受到各种诱因的刺激，导致行为产生偏差，尤其是股东之间的利益冲突。

股东之间的利益冲突主要体现在控制股东或大股东与少数股东的利益冲突上，由于大股东和小股东对于企业长、短期利益的取舍不同，导致经常发生大股东做出的决策和小股东权益发生冲突的事件，甚至大股东在经营和投融资时侵犯中小股东的利益的情况也不少见。

一般认为，经济人的本性必然驱使大股东谋求自身收益的最大化，而对控制权的拥有则使这一动机的实现具有了可能。因此，拥有控制权的大股东不会屈就于以自己的股份与其他中小股东一样仅获得公司的利润分配，因为这不符合经济人假设。[2] 控制性股东利用控制权谋得的利益，[3] 是大股东对小股东利益的直接侵害，是大股东以牺牲中小股东利益为前提的自利行为，是一种掏空公司的行为[4]。中小投资者由于处于信息弱势和产权弱势，往往沦为无可奈何的受害者。

大股东由于占据经营决策优势和信息优势，并且本身具有个人利益最大化倾向，在公司治理不完善的情况下，有意或无意做出了许多不利企业长期发展或侵害了其他股东权益的行为。这类行为五花八门、形式多样、不胜枚举。例如，有学者以某水泥上市公司为例分析得出，大股东偏好股权融资，且该公司为了获得股权融资，操纵会计盈余，使其符合中国证券市场以会计信息为基础的配股政策[5]。也存在集团占用上市公司资金，与上市公司之间包括资金占用费、服务费及设备使用费、产品购销、资产置换、股权置换交易等方面的问题。

---

[1] 博特赖特. 金融伦理学 [M]. 王国林，译. 北京：北京大学出版社，2018.

[2] 刘少波. 控制权收益悖论与超控制权收益——对大股东侵害小股东利益的一个新的理论解释 [J]. 经济研究，2007（2）：85-96.

[3] 称作控制权收益（Fama and Jensen, 1983；De Angelo, 1985；Grossmanand Hart1988）。

[4] GROSSMAN S J, HART O D. The costs and benefits of ownership: A theory of vertical and lateral integration [J]. Journal of political economy, 1986, 94 (4): 691-719.

[5] 赵海林，郑垂勇. 上市公司利益转移研究——基于冀东水泥的案例研究 [J]. 当代财经，2005（11）：106-109.

股东利益冲突是投资过程中的普遍现象，不仅仅限于国有控股企业，在民营企业也存在。例如做空机构声称某知名民营羽绒服装上市公司向未公开的内部关联人士多次收购资产，有意抬高对价近 40 倍，为此多支出 20 多亿收购价款，并以低廉价格出售实物资产。

作为理性经济人的控股股东其利益与上市公司利益不完全一致，而且在上市公司拥有经营决策权，有能力也有机会侵占上市公司利益，所造成的损失被所有股东承担，而利益则被大股东独占。这是严重不公平、不公正的做法。因此所有国家证券市场立法的一个核心，都旨在保护广大投资者，尤其是中小投资者的利益。尽管在某种情况下，投资者可能更多地依赖于法律体系对投资者权利的保护程度和这种保护的有效性⊖。但是，不能仅依靠法律治理，还应通过完善公司治理和加强外部监督，将伦理标准和社会责任嵌入在公司重大经营决策的过程之中。同时，大股东也应该认识到，其控制权要想获得最大收益，必须以收益的可持续性为前提和基础，对中小股东及其他利益相关者的侵害和掏空公司的短期做法，最终损害的是大股东自身的长期受益。

3. 投资对环境的影响

工业化推动了国家现代化，也造成了严重的自然环境危机。21 世纪初，全国重要河湖遭受不同程度污染，七大江河水系中，超过一半的监测断面为五类或劣五类水，约 3 亿农村人口饮水不安全。几十年间，从南到北、从东到西，与"大招商""大开发"相伴的，常常是有河皆干、有水皆污。⊖

拥有天蓝、地绿、水净的美好家园，是每个中国人的梦想。环境就是民生，在发展经济的同时，不能破坏环境，走可持续的绿色发展之路，已经成为全球共识。党的十八大把生态文明建设纳入中国特色社会主义事业五位一体总体布局，明确提出大力推进生态文明建设，努力建设美丽中国，实现中华民族永续发展。任何投资项目除了项目本身的经济效益，还应考虑对国家未来、人民福祉是否长期有益，这是投资活动的一个基本出发点。投资活动对自然环境和社会环境的影响也越来越成为投资伦理关注的问题。

（1）投资与自然环境保护

几乎所有人类改造自然的活动，都会改变自然环境。一些投资项目可能

---

⊖ 易宪容. 金融政治经济学的新理论［J］. 金融信息参考，2003（7）：39-40.

⊖ 新华网. 攻坚，为了美丽中国——党的十八大以来污染防治纪实［EB/OL］（2019-02-28）.［2019-08-29］. http://www.rmhb.com.cn/zt/20170601dlfj/focus/201902/t20190228_800158029.html.

对生态和环境产生深远影响,例如,建工厂可能会向大气、水里排放污染物,铺路架桥、开采矿山可能需要剥离植被等。对于投资项目的评估不能仅限于经济方面,必须进行环境影响评估,已经成为一条必须遵守的"投资铁律"。

项目环境影响评估(Environment Impact Assessment,EIA)可定义为预测项目开发的环境后果的过程。环境影响评估旨在评价和表达决策过程中任何可用方法对环境的影响,是确保人员在环境条件下生存的重要方法。2018年修订的《环境影响评价法》第十六条规定:可能造成重大环境影响的,应当编制环境影响报告书,对产生的环境影响进行全面评价;可能造成轻度环境影响的,应当编制环境影响报告表,对产生的环境影响进行分析或者专项评价;对环境影响很小、不需要进行环境影响评价的,应当填报环境影响登记表。建设项目的环境影响评价分类管理名录,由国务院生态环境主管部门制定并公布。

环境保护会给投资项目增加成本,但这并不是一项多余的、可有可无的成本。环境保护应该成为投资者的社会良知,这是一项基本的社会成本,形成这样一种伦理认识,投资者将会自觉承担这部分成本,使投资活动真正成为多赢的项目。但是,这个认识过程是漫长的,投资者在经济利益和效率与环保成本之间作的选择,有时难免会偏向前者。而利益相关方有权利表达自己的声音,在发展的过程中,监督投资者切实履行保护自然环境的社会责任。

对于投资的环保顾虑,投资者和作为重要利益相关者的民众与政府应该找到一个多赢的解决方案。政府应严格管理,要求企业必须满足安全生产和环境保护标准,企业需要投资必要的环保设施,做好内部安全生产管理。企业和政府都应该定期进行安全环保检查,对存在的问题及时整改,整改不达标的立即停产。此外,双方还要提高信息透明度,保护公众的知情权和参与权,依法公开投资项目的安全、环保、应急处置等民众关心的问题,取得公众对项目建设的理解支持。

很多投资项目属于专业领域,投资者应该提高信息公开的标准,加强与利益相关各方的沟通联络。相关信息不公开是公众产生恐慌的直接原因。信息公开和听取公众的意见是一个基本步骤。在规划投资项目时,要最大限度公开环境影响评价或环评报告,让公众和专家有机会充分表达意见,确保投资项目得到理解和支持,并把所有可能的风险考虑在内,在这种情况下启动项目投资建设,才能更大限度地保证项目的安全。

环保与国际接轨是中国企业走出去时必须遵循的原则。不少知名大企业已自觉采纳了 ISO 14000 环境标准和 ISO 26000 社会责任㊀指导方针。但是也有部分中小企业，由于自身环保意识、经济实力等因素影响，可能在适应环境标准方面存在问题。所有走出去投资的中国企业，不论大中小，都代表着中国，遵守环境标准应该成为商业投资活动的一部分，应该努力提高遵守环境标准的能力。

　　中国在发展中国家的投资集中于资源开发和初级制造业，如采矿、石油和水电等，都是与自然环境密切相关的高风险产业，一些项目位于生态脆弱的地区，有时在有原住民的地区，往往不仅影响环境，也会影响当地人的生活。企业应该提高环境意识，才有可能避免出现投资失误。类似例子有很多，例如 2009 年"中国海外"投标赢得了波兰一条 30 英里㊁的公路筑路项目，却在 2011 年被当地政府解约，重新聘用欧洲建筑商来完成公路施工。原因是这是一条横穿土豆田的公路，按照欧洲的相关规定，公路下面需要有 3 英尺㊂高的通道，以方便小动物安全通过。然而"中国海外"不仅在建设时没有作出这样的安排，甚至完全不了解这样的规定。当然，以更高环保标准进行对外投资的例子也有不少，一些企业在比较中国的环境标准与东道国的环境标准后，选择其中较高者。例如，中国有色集团投资的赞比亚某个铜冶炼厂，由于采用了澳大利亚最新技术和设备，吨铜冶炼能耗只有 186 吨标准煤，处于全球领先水平，而中国国内最好的企业云南铜业和江西铜业，其吨铜冶炼能耗也在 260 吨标准煤。该企业采用的环境标准远远高于东道国和中国国内的标准。

　　（2）投资对社会环境的影响

　　投资活动不仅仅是商业行为，其本身带有道德属性，按照一般伦理标准，烟酒、动物实验、石油，以及涉及黄赌毒或神经成瘾以及武器装备等方面的投资，有可能被认为是"不道德"。投资者的选择不仅反映了其自身的道德水准和取向，而且由于公众效应，也会对社会环境产生正面或负面的影响。

　　追求公平正义是社会进步的标志。越来越多的违反社会公序良俗的商业行为被揭露，引起社会舆论讨论和批评，彰显了商业伦理的重要性。投资作为与资本打交道最直接的领域，伦理问题无法回避。以股市来讲，伦理道德的丧失是一个主要问题，市场缺乏公平正义价值观，是非不分、好坏不分，坐庄操纵成为潜规则，资产重组、借壳上市等投资活动没有给市场带来多少正价值，甚

---

　　㊀ 具体可参考本书第二章第三节"企业社会责任"。

　　㊁ 1 英里 = 1 609.344 米。

　　㊂ 1 英尺 = 0.304 8 米。

至对社会产生了恶劣的影响，这些都是不符合投资伦理的。

投资者应该充分发挥伦理主体的自觉能动性，将谨慎决策内化为价值理念，自觉抑制违背伦理的冲动。同时，投资者应该承担相应的社会责任，在符合风控要求的前提下，在慈善救助、环境保护、社区发展等项目上要发挥应有的作用，筑牢社会稳定发展之基。

## 第二节　有伦理目标的投资

掌管着大量资本的机构投资者遴选可用的机遇、配置资本从而决定未来的发展方向，他们的投资决策影响着每个人的未来。

传统的投资决策理论一般建立在对风险和收益的客观计算上，很少基于对公共利益或社会福祉的考虑。但随着全球生态环境的恶化、贫富差距的加剧，发展的可持续问题日益凸显，忽略对公共利益影响的投资策略遭到了普遍质疑。

20世纪90年代以来，社会责任投资理念开始受到重视，强调企业或个人在进行投资时不仅要考虑收益，还应当遵循基本伦理准则、考虑社会影响。基于环境保护、社会责任、公司治理等角度进行有伦理目标的投资决策，排除可能产生社会问题的可持续投资，逐渐成为人们的共识。

### 一、社会责任投资

1. 社会责任投资的概念

自人类社会诞生起，各社会团体就已经试图利用商业企业的合作力量来让所有人受益。人类早期历史记录了社会责任投资的萌芽。公元前262年，古印度的统治者阿育王（Ashoka）曾经放弃战争，广泛投资于公共设施建设来满足国民的需求。18世纪中期，宗教团体就积极提出了人权问题，并有1758年教友派年度大会督促教友们释放奴隶，拒绝类似的投资。今天的社会责任投资（Socially Responsible Investment，SRI）领域，主要就是基于过去二百多年来以宗教为基础的投资决策[⊖]。

基于宗教信仰的投资主要通过规避某些领域进行，如不得从事或对从事酒精、赌博、军工等相关活动的公司进行投资。随着实践经验的丰富与新投资方法的挖掘，现代形式的社会责任投资逐步发展起来。20世纪70年代反越南战争

---

⊖ 多米尼. 社会责任投资：改变世界，创造财富［M］. 兴业全球基金管理有限公司，译. 上海：上海人民出版社，2008.

运动促使美国第一只 SRI 基金 Pax World Fund 诞生○,个人投资者可通过对共同基金的影响表达自身价值取向,发挥更积极的作用。2002 年,世界银行下属的国际金融公司与几家国际主流金融机构起草并发布赤道原则,确立了融资过程中用以评估、确定和管理项目的环境和社会风险的金融行业准则,将过去模糊的环境和社会标准明确化、具体化,使整个银行业的环境与社会标准得到了基本统一。很多基金公司也开发了社会责任相关产品,多个社会责任投资指数如道琼斯可持续发展欧洲指数(Dow Jones Sustainability Europe Indexes)、明晟社会与公司治理指数(MSCI USA ESG Index)等在全球范围内发布并得到应用。

经过几十年的发展,社会责任投资领域逐渐成为市场认可的一种投资风格。要求投资者以雇佣习惯、是否尊重人权、对环境问题的关注程度等社会绩效标准为基础,适当结合传统的财务指标对企业或融资项目进行评价和选择。

后文进一步讨论的 ESG 投资、影响力投资都是社会责任投资的重要模式。ESG 投资将社会责任考核指标细化到环境(Environmental)、社会(Social)、公司治理(Governance)三个维度,每个维度中有具体的衡量细则。而影响力投资更多反映了前期的融资需求,ESG 投资则主要面向二级市场。

2. 社会责任投资的相关方

(1) 国家政府政策支持

社会责任投资的发展离不开各国或地区法律、政策制度的完善,以及对相关金融机构的支持。以中国绿色金融发展为例,1995 年,中国人民银行出台了《关于贯彻信贷政策与加强环境保护工作有关问题的通知》,明确提出对于有污染的新项目在给予投资贷款之前应经过环境保护部门的审查和风险分析。在此之后,央行加强了与环境保护部门、原银监会等相关监管部门的合作,发布了一些与信贷相关的指导意见,从信贷等金融领域推动了中国社会责任投资理念的发展。

(2) 投资者与投资标的构成主体

社会责任投资的投资者归根结底是每个具有社会责任感的个人。正是个人对伦理问题、环境问题、可持续发展问题的关注推动了社会责任投资的发展,并推动共同基金、银行等资本的受委托代理者重视社会责任投资,将其纳入自己的考核体系之中。随着社会责任投资各项实践的不断完善,社会责任投资主体在国家支持的信贷机构、公益基金、政府基金之外包含了越来越多的市场化主体,如公募基金、保险资管机构等。在中国最早引入责任投资理念的公募基

---

○ 王江姣. 论社会责任投资 [D]. 武汉:武汉理工大学,2008.

金产品是中银国际的可持续增长股票型投资基金,最早旗帜鲜明地推出社会责任投资基金的机构则是兴全基金公司,其在2008年和2011年分别推出了兴全社会责任基金与绿色基金。

强调自身社会责任并为可持续发展作出贡献的企业均能够成为投资的标的。越来越多的大型集团尤其是上市公司发布ESG报告,将社会责任表现纳入自身信息披露的范围中。在社会责任投资观念发展的同时,一种新型的企业运作方式"社会企业"也开始了自己的探索之路,充分丰富了责任投资的标的库。

(3) 第三方组织维护并促进市场的发展

1991年英国建立了世界上第一个社会投资论坛(UK Social Investment Forum,UKSIF),具有里程碑意义。2001年成立的亚洲可持续发展投资协会(Association for Sustainable&Responsible Investment in Asia,ASrIA)也推动了亚太地区企业责任与可持续金融实务。全球多个国家和地区均设立了责任投资论坛,共同推动社会责任投资的发展。目前较有影响力的有欧洲责任投资论坛、美国责任投资论坛、英国责任投资论坛、亚洲可持续发展投资协会等。2012年,中国发起成立了中国责任投资论坛(China SIF),协同中国金融学会绿色金融专业委员会进行社会责任投资领域相关研究,并助力责任投资和绿色金融在中国的普及与发展。

除区域组织外,联合国等国际化组织也积极参与社会责任投资实践。由其参与制定的联合国责任投资原则(UN Principles for Responsible Investment,UN PRI)即为责任投资领域一个重要的国际原则,目前已有中国平安、华夏基金、鹏华基金、嘉实基金等23家中国境内机构加入。联合国可持续证券交易所倡议(UN Sustainable Stock Exchange Initiative,UN SEI)在2009年推出,该倡议旨在为参与交易所提供互相学习的平台,与投资者、监管机构及上市公司多方合作,共同改善上市公司透明度、促进可持续投资。上交所、深交所均已加入联合国可持续证券交易所倡议。

全球对社会责任投资的研究机构也逐步建立起来,通过有价值的研究促进社会责任投资的发展。总部位于挪威的可持续投资调查国际集团是一个由9家致力于社会责任投资全球发展的研究机构组成的联盟,成员覆盖了欧洲和北美,提供当地公司的社会责任记录研究与咨询服务。中国相当多的高校、智库也开设了绿色金融研究院,致力于气候、能源与可持续消费等方面的研究。

扩展阅读

**社会价值投资联盟**

社会价值投资联盟(深圳)(简称"社投盟")是由友成企业家扶贫基金会、

联合国社会影响力基金、中国社会治理研究会、中国投资协会、青云创投、明德公益研究中心领衔发起的，由近50家机构联合创办的中国首家社会联盟类公益机构，是支持"义利并举"社会创新创业项目的投资促进平台。

社投盟自2016年成立以来，形成了"义利99""投资实践室""社创加速营"三大产品。其中"义利99"是基于自主开发的A股上市公司社会价值评估模型编制的一系列上市公司社会表现评估数据，包括"义利99"排行榜、社会价值评级和义利99指数。社投盟也正在与头部基金公司推动全球首个"社会价值ETF指数基金"产品的研发。"可持续发展投资实践室"主要物色可持续发展金融的领航人，"可持续发展社创加速营"旨在发现和培育义利并举的优质投资标的。2019年7月17~21日社创加速营第二期在资本市场学院举办，20位社创营员带来了医疗健康、创新教育、绿色环保等领域的早期项目，在沉浸式实战训练中获得了产品、营销、融资、战略、团队五大板块的提升。

2019年6月，社投盟成为中国第一家加入UN PRI的专注促进可持续发展金融的国际化新公益组织。

（来源：中国发展简报——"社会价值投资联盟（深圳）"）

3. 社会责任投资策略

欧洲可持续投资论坛（EuroSIf）、全球可持续投资联盟（Global Sustainable Investment Alliance，GSIA）、联合国责任投资原则（UN PRI）、可持续金融学院（Sustainable Finance Institute，SFI）等组织将社会责任投资（SRI）策略划分为七个方面，如表7-1所示。实践中一般综合运用几种策略进行投资选择。

表7-1 社会责任投资策略分类

| SRI策略分类 | 定　　义 | 再　分　类 |
| --- | --- | --- |
| 行业排除法 | 将投资主体不想投资的某领域或某类企业从投资组合中剔除。由于操作简便，是社会责任投资发展初期广泛采取的投资方式 | 筛选法，包括正面筛选与负面筛选，主要面向二级市场 |
| 正面评优法 | 以社会绩效为主要参考标准去挑选同类中最佳的公司，如筛选目标群里ESG绩效较好的样本 | |
| 道德筛选法 | 根据联合国、经合组织（OECD）等其他国际组织发布的国际准则的要求筛选投资目标。类似于行业排除法，只是排除标准更为复杂，有自洽的逻辑体系 | |
| 主题投资法 | 专注于某一个投资领域，如可再生能源、水处理技术、基础设施、高科技等，典型代表为绿色债券 | |
| 融合投资法 | 选择配合度最好的社会绩效衡量指标（如ESG指标），将其融合到当前的投资策略中进行综合筛选的方法 | |

(续)

| SRI 策略分类 | 定　义 | 再　分　类 |
|---|---|---|
| 影响力投资 | 通过小额贷款或企业基金等投资于社区中小企业、社区服务型机构等，也可称为社会价值投资或社会投资法，即"通过提供和使用资金，产生积极社会影响力和一定财务回报的做法。"① 被投企业的主要特点是盈利空间小、难度大，但社会影响力大。因此，投资于此类企业的主体追求正面财务回报，但也追求积极的社会影响力，考核期限更长，更有耐心。社会影响力投资是介于商业投资和慈善捐赠之间、兼具二者部分特性的新型投资方式 | 社会影响力投资，也称社区投资，主要面向一级市场 |
| 股东主张 | 通过对话或行使股东权利的方式在社会责任投资领域影响公司的有关决定 | 也称积极股东法，属于企业内部的社会责任投资策略 |

## 二、环境、社会与公司治理（ESG）投资

环境、社会与公司治理（ESG）投资从环境、社会、公司治理三个具体方面构建评估体系，促进了相关评级指标、投资方法与产品的发展，从而使社会责任投资理念进一步为人所知并被越来越多的主流投资者接纳。目前，ESG 投资主要投向上市公司。

1. ESG 的概念

ESG 投资综合考虑环境、社会和公司治理因素，已迅速成为非财务绩效的一个核心指标。ESG 分析可以深入了解公司的长期绩效，并可用于风险管理的投资决策②。

目前，国际上的 ESG 理念评价体系主要涉及三方面：各国际组织和交易所制定关于 ESG 信息的披露和报告的原则及指引、评级机构对企业 ESG 的评级，以及国际主要投资机构发布的 ESG 投资指引。其中，ESG 信息的披露是前提条件，ESG 指数提供了评价和比较的基准，而 ESG 投资是基于两者的实践。

---

① 中国社会企业与影响力投资论坛. 中国社会企业与社会投资行业扫描——调研报告 2019（简版）[EB/OL].（2019-04-12）[2019-08-29]. http://www.cseiif.cn/category/116, p56.
② 金希恩. 全球 ESG 投资发展的经验及对中国的启示[J]. 现代管理科学，2018（9）：15-18.

## 2. ESG 信息披露

ESG 理念及评价体系的内容包括了企业在经营中需要考虑的多层次多维度的因素。根据三大国际组织的指引文件（ISO 26000 社会实践、SASB 可持续会计准则、GRI 可持续发展报告）、五家全球 ESG 评级公司（MSCI、道琼斯、汤森路透、英国富时、晨星）关于 ESG 评级的披露信息，以及 12 家国际上的交易所发布的 ESG 投资指引，主要信息披露内容如表 7-2 所示。

表 7-2　ESG 信息披露内容

| | |
|---|---|
| 环　境 | 碳及温室气体排放、环境政策、废物污染及管理政策、能源使用/消费，自然资源（特别是水资源）使用和管理政策、生物多样性、合规性 |
| 社　会 | 性别及性别平衡政策、人权政策及违反情况、社团（或社区）、健康安全、管理培训、劳动规范、产品责任、合规性 |
| 公司治理 | 公司治理、贪污受贿政策、反不公平竞争、风险管理、税收透明、公平的劳动实践、道德行为准则、合规性 |

（来源：管竹笋、代奕波，《ESG 管理与信息披露实务》，企业管理出版社，2017 年）

## 3. ESG 评估方法与 ESG 指数

根据 5 家全球 ESG 评级公司的评级方法，评级时一般依据企业披露的数据，以加权平均为主。评级公司赋予一定的指标权重，并按照行业情况对权重进行调整。其中，晨星和汤森路透还在计算中引入了减分项。

正如欧洲可持续投资论坛所指出的，证券市场投资指数是社会责任投资资产管理者和持有者主要利用的信息资源，可以促进社会责任投资的发展。1990 年全球最早的 ESG 指数 Domini 400 Social Index（后更名为 MSCI KLD 400 Social Index）在美国发布。目前较为主流的 ESG 指数有明晟公司发布的 MSCI ESG 系列指数（全球/美国/新兴市场）、富时发布的 FTSE4Good 系列指数、标普道琼斯发布的 The Dow Jones 可持续发展系列指数。主流的共同基金也纷纷发行 ESG 主题基金，较为著名的有贝莱德（BlackRock）的 MSCI US ESG ETF 基金，以及领航（Vanguard）的 FTSE Social 基金。多数 ESG 责任投资基金和传统投资基金相比，在较长时期内保持了较小的波动率及提供了较为持续稳定的价值回报。

虽然目前已有相当多的机构开始进行 ESG 评级方法研究及指数产品研发工作，但从总体来看进展尚处在初级阶段，相关研究不仅受到企业信息披露质量的制约，对指标体系的构建、指标重要程度的理解也存在较大分歧。

## 4. ESG 投资在中国的发展

在中国，ESG 投资的专项研究与兴起始于 2008 年，但相关落地实践较少。

2015 年香港联合交易所首先发布《环境、社会及管治报告指引》，将披露 ESG 报告提升至"不遵守就解释"水平[一]。中国工商银行绿色金融课题组也于 2015 年正式启动了"ESG 绿色评级与绿色指数"项目及相关的研究工作[二]，并于 2017 年正式发布了工银 ESG 绿色指数。2017 年中国证券投资基金业协会开展了 ESG 投资的专项研究并在资产管理行业积极推广、倡导 ESG 投资理念。[三]2018 年 11 月 10 日中国证券投资基金业协会正式发布了《中国上市公司 ESG 评价体系研究报告》和《绿色投资指引（试行）》，进一步推动了 ESG 信息披露与 ESG 投资的发展。

### 三、绿色金融

1. 绿色金融的概念

按照《关于构建绿色金融体系的指导意见》的定义，绿色金融是指为支持环境改善、应对气候变化和资源节约高效利用的经济活动，即对环保、节能、清洁能源、绿色交通、绿色建筑等领域的项目投融资、项目运营、风险管理等所提供的金融服务[四]。

2015 年是中国绿色金融发展元年。进入 2016 年，绿色金融上升为国家战略。2016 年 9 月 1 号，中国人民银行等七部委印发了《关于构建绿色金融体系的指导意见》，作为全球首个由政府主导的较为全面的绿色金融政策框架，为中国绿色金融的发展给出了顶层设计。2017 年，绿色金融在中国进入了实质性的落地发展阶段，国务院决定在浙江、江西、广东、贵州、新疆五省 8 个试验区展开绿色金融地方试点建设，试点后续体现出了绿色金融供给端与需求端联动发展的特点。中国人民银行还将绿色金融纳入了宏观审慎评估体系（Macro Prudential Assessment，MPA），进一步推进绿色金融的发展。

2. 绿色金融产品

（1）绿色信贷

绿色信贷是中国绿色金融体系中起步最早、规模最大、发展最为成熟的业

---

[一] 管竹笋，代奕波. ESG 管理与信息披露实务［M］. 北京：企业管理出版社，2017.

[二] 中国工商银行绿色金融课题组，张红力，周月秋，殷红，马素红，杨荇，邱牧远，张静文. ESG 绿色评级及绿色指数研究［J］. 金融论坛，2017，22（9）：3-14.

[三] 窦君鸿. ESG：全球投资者新共识［J］. 董事会，2017（8）：40-42.

[四] 中国人民银行. 关于构建绿色金融体系的指导意见［EB/OL］.（2019-02-28）［2019-08-29］. http://www.pbc.gov.cn/goutongjiaoliu/113456/113469/3131687/index.html.

务，主要指银行为服务实体，助力经济可持续转型、支持生态文明建设而发放的借款。

根据中国银监会《绿色信贷统计制度》统计，绿色信贷项目包括绿色农业开发项目、绿色林业开发项目、自然保护、生态修复及灾害防控项目、可再生能源及清洁能源项目、农村及城市水项目、建筑节能及绿色建筑、绿色交通运输项目、节能环保服务以及采用国际惯例或国际标准的境外项目12类。从2017年绿色信贷余额投放领域来看，46%为绿色交通运输项目，25%为可再生能源及清洁能源项目，成为中国信贷领域投放最主要的两个领域㊀。

绿色信贷的体系框架主要包括银监会制定的《绿色信贷指引》《绿色信贷统计制度》《绿色信贷考核评价体系》以及银行自身的绿色信贷政策。

在流程管理上，国内银行普遍采用了将绿色信贷管理要求纳入现有信贷业务管理流程之中的模式，分为尽职调查、审查审批、贷后管理三个阶段㊁，在传统尽调报告中加入绿色信贷分类信息，建立绿色信贷考核评价机制。

（2）绿色债券

绿色债券（Green Bond）是指政府及有关部门、金融机构或非金融企业为符合规定的绿色项目融资及这些项目的再融资向社会进行资金募集，并承诺按约定偿还本金及支付利息的债务融资工具。2008年世界银行与瑞典北欧斯安银行（SEB）联合发行了首只明确以绿色债券命名的债券，2016年中国开始发行绿色债券并于当年成为全球最大的绿色债券发行国㊂。

在我国，绿色债券主要品种有企业债、金融债、公司债、资产支持证券和境内主体境外发行债券等几个大类，分别由不同的主体进行定义和指导，并颁布相关政策，如表7-3所示。

但在目前，中国的绿色债券主要依赖大型银行、国企、地方政府融资平台发行，需求在政策催化下集中释放之后难以持续，减税、贴息等实质性优惠政策落地困难。且相对国际标准的贴标绿色债券，中国在募集资金用途、信息披露上的要求都较为宽松，对外资认购造成了一定的阻碍。

---

㊀ 马中，周月秋，王文. 2018年中国绿色金融发展研究报告［R］. 北京：中国金融出版社，2018.

㊁ 马骏. 中国绿色金融发展与案例研究［R］. 北京：中国金融出版社，2016.

㊂ 巴曙松，丛钰佳，朱伟豪. 绿色债券理论与中国市场发展分析［J］. 杭州师范大学学报（社会科学版），2019，41（1）：91-106.

表 7-3  我国绿色债券相关政策

| 时间 | 涉及对象 | 发布机构 | 名称 |
|---|---|---|---|
| 2015 年 5 月 5 日 | 纲领性文件 | 中共中央、国务院 | 《关于加快推进生态文明建设的意见》 |
| 2015 年 9 月 21 日 | | 国务院 | 《生态文明体制改革总体方案》 |
| 2015 年 12 月 22 日 | 绿色债券 | 央行 | 《关于发行绿色金融债券有关事宜的公告》,其附件包括《绿色债券支持项目目录》,中国金融学会绿色金融专业委员会编 |
| 2016 年 1 月 13 日 | | 发改委 | 《绿色债券发行指引》 |
| 2016 年 3 月 16 日、4 月 22 日 | 绿色公司债 | 深交所、上交所 | 《关于开展绿色公司债券试点的通知》 |
| 2017 年 3 月 2 日 | 绿色公司债 | 证监会 | 《中国证监会关于支持绿色债券发展的指导意见》 |
| 2017 年 3 月 22 日 | 非金融企业绿色融资工具 | 银行间交易商协会 | 《非金融企业绿色债务融资工具业务指引》 |
| 2017 年 10 月 26 日 | 绿色债券 | 央行、证监会 | 《绿色债券评估认证行为指引(暂行)》 |
| 2018 年 3 月 14 日 | 绿色金融债 | 央行 | 《中国人民银行关于加强绿色金融债券存续期监督管理有关事宜的通知》《绿色金融债券存续期信息披露规范》 |

目前中国绿色债券市场支持的一个重点领域是绿色基础设施,占比最高的是以地铁项目为代表的低碳交通建设。除此之外,城市清洁能源、绿色建筑、城市环保水务、固体废物处理等绿色基础设施投资也将成为绿色债券的资金支持方向。

(3) 绿色基金

绿色基金主要指针对节能减排、致力于低碳经济发展、环境优化改造项目而建立的专项投资基金,包括绿色产业基金、担保基金、碳基金、气候基金等。绿色基金资金来源最为广泛,在绿色金融体系中具有举足轻重的作用。

在中国,由于发展阶段限制与政策引导,银行理财资金是绿色基金一直以来最重要的资金来源。但随着资管新规对嵌套层级、期限错配方面的严格要求,未来可能难以再作为基金重要的资金提供方。通过政府和社会资本合作(Public-Private Partnership,PPP)模式进行绿色项目投资,或成为未来的主要方向。

2016年8月31日，中国人民银行、财政部等七部委联合印发了《关于构建绿色金融体系的指导意见》，明确提出要通过PPP模式动员社会资本，支持设立各类绿色发展基金，实行市场化运作，并首次提出中央财政整合现有节能环保等专项资金设立国家绿色发展基金，同时鼓励有条件的地方政府和社会资本共同发起区域性绿色发展基金[一]。

根据财政部PPP示范项目案例，目前已经落地的PPP项目多处在交通、能源、水资源等领域[二]，"一带一路"PPP项目发展也促进了"一带一路"绿色化进程。截至2018年年底，备案的节能环保、绿色基金数量已超过200只[三]，主要为股权投资基金，投资领域为清洁能源的占大多数，其次为节能产业。

（4）绿色保险

绿色保险通常是指与环境风险管理有关的各种保险安排，实质是将保险作为一种可持续发展的工具，以应对与环境有关的一系列问题，包括气候变化、污染和环境破坏等。目前绿色保险品种包括环境污染责任保险、气候变化等环境风险保险。

中国绿色保险的发展经历了试点起步、恢复发展以及迎来战略机遇三个主要阶段，目前大部分省份都开展了环责险试点，覆盖重金属、石化、危险化学品、危险废物处置等行业，国内各主要保险公司都加入了试点。以无锡市环责险的发展为例，全市高风险企业均需投保环责险，由中国人保、阳光保险、平安保险、长安责任保险及中国太保五家保险公司成立无锡市环境污染责任保险共保体，建立商业保险机制提供保险服务。保险公司利用大数据与信息科技技术在风险控制上为企业提供专家服务，形成环境风险报告，增强了企业的投保意愿。政府也出台了绿色保险的相关法律法规，如表7-4所示。

然而，中国的绿色保险市场还在初期阶段，环责险其本身涉及的技术难度远远大于其他责任险种，专业性强，风险识别和衡量的难度较大。且现有的环责险往往侵权赔偿范围偏窄，除外责任偏宽，影响力企业参保和持续投保的积极性。绿色保险的进一步发展还需要更多的积极探索。

---

[一] 安国俊. 我国绿色基金发展前景广阔［J］. 银行家，2017（8）：72-74.

[二] 财政部政府和社会资本合作中心. PPP示范项目案例选编［EB/OL］. (2018-09-21)［2019-08-29］. http://www.cpppc.org/zh/pppxmaljc/index.jhtml.

[三] 马中，周月秋，王文. 2018年中国绿色金融发展研究报告［R］. 北京：中国金融出版社，2018.

表 7-4  中国绿色保险相关法律法规

| 时　　间 | 涉及对象 | 发布机构 | 名　　称 |
| --- | --- | --- | --- |
| 2006 年 6 月 26 日 | 纲领性文件 | 国务院 | 《关于保险业改革发展的若干意见》 |
| 2007 年 12 月 5 日 | 环责险 | 原国家环保总局与中国保监会 | 《关于环境污染责任保险工作的指导意见》 |
| 2013 年 3 月 4 日 | | 原国家环保总局与中国保监会 | 《关于开展环境污染强制责任保险试点工作的指导意见》 |
| 2014 年 4 月 24 日 | | 全国人大常委会 | 《环境保护法》第 52 条："国家鼓励投保环境污染责任保险" |
| 2014 年 8 月 13 日 | | 国务院 | 《关于加快发展现代保险服务业的若干意见》 |
| 2015 年 12 月 3 日 | | 中共中央办公厅、国务院 | 《生态环境损害赔偿制度改革试点方案》，在吉林、山东、江苏、湖南、重庆、贵州、云南 7 个省（市）开展生态环境损害赔偿制度改革试点工作。 |
| 2017 年 6 月 9 日 | | 环保部、保监会 | 《环境污染强制责任保险管理办法（征求意见稿）》 |
| 2017 年 12 月 17 日 | | 中共中央办公厅、国务院 | 《生态环境损害赔偿制度改革方案》，原试点方案废止 |
| 2017 年 3 月 22 日 | | 中共中央办公厅、国务院 | 全国试行生态环境损害赔偿制度 |

（5）碳金融产品和服务

碳交易的理论基础源于科斯定理，即产权界定清晰、交易成本为零或很小的市场会达到有效率的市场均衡。碳交易是把二氧化碳排放权作为一种商品，使之可以在市场上定价、交易的一种安排，基本逻辑是合同的一方通过购买另一方的排放权获得温室气体排放配额，或者购买富足一方的核证自愿减排量实现自己的减排目标。

碳交易起源于 1997 年 12 月的《京都议定书》。作为国际上有法律约束力的旨在防止全球变暖而要求减少温室气体排放的条约，《京都议定书》规定发达国家在 2012 年的承诺期内温室气体的排放量在 1990 年的基础上平均减少 5.2%，发展中国家暂不履行义务⊖。

---

⊖ 初昌雄，周丕娟. 碳金融：低碳经济时代的金融创新［J］. 金融与经济，2010（2）：18-21.

此种减排义务的履行可以通过三种方式灵活完成：一是排放贸易（Emissions Trading，ET），发达国家之间可以相互转让它们的排放配额；二是联合履行（Joint Implementation，JI），发达国家从具有减排义务的其他发达国家投资的节能减排项目中获取减排信用，抵减减排义务；三是清洁发展机制（Clean Development Mechanism，CDM），发达国家的投资者从其在发展中国家中实施的、有利于发展中国家可持续发展的减排项目中获取"经核证的减排量"，以抵减其减排义务。由此，碳排放配额等可供交易的标准化产品及期货等衍生品面世，交易量逐年上升。

在中国，碳市场的建设大致分为碳市场的地方试点阶段、全国碳市场的准备阶段、全国碳市场的建设、模拟与完善阶段，以及2020年之后的全国碳市场发展逐步成熟阶段和全国碳市场的成熟运行五个阶段。目前第三阶段的工作正在推进中。自2011年国家发展与改革委员会发布《碳排放权交易试点工作通知》起，深圳、北京、天津、上海、广东、湖北、重庆7个省市率先开展了碳金融交易试点工作⊖；2013年11月建设全国碳市场被列入全面深化改革的重点任务之一，2017年12月国家发展与改革委员会发布《全国碳排放权交易市场建设方案（发电行业）》，标志着全国碳市场完成总体设计。

在未来，还有其他环境权益市场如用能权、排污权、绿色证书交易权市场落地实施，为环境可持续发展作出积极贡献。

**扩展阅读**

### 深圳碳试点成为国内首家引进境外投资者的碳交易平台

2013年6月18日，深圳排放权交易所正式启动碳排放权交易，成为国内首个启动碳排放权交易的交易平台，也正式拉开了中国碳交易帷幕。2014年3月，深圳市颁布《深圳市碳排放权交易管理暂行办法》，对全市碳排放权交易工作作出统筹安排；在同年6月，深圳市成为全国首个总成交量达到百万吨、总成交额突破亿元大关的碳市场⊖；2014年8月8日，国家外汇管理局正式批复同意境外投资者参与碳排放权交易，深圳碳试点成为国内首家引进境外投资者的碳交易平台。

深圳纳入减排的行业有能源生产、加工转换行业和工业（制造）26个行业和公共建筑，总计超过600家企业和逾200栋大型公建纳入管控范围。工业行业纳入

---

⊖ 王克. 全国碳排放交易市场发展历程与展望解读. [EB/OL]. (2018-10-11) [2019-08-29]. http://www.tanpaifang.com/tanjiaoyi/2018/1011/62369_2.html.

⊖ 熊思琴，高红. 绿色金融发展研究 [M]. 北京：北京大学出版社，2019：68-70.

标准为5 000吨二氧化碳、公共建筑纳入标准为20 000平方米以上，国家机关办公建筑10 000平方米以上。重视碳排放管理的企业可在碳交易市场上收获几百万甚至过千万元的"碳收益"，管理较差的企业则会付出相应的"碳成本"，逾期未履约的公司还会面对"超额排放量乘以当期碳市场配额平均价格三倍"的惩罚。

在碳交易基础上，深圳碳交易所还为企业提供绿色融资通道。深圳碳交易市场推出了碳资产质押融资、跨境碳金融交易产品、碳债券以及绿色结构性存款产品等一系列碳金融服务产品，极大地活跃了深圳的碳排放交易。与国内其他试点城市相比，深圳产业结构中缺乏传统重工业，碳排放管控单位的体量偏小且分散，碳市场所获配额规模最小，但深圳碳交易市场的碳排放配额流转率却排在前列。成熟的市场机制和丰富的商业机会，使得深圳碳市场托管会员的数量不断增加。

深圳排放权交易所还全面开展了碳交易区域合作。自2014年以来，深圳与江苏省淮安市、内蒙古自治区包头市、山东省济南市、四川省、甘肃省多地市签订碳交易区域合作战略协议。在国际市场上，深圳碳市场依托获批优势积极开展境外业务。2015年5月在西班牙巴塞罗那Carbon Expo 2015成功举办中国碳市场得首次国际推广活动；2015年12月全国首家境外机构托管会员VIRTUSE落户交易所；2016年3月协助深圳能源集团旗下妈湾电力公司和美国BP公司完成国内首单跨境碳资产回购交易业务。2017年12月19日，全国碳排放权交易体系正式启动，深圳在其中参与系统建设与运营工作。

与其他试点地区不同的是，深圳并没有对项目减排量产生时间作出限制，每年分配和交易剩余的碳排放额不清零，依然保留在市场中进行交易。深圳碳交易市场目前交易的品种有SZA2013-SZA2018六种，截至2019年8月18日成交总量2 622.8万吨，市场占比14.4%；成交总额72 441.6万元，市场占比17.8%，在全国试点均排名第三。

（来源：根据"中国碳交易网"成交量、成交额资料整理）

## 四、以"人"为中心的投资的未来

### 1. 日益成为投资策略的潮流

人是商业活动中最重要、最活跃的因素，企业崇尚以"人"为中心的投资价值观，尽可能使员工的职业发展目标与社会发展目标一致，将会提升员工忠诚度，赢得成员的配合与支持，增强企业内聚力[1]。

---

[1] 乔咏波，龙静云. 社会责任投资与企业伦理价值观的变革[J]. 江汉论坛，2019（6）：35-39.

有伦理目标的投资也会引领企业塑造企业公民形象，提升社会公众信任度。按照世界经济论坛（World Economic Forum）的界定，企业公民形象有四个方面的内涵：一是好的公司治理和道德价值；二是对员工责任的履行；三是承担环境责任；四是对社会发展有广义贡献。成功塑造企业公民形象的企业往往格局更为宏大，价值观更易受到广泛认同，从而在长期发展上更具优势。

选择符合伦理标准的投资并不意味着必须放弃盈利。相反，重视社会责任投资的企业往往在长期有更好的表现。中国证券投资基金业协会对中国 A 股市场的实证分析表明，纳入 ESG 因素的权益投资和债券组合长期业绩表现优于同期指数⊖。这说明，符合社会责任投资考量标准的企业的核心竞争力相对较强，它们在为社会作出正面影响的同时获得了基业长青。在当今时代，环境污染、资源短缺、气候变化等问题正在严重威胁各国经济社会的发展，社会环境变化是全球发展不可忽视的重要风险因素。重视社会责任投资，注重考查投资对象在环境、社会和公司治理方面的表现符合经济发展的规律，也必然成为未来投资策略的潮流。

2. 助力社会可持续发展

诺贝尔经济学奖得主阿马蒂亚·森（Amartya Sen）指出，真正的"发展"应该是以人为中心，其目的是拓展人们的基本自由；否则，发展作为最有价值的人类过程所蕴含的道德价值便不复存在⊖。伦理最终是人的发展的结果，这既是思想的发展，也是行动的发展，更是社会的发展。

人类的生存依赖于良好、适宜的环境，这包括自然环境，也包括社会环境。任何人都生活在特定的环境之中，其福祉与此密切相关。人类的各种活动与自然、社会环境存在紧密互动，在改变环境的同时，自身也应受到相应的约束。人类只有与环境达成平衡和谐关系，经济才能健康发展，社会才能不断进步。

党的十九大报告提出，中国社会主要矛盾已经转化为人民日益增长的美好生活需要和不平衡不充分的发展之间的矛盾。社会主要矛盾的变化是关系全局的历史性变化，要求我们在继续推动发展的基础上大力提升发展质量和效益，更好满足人民日益增长的美好生活需要。以人为本、执政为民始终是检验党的活动的最高标准，以人为本也是科学发展观的核心。这种把"人"放在首位的发展理念在脱贫攻坚、生态文明建设与可持续发展领域一系列的部署安排中得

---

⊖ 中国证券投资基金业协会. ESG 责任投资专题调研报告［R/OL］. (2018-02-08)［2019-08-29］. http://www.amac.org.cn/xydt/xyxx/392761.shtml, p17.

⊖ 这是阿马蒂亚·森《以自由看待发展》（中国人民大学出版社，2002 版）一书的核心观点。

到了集中体现。

在经济结束粗放增长,步入经济新常态的拐点上,符合社会主义核心价值观、重视区域平等、坚持可持续发展的发展理念也为中国未来一段时间的伦理取向、投资理念指明了方向。在此指导思想下,以人为中心的、有伦理目标的投资将在中国得到长足发展。

放眼世界,在全球新一轮产业革命推动、经济贸易活动中环境规则和标准不断提高的背景下,社会责任投资等强调可持续发展的投资理念重要性日益显现,国际协作也在不断加强,各国各地区将进一步推进案例经验分享与投资合作,共筑可持续发展的"人类命运共同体"的未来。

 【复习题】

1. 从伦理角度看,投资活动应该承担什么责任?(　　)
A. 保值责任　　B. 社会责任　　C. 增值责任　　D. 以上都不是
2. 以下哪个要素不在 ESG 投资框架内?(　　)
A. 环境　　　　B. 社会　　　　C. 影响力　　　D. 公司治理

# 参考文献

[1] 伯利，米恩斯. 现代公司与私有财产 [M]. 甘华鸣，罗锐韧，蔡如，译. 北京：商务印书馆，2005.

[2] 格伦瓦尔德. 技术伦理学手册 [M]. 吴宁，译. 北京：社会科学文献出版社，2017.

[3] 多米尼. 社会责任投资：改变世界，创造财富 [M]. 兴业全球基金管理有限公司，译. 上海：上海人民出版社，2008.

[4] 普林多，普罗德安. 金融领域中的伦理冲突 [M]. 韦正翔，译. 北京：中国社会科学出版社，2002.

[5] 威克斯，弗里曼，沃哈尼，等. 商业伦理学——管理方法 [M]. 马凌远，张云娜，等译. 北京：清华大学出版社，2015.

[6] 索尔金. 大而不倒 [M]. 巴曙松，陈剑，译. 成都：四川人民出版社，2018.

[7] 安国俊. 我国绿色基金发展前景广阔 [J]. 银行家，2017（8）：72-74.

[8] 安贺新，张宏彦. 金融营销 [M]. 北京：清华大学出版社，2016.

[9] 巴曙松，丛钰佳，朱伟豪. 绿色债券理论与中国市场发展分析 [J]. 杭州师范大学学报（社会科学版），2019，41（1）：91-106.

[10] 巴曙松，王璟怡，杜婧. 从微观审慎到宏观审慎：危机下的银行监管启示 [J]. 国际金融研究，2010（5）：83-89.

[11] 巴曙松，王一出. 高频交易对证券市场的影响：一个综述 [J]. 证券市场导报，2019（7）：42-51.

[12] 柏拉图. 理想国 [M]. 北京：中国华侨出版社，2012.

[13] 鲍德里亚. 消费社会 [M]. 刘成富，全志钢，译，南京：南京大学出版社，2001.

[14] 本力. 金融业为什么收入这么高？[N]. 21世纪经济报道，2019-01-21（1）.

[15] 科斯罗夫斯基. 金融赌博与过度投机 [J]. 上海师范大学学报（哲学社会科学版），2012，41（01）：26-33.

[16] 边沁. 道德与立法原理导论 [M]. 时殷弘，译. 北京：商务印书馆，2005.

[17] Bianews. 欧盟发布AI伦理准则 [EB/OL].（2019-04-11）[2019-08-09]. https://www.bianews.com/news/flash?id=34219.

[18] 蔡元培. 中国伦理学史 [M]. 桂林：广西师范大学出版社，2010.

[19] 财政部政府和社会资本合作中心. PPP示范项目案例选编 [EB/OL].（2018-09-21）[2019-08-29]. http://www.cpppc.org/zh/pppxmaljc/index.jhtml.

[20] 陈嘉映. 何为良好生活 [M]. 上海：上海文艺出版社，2015.

[21] 陈立彤. 商业贿赂风险管理［M］. 北京：中国经济出版社，2014.

[22] 陈一舟，等. 中国互联网公益［M］. 北京：中国人民大学出版社，2019.

[23] 陈瑛. 谈科技伦理［NB/OL］. 人民日报，2000-11-16［2019-08-09］. http://www.people.com.cn/digest/200011/17/kj111704.html.

[24] 陈雨露，马勇. 宏观审慎监管：目标、工具与相关制度安排［J］. 经济理论与经济管理，2012（3）：5-15.

[25] 陈志武. 陈志武金融通识课［M］. 长沙：湖南文艺出版社，2018.

[26] 程炼. 伦理学导论［M］. 北京：北京大学出版社，2008.

[27] 初昌雄，周丕娟. 碳金融：低碳经济时代的金融创新［J］. 金融与经济，2010（2）：18-21.

[28] 大公网. 耀才证券控告胡孟青诽谤［EB/OL］.（2017-12-06）［2019-08-29］. http://www.takungpao.com.hk/hongkong/text/2017/1206/130924.html.

[29] 拉克尔，塔扬. 公司治理的真相［M］. 王舒茵，译. 2018.

[30] 贾德，斯旺斯特罗姆. 美国的城市政治［M］. 于杰，译. 上海：上海社会科学院出版社，2017.

[31] 阿西莫格鲁，罗宾逊. 国家为什么会失败［M］. 李增刚，译. 长沙：湖南科学技术出版社，2015.

[32] 迪尔伯恩金融服务公司. 保险从业人员的职业伦理［M］. 王珺，译. 3版. 北京：中国人民大学出版社，2004.

[33] 第一财经. 人工智能走进工厂：打响降本增效攻坚战［EB/OL］.（2019-07-19）［2019-08-09］. https://finance.sina.com.cn/chanjing/cyxw/2019-07-03/doc-ihytcitk9489748.shtml.

[34] 第一财经日报. 微软中国：用商业流程管理CSR［EB/OL］.（2010-11-11）［2019-08-14］. http://www.yicai.com/news/595656.html.

[35] 丁瑞莲. 金融发展的伦理规制［M］. 北京：中国金融出版社. 2010.

[36] 董新义. 我国金融广告事前规制的构建［J］. 银行家，2019，210（4）：133-135.

[37] 窦君鸿. ESG：全球投资者新共识［J］. 董事会，2017（8）：40-42.

[38] 杜澄，李伯聪. 工程研究·跨学科视野中的工程（第3卷）［M］. 北京：北京理工大学出版社，2007.

[39] 段升森，迟冬梅，张玉明. 网络媒体、高管薪酬与代理成本［J］. 财经论丛，2019（3）：63-71.

[40] 杜严勇. 爱因斯坦的科技伦理思想及其现实意义［J］. 武汉科技大学学报（社会科学版），2013，15（6）：612-616.

[41] EPTA. 技术评估简介［EB/OL］.（2014-05-18）［2019-08-12］. http://eptanetwork.org/what.php.

[42] 2017年中国移动互联网年度报告［R］. QuestMobile，2018.

[43] 拉普. 技术哲学导论［M］. 刘武，译. 沈阳：辽宁科学技术出版社，1986.

[44] 法制网. 什么是敌意收购 [EB/OL]. (2015-12-28) [2019-08-30]. http://www.legaldaily.com.cn/Finance_and_Economics/content/2015-12/28/content_6420486.htm.

[45] 范文仲,李伟. 美、英等国家现金贷款业务发展的教训及启示 [J]. 国际金融,2018 (3):13-16.

[46] 凤凰网. 华尔街高层的奖金盛宴终将走向何方?[EB/OL]. (2009-02-27) [2019-08-14]. http://phtv.ifeng.com/program/cjzqf/200902/0227_1698_1036006.shtml.

[47] 费希特. 伦理学体系 [M]. 何怀宏,廖申白,译. 北京:中国社会科学出版,1988.

[48] 哈耶克. 哈耶克文选 [M]. 冯克利,译. 南京:江苏人民出版社,2007.

[49] 弗里德曼. 资本主义与自由 [M]. 北京:商务印书馆,1986.

[50] 甘绍平. 应用伦理学前沿问题研究 [M]. 南昌:江西人民出版社,2002.

[51] 甘绍平. 忧那思等人的新伦理究竟新在哪里?[J]. 哲学研究,2000 (12):(51-59).

[52] 高杨帆. 技术决策者伦理责任研究 [D]. 武汉:华中师范大学,2013.

[53] 龚群. 社会伦理十讲 [M]. 北京:中国人民大学出版社,2008.

[54] 顾淑林. 技术评估的缘起与传播——科学技术与社会发展宏观决策 [J]. 自然辩证法通讯,1984 (6):22-33.

[55] 管竹笋,代奕波. ESG管理与信息披露实务 [M]. 北京:企业管理出版社,2017.

[56] 郭沛源. ESG责任投资之一:ESG的"前世今生"[EB/OL]. (2017-06-15) [2019-08-12]. http://opinion.caixin.com/2017-06-15/101102009.html.

[57] 郝云. 过度金融化的风险与伦理防范措施 [J]. 江南社会学院学报,2010,12 (2):9-11,14.

[58] 郝琴. 社会责任国家标准解读 [M]. 北京:中国经济出版社,2015.

[59] 何怀宏. 良心论 [M]. 上海:上海三联书店,1994.

[60] 何怀宏. 守卫底线伦理 [N/OL]. 人民日报,2015-02-16 [2020-04-03]. http://theory.people.com.cn/n/2015/0430/c40531-26931947.html.

[61] 和讯名家. 技术与伦理的博弈,医疗AI的B面隐忧如何解?[EB/OL]. (2019-06-09) [2019-08-09]. https://news.hexun.com/2019-06-09/197470986.html.

[62] 和讯网. 债市风暴又一波来袭 反腐升级 [EB/OL]. (2018-07-05) [2019-08-29]. http://bond.hexun.com/2016/zsfbsj/.

[63] 中国人民银行. 宏观审慎管理局简介.[EB/OL]. [2020-02-18]. http://www.pbc.gov.cn/huobizhengceersi/214481/214483/826675/index.html.

[64] 胡悦,吴文锋. 逆转的杠杆率剪刀差——国企加杠杆还是私企去杠杆 [J]. 财经研究,2019,45 (5):44-57.

[65] 胡真,彭建刚,黎灵芝. 微观审慎监管与宏观审慎监管的协调性研究——基于对商业银行稳健性的影响分析 [J]. 南方金融,2014 (10):17-22.

[66] 鲍恩. 商人的社会责任 [M]. 肖红军,王晓光,周国银,译. 北京:经济管理出版社,2015.

［67］ 技术之上的伦理困境［NB/OL］. 人民日报, 2015-12-15［2019-08-09］. http://www.xinhuanet.com/world/2015-12/15/c_128530697.htm.

［68］ 金彧昉, 李若山, 徐明磊. COSO报告下的内部控制新发展——从中航油事件看企业风险管理［J］. 会计研究, 2005（2）: 32-38, 94.

［69］ 金希恩. 全球ESG投资发展的经验及对中国的启示［J］. 现代管理科学, 2018（9）: 15-18.

［70］ 康德. 道德形而上学原理［M］. 苗田力, 译. 上海: 上海人民出版社, 1986.

［71］ 康劲. 企业首要的社会责任是对员工负责［N/OL］. 工人日报, 2008-01-01［2020-04-03］. http://acftu.people.com.cn/GB/6757915.html.

［72］ 克里斯琴斯, 法克勒, 克里谢尔, 等. 媒介伦理·案例与道德推理［M］. 9版. 孙有中, 郭石磊, 范雪竹, 译. 北京: 中国人民大学出版社, 2013.

［73］ 孔德云, 36氪研究院. 区块链行业报告［EB/OL］.（2018-02）［2019-08-12］. http://www.199it.com/archives/701773.html.

［74］ 蓝江. 人工智能的伦理挑战［N］. 光明日报, 2019-04-01（15）.

［75］ 雷瑞鹏, 邱仁宗. 新兴技术中的伦理和监管问题［J］. 山东科技大学学报（社会科学版）, 2019, 21（4）: 1-11.

［76］ 雷瑞鹏, 邱仁宗. 应对新兴科技带来的伦理挑战［N］. 人民日报, 2019-05-27（09）.

［77］ 雷瑞鹏, 邱仁宗. 应对新兴技术的伦理挑战: 伦理先行［EB/OL］.（2019-05-12）［2019.09.06］. https://www.toutiao.com/i6689682363405828612/.

［78］ 斯皮内洛. 铁笼, 还是乌托邦: 网络空间的道德与法律［M］. 李译, 译. 北京: 北京大学出版社, 2007.

［79］ 乔治. 经济伦理学［M］. 李布, 译. 5版. 北京: 北京大学出版社, 2002.

［80］ 乔治. 企业伦理学［M］. 唐爱军, 译. 7版. 北京: 机械工业出版社, 2012.

［81］ 李改成. 金融信息安全工程［M］. 北京: 机械工业出版社, 2010.

［82］ 李刚, 王再文. 金融伦理缺失: 我国农村金融效率低下的根源［J］. 开发研究, 2007（6）: 136-138.

［83］ 李承宗. 伦理学视野下的我国金融市场建设研究［J］. 财经理论与实践, 2008（5）: 125-128.

［84］ 李伟阳. ISO 26000的逻辑: 社会责任国际标准深层解读［M］. 北京: 经济管理出版社, 2011.

［85］ 李伟阳, 肖红军, 郑芳娟. 企业社会责任经典文献导读［M］. 经济管理出版社, 2011.

［86］ 李侠. 科技伦理: 没有约束的科技是危险的［N/OL］. 光明日报, 2015-07-31［2019-08-09］. http://epaper.gmw.cn/gmrb/html/2015-07/31/nw.D110000gmrb_20150731_1-10.htm?div=-1.

［87］ 李雪婷. 比特币和Libra或许都不是哈耶克所设想的竞争性货币［EB/OL］.（2019-07-23）［2019-08-12］. http://baijiahao.baidu.com/s?id=1639814541944744102&

wfr = spider&for = pc.

[88] 李志生，陈欣. 管理者动机，代理成本与基金的季末窗饰行为［EB/OL］.（2012-05-31）［2019-08-29］. http://finance.zuel.edu.cn/2012/0514/c1093a16461/page.htm.

[89] 联合国网站. 二十一世纪议程.［EB/OL］.（2000-01-18）［2020-02-18］https://www.un.org/chinese/events/wssd/agenda21.htm.

[90] 联合国. 世界人权宣言［EB/OL］.［2019.08.14］. https://www.un.org/zh/universal-declaration-human-rights/.

[91] 链接点. BTC的10年涨跌分析——2019年的机会［EB/OL］.（2019-01-03）［2019-08-12］. https://www.chainnode.com/post/268714.

[92] 梁漱溟. 中国文化要义［M］. 上海：学林出版社，1987.

[93] 梁玉红. 防范商业贿赂的经济伦理思考［J］. 江西行政学院学报，2009，11（4）：61-65.

[94] 林初学. 套期保值的风险——德国金属公司石油期货交易亏损案介评［J］. 经济导刊，1996（1）：25-30.

[95] 林建煌. 反思青岛港事件［J］. 中国外汇，2014（14）：26-29.

[96] 刘爱军等. 商业伦理学［M］. 北京：机械工业出版社，2016.

[97] 刘瑞琳，陈凡. 技术设计的创新方法与伦理考量——弗里德曼的价值敏感设计方法论述评［J］. 东北大学学报（社会科学版），2014，16（3）：232-237.

[98] 刘少波. 控制权收益悖论与超控制权收益——对大股东侵害小股东利益的一个新的理论解释［J］. 经济研究，2007（2）：85-96.

[99] 刘学礼. 建科创中心，不能忽视科技伦理——刘学礼教授在复旦大学的演讲［EB/OL］.（2015-11-01）［2019-08-09］. http://theory.gmw.cn/2015/11/01/content_17563201.htm.

[100] 刘晓青. 转基因技术的伦理思考［NB/OL］. 学习时报，2017-01-18［2019-08-09］. http://dzb.studytimes.cn/shtml/xxsb/20170118/24421.shtml.

[101] 龙小农. "全视之眼"时代数字化隐私的界定与保护［J］. 新闻记者，2014（8）79-85.

[102] 隆银创投基金. 投行并购必看：并购与反并购实战案例盘点［EB/OL］.（2016-07-31）［2019-08-30］. http://www.sohu.com/a/108453754_465202.

[103] 陆爱勇. 裸贷：基于大学生消费伦理观的视角［J］. 科教导刊（下旬），2017（11）15-16.

[104] 卢代富. 企业社会责任的经济学与法学分析［M］. 北京：法律出版社，2002.

[105] 陆劲松. 道德起源及其功能的经济博弈维度探求.［D］重庆：西南大学，2006.

[106] 卢文道，王文心. 对上市公司的公开谴责有效吗——基于上海市场2006-2011年监管案例的研究［J］. 证券法苑，2012（2）176-195.

[107] 波伊曼，菲泽. 给善恶一个答案［M］. 王江伟，译. 北京：中信出版社，2017.

[108] 默顿. 社会理论和社会结构［M］. 唐少杰，齐心，译. 南京：译林出版社，2006.

［109］科布尔. 金融危机的教训：成因、后果及我们经济的未来［M］. 郭田勇，译. 中国金融出版社. 2012.

［110］罗尔斯. 正义论［M］. 何怀宏，何包钢，廖申白，译. 北京：中国社会科学出版社，2009.

［111］罗国杰. 中国伦理学百科全书：伦理学原理卷［M］. 长春：吉林人民出版社，1993.

［112］罗素. 罗素文集［M］. 北京：改革出版社，1996.

［113］吕耀怀，王源林. 雇员的隐私利益及其伦理权衡［J］. 学术论坛，2013，36（6）：62-68.

［114］马骏. 中国绿色金融发展与案例研究［R］. 北京：中国金融出版社，2016.

［115］马尔库塞. 单向度的人：发达工业社会意识形态研究［M］. 刘继，译. 上海：上海译文出版社，2016.

［116］马克思. 马克思恩格斯全集：第2卷［M］. 北京：人民出版社，1998.

［117］韦伯. 学术生涯与政治生涯：对大学生的两篇演讲［M］. 王容芳，译. 北京：国际文化出版公司，1988.

［118］韦伯. 新教伦理与资本主义精神［M］. 于晓，陈维刚，等，译. 西安：陕西师范大学出版社，2006.

［119］马嫱. "基金公平法案"剑指利益输送［EB/OL］.（2011-05-30）[2019-08-29］. http://fund.sohu.com/20110530/n308851019.shtml.

［120］马巧珍. 中国金融高管腐败问题及对策研究［D］. 重庆：西南大学，2006.

［121］里德利. 美德的起源：人类本能与协作的进化［M］. 吴礼敬，译. 北京：机械工业出版社，2015.

［122］马中，周月秋，王文. 2018年中国绿色金融发展研究报告［R］. 北京：中国金融出版社，2018.

［123］舍恩伯格. 删除：大数据取舍之谜［M］. 袁杰，译. 杭州：浙江人民出版社，2012.

［124］奎因. 互联网伦理［M］. 王益民，译. 北京：电子工业出版社，2016.

［125］桑德尔. 金钱不能买什么：金钱与公正的正面交锋［M］. 邓正来，译. 北京：中信出版社，2012.

［126］麦传球. 马来西亚橱窗粉饰或起死回"升"［EB/OL］.（2018-07-05）[2019-08-29］. https://klse.i3investor.com/blogs/investment_advisory_mai/164126.jsp.

［127］贝拉斯克斯. 商业伦理：概念与案例［M］. 刘刚，程熙镕，译. 7版. 北京：中国人民大学出版社，2013.

［128］奥尔森. 集体行动的逻辑［M］. 陈郁，等，译. 上海：格致出版社，2018.

［129］美国施惠基金（Giving USA）. 美国施惠基金会年报［EB/OL］[2020-02-18］. https://store.givingusa.org/.

［130］梅世云. 中国金融道德风险的伦理分析［J］. 伦理学研究，2009（2）：44-51.

［131］梅世云. 论美国次贷危机中道德缺失的基本特点和伦理救援［J］. 伦理学研究，

291

2010（3）：29-35.

[132] 慕刘伟，曾志耕，张勤. 金融监管中的道德风险问题［J］. 金融研究，2001（11）：123-126.

[133] 证监会. 内幕教育警示教育展［EB/OL］［2020-02-18］. http：//www.csrc.gov.cn/pub/newsite/jiancj/jywlz/zfxd.html.

[134] 牛津经济研究院. 机器人如何影响世界［EB/OL］.（2019-07-19）［2019-08-09］. https：//mp.weixin.qq.com/s/iDctnbWYXw5eXlZ7rDf9pg.

[135] 费雷尔，弗雷德里克，费雷尔. 企业伦理学：诚信道德、职业操守与案例［M］. 李文嘉，等译. 10版. 北京：中国人民大学出版社，2016.

[136] 欧盟委员会关于可持续性的建议书（EC，2008）.

[137] 墨菲. 市场伦理学［M］. 江才，叶小兰，译. 北京：北京大学出版社，2001.

[138] Pamela. 教育+科技的伦理与边界：科技技术的双面性［EB/OL］.（2018-12-05）［2019-08-09］. http：//www.sohu.com/a/279727329_361784.

[139] 美国统一商法典［M］. 潘琪，译. 北京：中国法律图书有限公司，2018.

[140] 泡泡网. 大数据"杀熟"，你中招了吗？［EB/OL］.（2019-03-28）［2019-08-12］. https：//baijiahao.baidu.com/s?id=1629239679189502246&wfr=spider&for=pc.

[141] 彭华岗. 中国企业社会责任报告编写指南之一般框架［M］. 北京：经济管理出版社，2014.

[142] 彭漪涟. 逻辑学大辞典［M］. 上海：上海辞书出版社，2004.

[143] 帕博迪埃，卡伦. 商务伦理学［M］. 周岩，译. 上海：复旦大学出版社，2018.

[144] 齐岳，林龙，刘彤阳，郭怡群. 五大发展下中国企业社会责任投资的分析和展望［M］. 北京：科学出版社，2017.

[145] 鲁蒂诺，格雷博什. 媒体与信息伦理学［M］. 霍政欣，等译. 北京：北京大学出版社，2009.

[146] 乔咏波，龙静云. 社会责任投资与企业伦理价值观的变革［J］. 江汉论坛，2019（6）：35-39.

[147] 恩德勒. 面向行动的经济伦理学［M］. 高国希，等译. 上海：上海社会科学院出版社，2002.

[148] 吉尔德. 后谷歌时代［M］. 邹笃双，译. 北京：现代出版社，2018.

[149] 邱仁宗. 生物医学研究伦理学［M］. 北京：中国协和医科大学出版社，2003.

[150] 人民网. 17岁高中生卖肾买苹果手机，被告获利20万受审［EB/OL］.（2012-08-10）［2019-08-29］. http：//society.people.com.cn/n/2012/0810/c1008-18711762.html.

[151] 人民网. 香港对商家滥用客户信息说"不"［EB/OL］.（2013-04-12）［2019-08-14］. http：//www.people.com.cn/24hour/n/2013/0412/c25408-21107421.html.

[152] 斯通普夫. 西方哲学史［M］. 菲泽，译. 北京：世界图书出版公司，2009.

[153] 亨廷顿，哈里森. 文化的重要作用：价值观如何影响人类进步［M］. 新华出版

社，2013.

[154] 单玉华. 金融伦理研究［M］. 北京：光明日报出版社，2010.

[155] 上海国家会计学院. 商业伦理与CFO职业［M］. 北京：经济科学出版社，2011.

[156] 上海证券交易所. 关于加强上市公司社会责任承担工作暨发布《上海证券交易所上市公司环境信息披露指引》的通知［EB/OL］. （2008-05-14）［2019-08-14］. http://www. sse. com. cn/lawandrules/sserules/listing/stock/c/c_20150912_3985851. shtml.

[157] 沈铭贤，丘祥兴，胡庆澧. 促进科技与伦理的良性互动——国家人类基因组南方研究中心伦理学部工作体会［J］. 中国医学伦理学，2011，24（6）：717-719.

[158] 沈朝晖，刘江伟. 证券分析师利益冲突防范机制比较研究［J］. 证券法苑，2017，23（5）：49-68.

[159] 沈峥嵘，蔡姝雯. AI人机交互：技术、应用与伦理［NB/OL］. 新华日报，2019-06-05（11）.

[160] 步长制药. 声明0503［EB/OL］. （2019-05-03）［2019-08-14］. http://www. buchang. com/FormMy/news/DetialNews？Type＝1&ID＝ed8ca44c-8760-4b03-8841-cfe79c03aabb.

[161] 舒远招. 我们怎样误解了斯宾塞［J］. 湖湘论坛，2007，20（2）：40-43.

[162] 疏钟. "科技伦理"不应只是"堂前燕"［NB/OL］. 光明日报，2015-4-17［2019-08-09］. http://news. sciencenet. cn/htmlnews/2015/4/317130. shtm.

[163] 平克. 人性中的善良天使［M］. 安雯，译. 北京：中信出版社. 2015.

[164] 史怀哲. 文明与伦理［M］. 贵阳：贵州人民出版社，2018.

[165] 宋浅旻，梅天莹. 浅析恶意并购防范措施——基于宝万之争视角［J］. 时代金融，2017（15）：199，201.

[166] 宋文明. 耐克盲区：代工厂非法用工［N/OL］. 中国经营报，2009-09-26［2020-04-03］. http://www. cb. com. cn/index/show/ss/cv/cv132681328/p/s. html.

[167] 搜狐财经. 并购与反并购实战套路深度盘点［EB/OL］. （2018-03-23）［2019-08-30］. http://m. sohu. com/a/226178767_100052543.

[168] 孙虹. 竞争法学［M］. 北京：中国政法大学出版社，2007.

[169] 孙永正等. 管理学［M］. 北京：清华大学出版社，2003.

[170] 考恩. 再见平庸时代（在未来经济中赢得好位子）［M］. 贺乔玲，译. 杭州：浙江人民出版社，2016.

[171] 拜纳姆，罗杰森. 计算机伦理与专业责任［M］. 李伦，金红，曾建平，等译. 北京：北京大学出版社，2010.

[172] 田虹. 企业伦理学［M］. 北京：清华大学出版社，2018.

[173] 天琦. 金融消费者保护：市场失灵、政府介入与道德风险的防范［J］. 经济社会体制比较，2012（2）：203-211.

[174] 田雨，李京华. 中国建设银行原董事长张恩照一审被判15年［EB/OL］. （2006-11-03）［2019-08-29］http://news. cctv. com/law/20061103/103636. shtml.

[175] 涂玲. 辅助生殖技术从业机构伦理管理的研究 [D]. 长沙：中南大学，2008.

[176] 赛德拉切克. 善恶经济学 [M]. 曾双全，译. 长沙：湖南文艺出版社，2012.

[177] 万俊人. 道德之维 [M]. 广州：广东人民出版社. 2000.

[178] 万幸，邱之光. 中国企业社会责任报告研究综述 [J]. 生产力研究，2011（7）：200-201，208.

[179] 王玢. 金融政策法规对我国银行保险市场的影响分析 [J]. 时代金融，2016（23）：230-233.

[180] 汪丁丁. 经济学思想史讲义 [M]. 上海：上海人民出版社，2008.

[181] 王江姣. 论社会责任投资 [D]. 武汉：武汉理工大学，2008.

[182] 王克. 全国碳排放交易市场发展历程与展望解读 [EB/OL].（2018-10-11）[2019-08-29]. http://www.tanpaifang.com/tanjiaoyi/2018/1011/62369_2.html.

[183] 王昆来，杜国海. 企业伦理新论 [M]. 成都：西南财经大学出版社，2012.

[184] 王稳，王东. 企业风险管理理论的演进与展望 [J]. 审计研究，2010（4）：96-100.

[185] 王钟的. 让伦理建设跟上科学发展的脚步 [N/OL]. 科技日报，2019-03-01 [2019-08-09]. http://digitalpaper.stdaily.com/http _ www.kjrb.com/kjrb/html/2019-03-01/content_416159.htm?div=-1.

[186] 桑巴特. 犹太人与现代资本主义 [M]. 安佳，译. 上海：上海三联书店出版，2015.

[187] 弗兰克纳. 善的求索 [M]. 黄伟合，译. 沈阳：辽宁人民出版社，1987.

[188] 尼克尔斯. 认识商业 [M]. 陈智凯，黄启瑞，黄延峰，译. 北京：世界图书出版公司，2009.

[189] 吴东，张徽燕. 论新兴技术概念的商业内涵 [J]. 科学学与科学技术管理，2005（7）：64-67.

[190] 贝克. 世界风险社会 [M]. 吴英姿，孙淑敏，译. 南京：南京大学出版社，2004.

[191] 吴国盛. 现代化之忧思 [M]. 北京：生活·读书·新知三联书店，1999.

[192] 吴嘉苓，傅大为，雷祥麟. 科技渴望社会 [M]. 台北：群学出版社，2004.

[193] 吴晓轮. 金融产品设计与发行操控者的美德建设——源于金融危机的伦理反思 [J]. 道德与文明，2010（1）：115-118.

[194] 吴晓轮. 中国银行业信贷道德风险及其防范研究 [D]. 长沙：中南大学，2012.

[195] 吴永猛，陈松柏，林长瑞. 企业伦理精华理论及本土个案分析 [M]. 台北：五南图书出版公司，2016.

[196] 贾萨诺夫. 发明的伦理——技术与人类的未来 [M]. 尚智丛，田喜腾，田甲乐，译. 北京：中国人民大学出版社，2018.

[197] 肖峰. 哲学视域中的技术 [M]. 北京：人民出版社，2007.

[198] 肖奎，程宝库. 后金融危机时代国际证券监管的路径研究 [J]. 现代管理科学，2015（9）：30-32.

[199] 肖司辰. 医药舆情：步长制药卷入"斯坦福丑闻"获舆论关注 [EB/OL]. （2019. 05.

[200] 谢平,陆磊.中国金融腐败的经济学分析[M].北京:中信出版社,2005.

[201] 新浪财经.蚂蚁金服两员工被判刑:受贿超千万还被举报嫖娼[EB/OL].(2019-07-17)[2019-08-29]. https://finance.sina.com.cn/stock/relnews/us/2019-07-17/doc-ihytcitm2744745.shtml.

[202] 新浪博客.银行商业贿赂的查处[EB/OL].(2011-12-05)[2019-08-29]. http://blog.sina.com.cn/s/blog_815982100100yo2x.html.

[203] 新华网.攻坚,为了美丽中国——党的十八大以来污染防治纪实[EB/OL].(2019-02-28)[2019-08-29]. http://www.rmhb.com.cn/zt/20170601dlfj/focus/201902/t20190228_800158029.html.

[204] 新华网.美媒说美政府向脸书开出50亿美元罚单[EB/OL].(2019-07-13)[2019-08-14]. http://www.xinhuanet.com/2019/07/13/c_1124748875.htm.

[205] 熊思琴,高红.绿色金融发展研究[M].北京:北京大学出版社,2019.

[206] 徐博韬,王攀娜.分析师跟踪与企业慈善捐赠[J].会计之友,2019(12):89-93.

[207] 徐成贤.金融信息安全[M].北京:清华大学出版社,2013.

[208] 徐曼.西方伦理学在中国的传播及影响[M].南京:南开大学出版社,2008.

[209] 徐宗良.科技需要伦理评价和制约吗——兼析科学研究的禁区[J].武汉科技大学学报(社会科学版),2001(4):7-10.

[210] 薛孚,陈红兵.大数据隐私伦理问题探究[J].自然辩证法研究,2015,31(2):44-48.

[211] 薛有志,王世龙,周杰.董事会伦理研究:一种理论初探[C]//中国管理现代化研究会.第三届(2008)中国管理学年会——市场营销分会场论文集.武汉:中国管理现代化研究会,2008:587-597.

[212] 蒂洛,克拉斯曼.伦理学与生活[M].程立显,刘建,等译.9版.北京:世界图书出版公司,2008.

[213] 亚里士多德.尼各马可伦理学[M].廖申白,译.北京:商务印书馆,2003.

[214] 杨岚,梁婷,刘蔚,等.公司治理与金融危机——得出的结论及《OECD公司治理原则》执行过程中的好做法(六)[J].西部金融,2012(1):47-53.

[215] 杨米沙.金融营销[M].3版.中国人民大学出版社,2018.

[216] 阳旸,刘霞.金融监管中的道德风险探究[J].伦理学研究,2018(6):98-101.

[217] 叶陈刚.企业伦理与文化[M].北京:清华大学出版社,2007.

[218] 易宪容.金融政治经济学的新理论[J].金融信息参考,2003(7):39-40.

[219] 易开刚.营销伦理学[M].杭州:浙江工商大学出版社,2010.

[220] 尹西明.科技成果转化屡屡出现伦理问题,是时候反思技术至上论了[N].经济观察报,2018-12-16.

[221] 于凡.P2P广告"攻占"《长安十二时辰》个中风险也需警惕[N/OL].国际金融报,

2019-07-13[2020-04-03].http://finance.sina.com.cn/roll/2019-07-13/doc-ihytcerm3458981.shtml.

[222] 于惊涛,肖贵蓉.商业伦理:理论与案例[M].2版.北京:清华大学出版社,2016.

[223] 科特,诺里亚,金,等.哈佛商业评论管理必读:引爆变革[M].陈志敏,时青靖,等译.北京:中信出版集团,2016.

[224] 博特赖特.金融伦理学[M].王国林,译.3版.北京:北京大学出版社,2018.

[225] 斯坦纳,斯坦纳.企业、政府与社会[M].诸大建,许艳芳,吴怡,译.北京:人民邮电出版社,2015.

[226] 韦斯.商业伦理——利益相关者分析与问题管理方法[M].符彩霞,译.北京:中国人民大学出版社,2002.

[227] 韦斯.商业伦理:利益相关者分析问题与管理方法[M].符彩霞,译.北京:中国人民大学出版社,2005.

[228] 袁勇.人工智能伦理三问[EB/OL].(2019-04-05)[2019-08-14].http://guancha.gmw.cn/2019-04/05/content_32719012.htm.

[229] 曾建平.信息时代的伦理审视(人民观察)[N].人民日报,2019-07-12(09).

[230] 摩尔.走向信息时代的隐私理论[J].计算机与社会,1997(27):27.

[231] 罗宾斯.敬业[M]曼丽.北京:世界图书出版公司,2004.

[232] 张红力等.ESG绿色评级及绿色指数研究[J].金融论坛,2017,22(9):3-14.

[233] 张琦.商业贿赂影响我国金融资源配置效率的实证研究[J].贵州社会科学,2015(8):128-133.

[234] 张桐.前现代社会的混沌未分:一个被忽略的向度[J].武汉科技大学学报(社会科学版),2019,21(6):611-615.

[235] 张晓慧.从中央银行政策框架的演变看构建宏观审慎性政策体系[J].中国金融,2010(23):13-16.

[236] 张新存.充分发挥商业银行在反商业贿赂中的作用[J].人民法治,2015(Z1).

[237] 张永强,姚立根.工程伦理学[M].北京:高等教育出版社,2014.

[238] 赵海林,郑垂勇.上市公司利益转移研究——基于冀东水泥的案例研究[J].当代财经,2005(11):106-109.

[239] 赵敏.工业互联网的平台江湖[EB/OL].(2018-12-10)[2019-08-12].http://www.ceweekly.cn/2018/1210/242867.shtml.

[240] 郑磊等.区块链+时代:从区块链1.0到3.0[M].北京:机械工业出版社,2018.

[241] BBC中文网职场过劳死频发敲警钟 这样的死亡离我们有多远[EB/OL].(2019-05-02)[2019-08-14].https://www.bbc.com/zhongwen/simp/world-48105539.

[242] 中国保险监督管理委员会(广西监督局).转发中保监会《关于嘉禾人寿鞍山中心支公司单位行贿案的通报》的通知[EB/OL].(2010-07-30)[2020-02-18].http://guangdong.circ.gov.cn/web/site16/tab950/info3960216.htm.

[243] 中国财经. 包商银行客户经理放贷收受贿赂造成损失 2 亿元未收回［EB/OL］. (2019-03-11)［2019-08-29］. http://finance.china.com.cn/roll/20190311/4919609.shtml.

[244] 中国慈善联合会. 2017 年度中国慈善捐助报告［EB/OL］. (2018-09)［2019-08-14］. http://www.charityalliance.org.cn/u/cms/www/201809/20232201v09l.pdf.

[245] 中国工商银行绿色金融课题组，张红力，周月秋，殷红，马素红，杨荇，邱牧远，张静文. ESG 绿色评级及绿色指数研究［J］. 金融论坛，2017，22（9）：3-14.

[246] 中国工业企业及工业协会社会责任指南（第 2 版）［EB/OL］.［2019-08-14］. http://images.mofcom.gov.cn/csr/accessory/201008/1281064433802.pdf

[247] 中国人民银行. 关于构建绿色金融体系的指导意见［EB/OL］. (2019-02-28)［2019-08-29］. http://www.pbc.gov.cn/goutongjiaoliu/113456/113469/3131687/index.html.

[248] 中国人民银行广州分行课题组，李思敏. 美国对掠夺性放贷行为的法律规制及启示［J］. 南方金融，2018，No. 501（5）：85-94.

[249] 中国社会企业与影响力投资论坛. 中国社会企业与社会投资行业扫描——调研报告 2019（简版）［EB/OL］. (2019-04-12)［2019-08-29］. http://www.cseiif.cn/category/116.

[250] 中国碳交易网. 成交量、成交额［DB/OL］. (2019-08-29)［2019-08-29］. http://k.tanjiaoyi.com/.

[251] 中国教育网. 坚守科技发展的伦理底线［EB/OL］. (2019-04-24)［2019-08-09］. http://www.eol.cn/rencai/201904/t20190424_1656032.shtml.

[252] 中国消费者协会. 关于我们［EB/OL］. (2014-11-13)［2019-08-14］. http://www.cca.org.cn/public/detail/851.html.

[253] 中国新闻网. 出售客户资料牟利 香港八达通疑涉侵犯私隐［EB/OL］. (2010-07-27)［2019-08-14］. http://www.chinanews.com/ga/2010/07-27/2426730.shtml.

[254] 中国网. 广东省教育厅安保处原处长陈日文严重违纪案案情曝光［EB/OL］. (2018-04-23)［2019-08-29］. http://news.china.com.cn/2018-04/23/content_50953022.htm.

[255] 中国证券投资基金业协会. ESG 责任投资专题调研报告［R/OL］. (2018-02-08)［2019-08-29］. http://www.amac.org.cn/xydt/xyxx/392761.shtml.

[256] 中国证券监督管理委员会. 国务院办公厅转发证监会等部门关于依法打击和防控资本市场内幕交易意见的通知（国办发［2010］55 号）［EB/OL］. (2014-09-18)［2019-08-30］. http://www.csrc.gov.cn/shenzhen/xxfw/tzzsyd/ssgs/zh/zhxx/201409/t20140918_260545.htm.

[257] 中华人民共和国中央人民政府. 中共中央关于印发〈公民道德建设实施纲要〉的通知. 中发［2001］15 号［A/OL］. (2001-10-24).［2020-02-18］. http://www.gov.cn/gongbao/content/2001/content_61136.htm.

[258] 周宏，孙旭. 基金营销灰幕：隐性的输送链条激励费成投教费［N/OL］. 上海证券报，2012-12-25［2020-04-03］. http://finance.sina.com.cn/money/fund/20121225/025614102133.shtml.

[259] 周小川. 保持金融稳定 防范道德风险 [J]. 金融研究, 2004 (4): 1-7.

[260] 周小川. 信息科技与金融政策的相互作用 [J]. 中国金融, 2019, (15): 9-15.

[261] 朱宝琛. 内幕交易缘何惊人相似? 原来是"圈子"在作祟 [N/OL]. 证券日报, 2019-05-06 [2020-04-03]. http://www.zqrb.cn/stock/gupiaoyaowen/2019-05-06/A1557080581615.shtml.

[262] 朱雷. 伦理投资研究 [D]. 长沙: 中南大学, 2013.

[263] 朱熹. 朱子全书（第15册）[M]. 上海: 上海古籍出版社, 2002.

[264] 宗晓. 美国掠夺性贷款法律规制的再反思 [J]. 金融法苑, 2012 (2): 219-232.

[265] American Marketing Association. AMA's Definition of Marketing [EB/OL]. [2020-02-18]. https://www.marketingstudyguide.com/amas-definition-marketing/.

[266] ANG J. On financial ethics [J]. Financial Management, 1993, 22 (3): 32-60.

[267] ARTHUR E E. The ethics of corporate governance [J]. Journal of Business Ethics, 1987, 6 (1): 59-70.

[268] BALKIN J M. 2016 Sidley Austin Distinguished Lecture on Big Data Law and Policy: The Three Laws of Robotics in the Age of Big Data [J]. Ohio State law journal, 2017, 78: 1217.

[269] BARBER J S, AXINN W G. New ideas and fertility limitation: The role of mass media [J]. Journal of Marriage and Family, 2004, 66 (5): 1180-1200.

[270] BLAIR M M. Ownership and control: Rethinking corporate governance for the twenty-first century [J]. Long Range Planning, 1996, 29 (3): 432-432.

[271] CARROLL A B, BUCHHOLTZ A K. Business and society: Ethics, sustainability, and stakeholder management [M]. Toronto: Nelson Education, 2014.

[272] CITRON D K, PASQUALE F. The scored society: Due process for automated predictions [J]. Washington law review, 2014, 89: 1.

[273] CLARK J M. The changing basis of economic responsibility [J]. Journal of Political Economy, 1916, 24 (3): 209-229.

[274] COATES, J F. A 21st Century Agenda for Technology Assessment [J]. Technological Forecasting and Social Change, 2001, 67: 303-308.

[275] COSO. Enterprise Risk Management——Integrated Framework [EB/OL]. [2020-02-18]. https://www.coso.org/Pages/erm.aspx.

[276] Council, Corporate Leadership. Driving Performance and Retention Through Employee Engagement [EB/OL]. [2020/02/18]. https://www.stcloudstate.edu/humanresources/_files/documents/supv-brown-bag/employee-engagement.pdf.

[277] ELKINGTON J. Cannibals With Forks: Triple Bottom Line of 21st Century Business [M]. New Jersey: John Wiley & Son Ltd, 1999.

[278] ENGEL K C, MCCOY P A. A tale of three markets: The law and economics of predatory

lending [J]. Texas Law Review, 2001, 80: 1255.

[279] Fortune. The world's most admired companies [EB/OL]. [2020-02-18]. https://fortune.com/worlds-most-admired-companies/.

[280] FREEMAN R E. Strategic management: A stakeholder approach [M]. Cambridge: Cambridge university press, 2010.

[281] FRIEDMAN B, NISSENBAUM H. Bias in computer systems [J]. ACM Transactions on Information Systems (TOIS). 1996, 14 (3): 330-347.

[282] FRIEDMAN M. The social responsibility of business is to increase its profits [M]//Corporate ethics and corporate governance. Berlin: Springer, 2007.

[283] GARP. Foundations of Risk Management, 2018 Financial Risk Manager Exam part1 [M]. New York: Pearson Education Inc., 2018.

[284] GOODPASTER K E. Business ethics and stakeholder analysis [J]. Business Ethics Quarterly, 1991, 1 (1): 53-73.

[285] GRI. GRI Standards [EB/OL]. [2020-02-18]. https://www.globalreporting.org/Standards.

[286] GROSSMAN S J, HART O D. The costs and benefits of ownership: A theory of vertical and lateral integration [J]. Journal of Political Economy, 1986, 94 (4): 691-719.

[287] MANNE H G. In Defense of Insider Trading [J], Havard Business Review, 1966, 44 (6): 113-122.

[288] HOFFMAN S J, POGGE T. Revitalizing pharmaceutical innovation for global health [J]. Health Affairs, 2011, 30 (2): 367.

[289] HVIDE H K, Tournament Rewards and Risk Taking [J]. Journal of Political economy, 2002 (4): 877-898.

[290] ISO 26000 SOCIAL RESPONSIBILITY. [EB/OL]. [2019-09-14]. https://www.iso.org/iso-26000-social-responsibility.html.

[291] JUDD L. R. An Approach to Ethics in the Information Age [J]. Public Relation Review, 1995, 21 (1): 35-44.

[292] KRAMER M P. Strategy and society: The link between competitive advantage and corporate social responsibility [J]. Harvard Business Review, 2016, 12: 76-93.

[293] LAZEAR E P, ROSEN S. Rank-order tournaments as optimal labor contracts [J]. Journal of Political Economy, 1981 (89): 841-864.

[294] LEHR D, OHM P. Playing with the data: what legal scholars should learn about machine learning [J]. UCDL Review, 2017, 51: 653.

[295] MANNE H G. Insider trading and the stock market [M]. New York: Free Press, 1966.

[296] MASON R O. Four ethical issues of the information age [J]. MIS Quarterly, 1986, 10 (1): 5-12.

[297] BEAUCHAMP T L, REGAN T. Matters of Life and Death: New Introductory Essays in Mor-

al Philosophy [M]. New York: Random House, 1980.

[298] MCLENNAN A. Regulation of synthetic biology: biobricks, biopunks and bioentrepreneurs [M]. Cheltenham: Edward Elgar Publishing, 2018.

[299] MEIER I, SCHAUMBURG E. Do funds window dress? Evidence for U. S. mutual funds [R]. Working Paper, Kellogg School of Management, 2006.

[300] JORDAN M I. Artificial Intelligence—The Revolution Hasn't Happened Yet [EB/OL]. (2019-06-23) [2019-08-09]. https://hdsr.mitpress.mit.edu/pub/wot7mkc1.

[301] NOVAK M. Business as a Calling: work and the examined life [M]. New York: Free Press, 1996.

[302] MURPHY P E, LACZNIAK G R, HARRIS F. Ethics in marketing: International cases and perspectives [M]. Oxford: Taylor & Francis, 2016.

[303] MUNDHEIM R H. Professional responsibilities of broker-dealers: the suitability doctrine [J]. Duke Law Journal, 1965, 445: 445-480.

[304] SMITH N C. The New Corporate Philanthropy [EB/OL]. (1994-05) [2019-08-14]. https://hbr.org/1994/05/the-new-corporate-philanthropy.

[305] National Academy of Sciences. Technology: Process of Assessment and Choice [M]. Washington: U. S. Government Printing Office, 1969.

[306] NIELSEN. Doing well by doing good—Increasingly, consumers care about corporate social responsibility, but does concern convert into consumption? [M]. New York: The Nielsen Company, 2014.

[307] FERRELL O C, FERRELL L. Role of Ethical Leadership in Organizational Performance [J]. Journal of Management Systems, 2001 (13): 64-78.

[308] OTA. Office of Technology Assessment Act. [EB/OL]. [2020-02-18]. https://ota.fas.org/technology_assessment_and_congress/otaact/.

[309] PALMER H J. Corporate social responsibility and financial performance: Does it pay to be good? [J]. Business Horizon, 2003, 46 (6): 34-40.

[310] PARSA H G, LORD K R, PUTREVU S, et al. Corporate social and environmental responsibility in services: will consumers pay for it? [J]. Journal of Retailing and Consumer Services, 2015, 22: 250-260.

[311] PENNINO C M. Is decision style related to moral development among managers in the US? [J]. Journal of Business Ethics, 2002, 41 (4): 337-347.

[312] RAE S, WONG K L. Beyond integrity: A Judeo-Christian approach to business ethics [M]. New York: Harper Collins, 2009.

[313] Rathenau Institute (ed.). Technology Assessment Through Interaction-A Guide [EB/OL]. [2019-08-12]. http://www.itas.fzk.de/deu/tadm/tadn298.

[314] RIP A, MISA T J, SCHOT J. Managing Technology in Society: The Approach of Construc-

tive Technology Assessment [C]. Stanford: Thomson Learning, 1995.

[315] SCHMINKE M. Considering the business in business ethics: An exploratory study of the influence of organizational size and structure on individual ethical predispositions [J]. Journal of Business Ethics, 2001, 30 (4): 375-390.

[316] SCHOT J, RIP A. The past and future of constructive technology assessment [J]. Technological Forecasting and Social Change, 1997, 54 (2-3): 251-268.

[317] SCHWARTZ M, CARROLL A. Corporate Social Responsibility: A Three-Domain Approach [J]. Business Ethics Quarterly, 2003, 13 (4): 503-530.

[318] SHEFRIN H, STATMAN M. Ethics, fairness, efficiency, and financial markets [M]. Research Foundation of the Institute of Chartered Financial Analysts, 1992.

[319] SISODIA R, WOLFE D, SHETH J N. Firms of endearment: How world-class companies profit from passion and purpose [M]. New Jersey: Pearson Prentice Hall, 2003.

[320] SMITS R, LEYTEN J, HERTOG P D. Technology assessment and technology policy in Europe: new concepts, new goals, new infrastructures [J]. Policy Sciences, 1995, 28 (3): 271-299.

[321] Commerce Dept, Census Bureau. Statistics Abstract of the United States: 2010 [M]. Los Angels: Claitors Publishing Division, 2010.

[322] TAVANI H T. Ethics and Technology: Ethical Issues in an Age of Information and Communication Technology [M]. New Jersey: John Wiley and Sons, 2007.

[323] TAYLOR J. Risk-taking Behavior in Mutual Fund Tournaments [J]. Journal of Economic Behavior & Organization, 2003 (50): 373-383.

[324] TAYLOR R H, LAVALLEE S, BURDEA G S. Computer Assisted Surgery [M], Cambridge MA: MIT Press, 1995.

[325] United Nations Global Compact. The world's largest corporate sustainability initiative [EB/OL]. [2020-02-19]. http://www.unglobalcompact.org.

[326] US Code. PUBLIC LAW 92-484-OCT [EB/OL]. [2020-02-18]. https://uscode.house.gov/statutes/pl/92/484.pdf.

[327] VAN EI JNDHOVEN J C M. Technology assessment: Product or process? [J]. Technological Forecasting and Social Change, 1997, 54 (2-3): 269-286.

[328] VAN DEN ENDE J, MULDER K, KNOT M, et al. Traditional and modern technology assessment: toward a toolkit [J]. Technological Forecasting and Social Change, 1998, 58 (1-2): 5-21.

[329] WERTHER JR W B, CHANDLER D. Strategic corporate social responsibility as global brand insurance [J]. Business Horizons, 2005, 48 (4): 317-324.

[330] ZARSKY T Z. Understanding discrimination in the scored society [J]. Washington Law Review. 2014, 89: 1375.